全国优秀数学教师专著系列

U0211650

The History and Culture of Mathematics in Primary and Secondary Schools

中小学数学的历史文化

● 张映姜 著

哈尔滨工业大学出版社
HARBIN INSTITUTE OF TECHNOLOGY PRESS

内容简介

本书共五章,主要介绍了中小学数学的历史文化,主要包括数与运算,式与方程,几何与推理,形、数融合,数学的发展.每章内容均分节编写,方便读者选择使用。

本书可供广大中小学教师(学生)在教(学)数学中选用,也适合数学爱好者参阅.

图书在版编目(CIP)数据

中小学数学的历史文化/张映姜著. —哈尔滨:哈尔滨工业大学出版社,2019.11(2024.1重印)
ISBN 978-7-5603-8574-7

Ⅰ.①中… Ⅱ.①张… Ⅲ.①数学史－青少年读物
Ⅳ.①O11－49

中国版本图书馆 CIP 数据核字(2019)第 242232 号

策划编辑 刘培杰 张永芹
责任编辑 张永芹 穆方圆
封面设计 孙茵艾
出版发行 哈尔滨工业大学出版社
社　　址 哈尔滨市南岗区复华四道街 10 号 邮编 150006
传　　真 0451－86414749
网　　址 http://hitpress.hit.edu.cn
印　　刷 哈尔滨市颉升高印刷有限公司
开　　本 787mm×1092mm 1/16 印张 16.5 字数 263 千字
版　　次 2019 年 11 月第 1 版 2024 年 1 月第 4 次印刷
书　　号 ISBN 978-7-5603-8574-7
定　　价 48.00 元

◎序言

数学历史是数学发展的见证,数学文化是数学历史的沉淀.数学教育是一条"河",而文化则是"河"的源头,让"河"永远具有活力.数学历史源远流长,数学文化绚丽多姿.与数学知识体系比较,数学文化有深邃的、丰富的内涵.数学文化的历史,有独具一格的思想体系,记录并反映人类社会特有的形式和特定历史发展的状态.张映姜教授的研究成果《中小学数学的历史文化》为数学教育、教学提供了很好的课程资源,并从五个方面揭示出中小学数学的历史文化:

一是展现数的性质与运算的深厚的文化沉淀:人类计(记)数的漫长历程、数学常数的文化蕴涵、各种运算的悠久历史、因(倍)数的巧妙运用、统计量概念中蕴涵的丰富韵味以及指数概念的精彩演绎等.

二是品味代数式与方程的精彩与经典:字母代数的简捷、根式的独具匠心、乘法公式的数学魅力、一元一次方程的历史、一元二次方程的神韵、二元一次方程组的精彩等,无不让人领略到代数式与方程(组)历史时间的韵味.

三是欣赏几何与推理文化的魅力:几何中角的重要地位、三角形全等及相似里蕴涵的数学家的智慧、直角三角形的精彩、矩形的美妙无比、圆与多边形的神秘作用、见证立体图形历史悠久的种种文化遗产,无不感受到几何中蕴涵的数学文化的力量.

四是感受历史上形、数融合创新的丰硕成果:坐标几何的历史演绎、椭圆与方程的经典方法、曲线与方程的深刻内涵、有关曲线的切线的精细分析、弧度制的巧妙分析创意、余弦定理的神算,等等,无一不体现数学家的数学创新、思维的缜密以及思想的深邃.

五是体验人类高超的数学智慧:等差数列和等比数列的神奇、二项式定理中数学家的睿智、集合思想的纷争、向量方法的精辟、矩阵思想的深邃,无不展现数学家思维的严谨和对真理的追求.

张映姜教授的专著《中小学数学的历史文化》展示数学悠久的历史、经典的名题、巧妙的方法以及精彩的故事,分享对数学严谨的逻辑、深刻的数学思想的体验,以及表达对数学家不倦的追求及杰出贡献的敬佩,对数学深厚的文化内涵的欣赏,特别是对知识别样的精彩解读的钦佩.

本书具有基础性、整体性、融合性、实用性等特点:

(一)基础性

本书围绕中小学数学的核心内容展开研究,并且与数、形、函数、曲线、排列等中小学知识点匹配,研究这些传统内容中的历史文化,做的是"立地"的工作,具有鲜明的基础性.追寻中小学数学历史文化并且将之在数学教学、数学学习中进行展现和运用,可以改变一些僵化的数学观念,有利于师生形成新颖的数学观、文化观、历史观,增强数学教师的专业精神,促进数学教师的专业成长.

(二)整体性

本书的又一个特点是知识性、趣味性、经典性、历史性、文化性于一体,生动形象、内涵丰富、经典实用,它力图还原知识、趣味、文化、历史于一体的面貌.有关中小学数学历史文化的书籍,不仅教师喜欢阅读,中学生也非常喜欢阅读,从中可以了解许多知识产生的来龙去脉,把握数学发生、发展的脉络;与许多数学家交流,体验对数学的执着;追溯数学经典名题,领悟数学大师高超的数学思维,以及感受高尚的人格魅力,揣摩数学思想,感染数学精神,强化数学教学、学习的内驱力.通过数学的历史文化展现多姿多彩、精妙绝伦的数学.应适度地体现数学与文化间的关系,揭示数学理论是人类文化的产物……数学教材应充实文化内涵,揭示与人类的关联性,让数学展现出它的亲和力.

（三）融合性

数学不仅仅是一门科学,还是一种文化.随着网络技术与人工智能的发展,人们对素质教育越来越重视,同时认为文与理的结合也越来越重要,只有这样才能培养出高智商与高情商都具备的社会真正需要的人才.人们也逐渐认识到,数学也蕴涵丰富的人文属性,也有精彩的人文精神.利用数学中的人文特性,不仅可以加深对社会、他人以及自己的认识,更能增强自己对数学的认识,陶冶自己的情操、培养自己的想象力与控制力,同时也可以培养自己发现、分析与解决问题的能力以及逻辑推理能力,培养对自然的欣赏,对自己以及他人的欣赏,发现自然是美的,世界是美的,人也是美的,认识到人的伟大.对笛卡儿一生经历的了解以及哲学思想的理解,培养人的人文精神.为了更好地认识数学,也应该多花点时间与精力,去了解数学的历史,欣赏、体验数学文化.

（四）实用性

针对中小学数学核心内容,如数的形成及运算的结果,式与方程(组)、乘法公式,角、直角三角形、矩形等平面图形及相互关系,立体图形面(体)积公式,曲线与方程、数列、矩阵、向量、集合等内容为载体的历史文化,本书与中小学数学内容无缝对接,对数学教学、学习非常实用,不仅丰富了教学资源,增强了教学的有效性,而且内容编排合理、通俗易懂、精彩纷呈,既适合中小学数学教师阅读,丰富数学知识深入的、多角度的解读,又适合学生对中小学数学知识的拓宽理解,深刻掌握,同时也适合数学爱好者阅读参考.我郑重地向各位读者,尤其是向中小学数学教师推荐《中小学数学的历史文化》一书.

岭南师范学院

何文明教授

2019 年 9 月

前言

数学教育是数学文化的一种传承与发扬.数学文化的融入能较好且较全面地解读数学教材,活用教材.在这过程中对数学教材深刻理解、多方解读就显得尤为重要.数学知识的最初形成过程、抽象概括过程以及其运用过程中所沉淀下来的历史文化,都是非常有意义的理解、解读教材的材料.同时,对数学的价值认识、趣味体验也显得相当必要.由于对数学历史文化的全面研究深入细致,使读物增添了丰富多彩的历史文化内容,尤其是历史文化视域下数学知识体系的思考,必将利于教材的撰写者、教辅读物的编写者去充分展现数学的价值及趣味,体现数学的人文特性,进一步提升和增强教材、读物的可读性.因经常与中小学数学教学一线的教师交流,感受到历史文化融入数学课堂的最大困难之一就是数学文化资源的缺乏与共享.作者关注中小学数学历史文化研究,注意搜集素材、收集资源、追溯历史、体验经典,这些就形成了中小学数学历史文化的研究资料,力求改善、实现数学的历史文化对数学教育的促进作用:

1

（1）丰富、深化数学学科知识

数学知识不仅包括逻辑体系中的知识，还应包括知识的发源地、创造者及其相关常识，还有知识抽象过程中获得的知识，特别是知识的应用过程，等等。这样能够实现数学学科知识的完整性，加强横向联系、纵向联系。如椭圆的学科知识，它不仅包括截圆锥得椭圆，而且还要掌握拉线作椭圆的经典方法，甚至还要学习丹德林双球理论，这样才能更好的理解截圆锥得椭圆与拉线作椭圆间的深刻联系，多方解读有机联系，进而实现其数学意义。

（2）体验精彩的数学方法

数学知识的创新、发现离不开数学方法的运用。历史表明，数学上任一划时代的成果的获得，均伴随着新数学思想的诞生，数学方法的运用，而且是用不同的数学方法来获得同一数学成果。如解析几何的诞生离不开笛卡儿、费马的各自独有的坐标方法，椭圆标准方程的获得离不开美国数学家柯芬的两次平方法、洛必达的和差术、赖特的精彩的平方差法等，他们各自用精彩的方法，简捷的方程，别出心裁的处理技巧，来推导椭圆方程、解读知识，给人耳目一新，激发探究的欲望。

（3）提供生动直观的创新体验

文化是历史的沉淀。数学历史上许多经典的案例都能充分展现数学的创新，重温数学创新的经历，给人以生动直观的感受。如三角形内角和定理的各种解读，生动、形象、直观、易懂。公元前 6 世纪的泰勒斯用六个全等三角形拼成一个周角从而发现三角形内角和为 $180°$ 的方法，和后来改进为用三个全等三角形拼成一个平角的技巧，都生动形象地解读了三角形内角和定理；少年时帕斯卡用一张三角形纸片通过折叠将三个内角折在三角形一边上形成一个平角等技巧生动地说明了三角形内角和定理，激发思考的热情，拓展数学思维，达到对定理的深刻理解、灵活掌握；更胜一筹的是，在 1809 年德国数学家提波特用一支笔竟然也能直观形象地解读三角形的内角和定理！这些不断创新的体验必将铭刻在心，终身难以忘记。

（4）多方解读知识，增强数学理解

数学知识受到的关注不是一时，而是几千年乃至上万年。如天下第一定理——勾股定理，古今中外，上下五千年，颇受关注。勾股定理又称百牛定理、毕达哥拉斯定理、商高定理等，其证明方法不断被刷新，比如说逻辑证明、弦图证明、总统证法、水翼证法、无字证明等数不胜数。据不完全统计，勾股定理的证明方法不少于三百七十种，而且每种方法都是对定理的一种生动解读，更是对定理的深刻理解。

（5）展现人文情怀，体现数学家的追求

数学知识往往是千百年来许许多多数学家深入思考、摸索追求的结果，并刻下这些数学家姓名的烙印,浸润着数学家的精神,同时这些数学家已成为数学知识的另一代表.希望通过数学历史文化,借用这些数学知识,追忆数学家的趣闻轶事,感受数学家孜孜不倦的追求,激发探索兴趣,强化内驱动力.许多数学家为椭圆及其标准方程做出了杰出贡献,如阿波罗尼、欧几里得截圆锥得椭圆,费马与笛卡儿的坐标系,哈桑、蒙日的拉线作图,丹德林的双球、柯芬的两次平方法、洛必达的和差术、赖特的平方差法等化简方程的方法,无一不体现数学家的精神以及数学家的追求,还有对三角形内角和定理做出贡献的数学家泰勒斯、帕斯卡、提波特等,以及对勾股定理的完美诠释有着执着追求数不胜数的数学家、数学爱好者等.

本书集知识性、经典性、历史性、文化性、趣味性于一体,内涵丰富、直观生动、经典实用、通俗易懂、朗朗上口,从中可以感受数学价值及文化魅力.本书的优势在于,它挖掘出了中小学数学的核心内容所蕴含的、关联的数学思想方法、历史文化、数学家的精神等,这些内容丰富了人们的数学体验,合理地诠释数学的发明、发现过程,使人从中领悟到数学发展的不凡历程,让人们看到了人类挑战思维极限的经典案例,欣赏到许许多多精彩的历史名题.

“任何与初等数学有关的作者都会感谢无数前人的成果”,感谢所有被引用文献的作者,提供种类各异的学习、研究资料,促使创意的萌发及书稿的孕育.首先,感谢西北师范大学的王仲春教授,作者的硕士导师,对作者的研究一直跟进并给予全力支持.然后,感谢岭南师范学院教科院院长范兆雄教授对本研究给予的支持及出版资助,感谢数学与统计学院领导、同事对数学文化的关注和重视.还要感谢何文明教授对书稿仔细、认真的审阅,感谢学院近几届同学,由于他们对数学文化的极大兴趣为作者提供持续的研究动力,谢谢他们做了查找资料、交流体验、文字录入等许多基础性工作.最后,衷心感谢刘培杰社长,张永芹和杜莹雪编辑等,因他们对数学文化的洞察及辛勤的付出让本书得以顺利出版.

尽管作者投身于中小学数学的历史文化研究达十年之久,但因视野狭窄、资料缺乏、能力有限、文化体验较浅,加之文笔笨拙、思维愚钝,未能揭示出数学历史文化的深刻体验及对数学经典的欣赏,但希冀抛砖引玉,期待诸位不吝指教,共同探讨数学的历史文化,加强数学文化的教学水平,促进数学教育的繁荣.

张映姜
2019 年 9 月
于湛江

目录

1

数与运算：文化的沉淀

　　计（记）数方式的形成，加、减、乘、除、乘方等运算的概括，以及圆周率、黄金分割等经典常数的获得，这些都是经历过漫长岁月，通过许许多多数学家的努力、创新，最终取得的文化成果．对于数的研究，数学家找到许多性质，如倍数、因数、最小公倍数、最大公约数，还提出了各种统计数，如平均数、众数、中位数等．它们都有悠久的历史，丰富的内涵，集中了数学家的智慧，展现了数学家坚持不懈、努力钻研的精神，同时也产生了代代相传的趣闻轶事．

第一节　　计数的漫长历程

　　小孩数数的学习过程，其实就是人类计数形成过程的一个缩影．它经历了由实物计数到文字计数，再到数字计数的漫长过程．人类积累的数学文化及所提供的计数背景为小孩的计数学习提供了一条捷径，缩短了学习进程．事实上，人类自身经历了缓慢的计数形式的抽象概括过程，在历史长河中逐步提升计数能力和创新计数技巧，也因此沉淀了丰富多彩的数字文化．远古时代，因为生活需要，人类采用石子计数、手指计数、结绳计数、刻痕计数、算筹计数等较为简单的计数方式．随着人类进化，社会发展，于是有了文字计数．世界各地计数方式多种多样，精彩纷呈．后来，人类创造了数字符号，给人类计数带来极大的方便．回顾计数方式的形成、发展，计数方法变得越来越方便、越来越科学，从中可以感受到人类的聪明才智，以及科学的进步，社会的发展．

1

1.实物计数

远古时代,为了记下所获物体的多少,人们常常会使用石子、结绳或刻痕等方式来计数,如图1.这些计数方式不仅逐渐满足远古人们的生活需要,而且逐步丰富数学思维方式,推进社会进步.

石子计数　　结绳计数

图 1

1.1 石子计数

石子计数是远古时代最原始的,也是最常见的计数方式.远古时期,有这样的典型案例:全部小孩都在河里用尖木棍扎鱼,除了一个在岸上捡石子的小孩,这个小孩用石子记录鱼的条数.每扎到一条鱼,岸上的小孩就添加一颗石子.摆放石子数与抓到鱼的数量一样多."记住一共有多少条鱼,回去好分鱼".这个典故就是最原始的石子计数方法.也有石子计羊数的故事:相传,还是在山顶洞人的时期,有个牧羊人,清晨,出去一只羊捡一个石子,出去多少只羊就有多少个石子堆放在一起;太阳下山了,羊也回家了,进来一只羊,从那堆石子中丢一个石子,待羊全部回栏了,石子也丢完了.若还有石子,说明丢失了羊.通过石子进行计数,就当时来说,也不失为一种简便的计数方法.

1.2 结绳计数

结绳记事是古老的形式.结绳计数是远古时期常见的计数方式,被广泛使用,而且在某些民族中沿用至今.在未开发的部落里仍然有结绳记事的传统:事大,结也大,事小,结也小,结多则事多,如图2.宋人

图 2

曾说:"鞑靼无文字,每调发军马,即结草为约,使人传达,急于星火".这表明,古时候用结绳来调动军马.像藏族、彝族等这些少数民族中,有些部落仍有结绳计数的传统.中央民族大学博物馆里,展览了一条高山族的结绳:由两个部分组成,每一段绳上打有两个绳结,这两段绳联结在一起.不难理解,我国古代有上古结绳而治的说法:事大,大结其绳;事小,小结其绳;结之多少,随物多寡.东方有结绳计数,西方也有类似的事情.传说,古波斯王外出打仗,他命令手下一队士兵留守,看护一座大桥,务必守够30天.如何让士兵刚好守够?聪明的波斯王拿来一根上面系了30个结的长皮绳,要求守桥的士兵在他走后一天解一个结,解完所有结后即可回家.可见,结绳也是一个较好的计数方法,它给远古的

2

人们曾带来了许多便利.

1.3 刻道计数

除了结绳记事外,还有一个便是书契,如图 3. 所
谓书契就是在竹、木、龟甲或骨头、泥板上刻画以留下
刻痕,通过刻痕有无多寡进行计数.《释名》中说:契,
刻也,刻识其数也. 即指在某物体上刻画一些不同的
符号用来计数. 这种计数方式称之为刻道计数. 历史

图 3

上,刻道计数最早见于公元 1937 年,一根出自四十万
年前在维斯托尼斯发现的狼崽子的小腿骨,其上刻有 55 道深痕.

古巴比伦的楔形计数其实也类似于刻痕计数. 古巴比伦人用一种断面呈三
角形的笔在黏土板上刻出楔形的痕迹去计数. 刻字用的泥板经晒干或烘烤之
后,能长时间地、完整地保留下来. 考古学家挖掘出的 50 万块泥板,其中数学泥
板大约有 400 块,上面记载了数字表和许多其他有趣的数学问题. 如图 4,其中
有古巴比伦人计数符号表示.

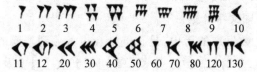

图 4

古巴比伦人借助形似于"小红旗""小于号""小莲蓬"等图案,表示所有的整
数. 如图中数字 1~9 是由对应数目的"小红旗"图案累加而成,数字 10 则用"小
于号"图案来表示,数 11 用一个表示数目 10 的"小于号"图案和一个表示数目
1 的"小红旗"图案拼成,若是 10 的整数倍,就用表示数目 10 的"小于号"图案
按倍数累加拼成. 若要表示 120,则用两个"小莲蓬"图案表示.

1.4 算筹计数

我国是世界文明古国之一,对世界数学的发
展有着巨大贡献. 究其原因,是有了先进的算筹计
数工具,如图 5. 筹算是数字计数的重要方法,影
响深远,有力地推动了我国古代数学的发展.《孙
子算经》曾提到:"凡算之法,先识其位,一纵十横,

中国算筹

图 5

百立千僵,千十相望,万百相当."我国古代的算筹以纵式、横式两种摆法计数,
纵式又称立算筹,横式又称卧算筹. 个位用纵式,十位用横式,纵横相间,由此表
示大大小小的数,如图 6. 古代的算筹,其实就是一根长 13~14 cm 的小长条,

可用竹子、木头、兽骨、象牙、金属等材料制成,扎成一束一束,每一束有二百七十几根.例如 4 507(四千五百零七)中有零,则空一格表示.相比结绳、刻痕、石子计数,算筹计数已是计数史上的一个重大突破.这种计数方式更为先进些,也更为方便,便于推广.面对大数字,用算筹可随意计数.

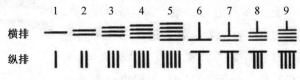

图 6

2.文字计数

文字符号的出现成为社会发展、文明进步的重要标志.实物计数有诸多不便.慢慢地,象形文字计数符号悄无声息出来了.世界各国文字计数符号数不胜数,不同程度地影响着社会进步、数学发展.在数学发展历史上,文字计数是人类的灿烂文化,留下无数智慧的结晶,让后人细细品味、欣赏、体验.

2.1 古代中国文字计数

中国古代计数发展的历史,是一部社会由荒芜到繁盛的发展史,是一部数学发展的文化史.甲骨文、金文、小篆中都可看到文字计数及发展的文化痕迹.

甲骨文中有计数的文字符号,如图 7.商朝时,人们记录在(龟)甲(兽)骨上面的文字,称为甲骨文.甲骨文中有 13 个表示数字的文字,其实表示数字的字共有 15 个,另外两个分别是亿和兆的计数符号.但在《四书五经》以前的文献中,"亿""兆"两个字均不表示确切的数字,只做无限多之意讲(类似于现数学中的无穷大符号),与百、千、万并没有递进的倍数关系.通过历史文献考证,可以看到数字计数所经历的三个阶段:

图 7

第一阶段,如图 8,其中,从一至五用一的倍数表示,一相当于一根小木棍.这五个数字由确切的符号来表示:一是直观,一看就知道是多少;二是常用,史料记载这些是生活中常用的五个数字符号,五个数直观好记,便于使用.从这些计数符号的外形上来看,拇指为"一"、食指为"二"、中指为"三"、无名指为"四"、

4

一拳为"五".

第二阶段,如图 9,"二"是用一个类似于向上箭头的符号来表示,"二"以后的双数(四、六、八、十)分别是表示数字"二"的符号叠加至 2,3,4,5 倍.现在看来,就像一个简单有规律的组合.

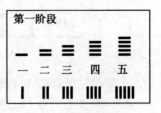

图 8

第三阶段,如图 10,重新引入数字"五"和"七"的符号,数字"九"由数字"五"和"四"的符号拼成,可理解为"5+4=9".

金文中有计数符号.金文是指铸刻在殷周青铜器上的铭文,也叫钟鼎文.史料记载,商代甲骨文已有非常完整的十进制系统,如图 11.中国周代金文的计数法,则是继承了商代的十进制法,相比较,又有明显的进步."十、百、千、万、亿"是十进制系统中的数量级符号,如西周金文"武王遂征四方,俘人三亿万有二百三十"中就出现了位值计数,例如这句"俘牛三百五十五",其中的数量"三百五十五"就可以写成"三全××","全"是指金文中的位值"百","××"是指数量"五十五",省去了"十",出现了位置概念.

图 9

图 10

图 11

如图 12,金文中有了表示数字"1~9"的象形文字.仔细观察发现,用来表示数字 1,2,3,9 的金文字和现代用以表达数字 1,2,3,9 的汉文字已经极其相似.可见这种计数符号即使经过朝代的更迭,依旧不能改变其通用性.

金文	一	二	三	ᕮᓮ	ᕮᕮ	ᐱ	+	✕	人

图 12

小篆中也有计数符号.秦始皇统一中国后,命丞相简化文字,取消其他六国文字并创造了统一的文字汉字书写形式——小篆.中国文字发展到小篆阶段,逐渐开始定型,此时象形意味已然开始削弱,文字更加符号化了.汉代时,数字 1~10 书写如图 13,这是比较规范化的小篆书写.

5

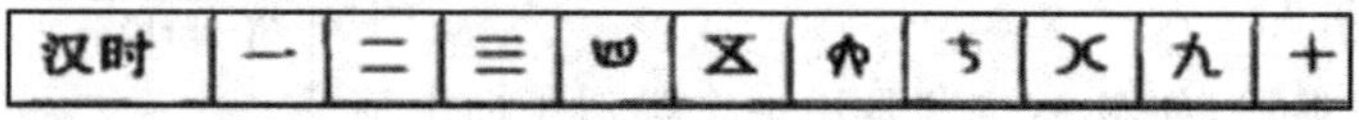

| 汉时 | 一 | 二 | 三 | 亖 | 𠄡 | 𠬞 | 𠀎 | 𠂂 | 九 | 十 |

图 13

显而易见,图 11 中最容易看出数目的是"三",而其他数目则笔画较多,且与数目本身并无多大联系,更像是一种符号化的表达形式.在那段时间,人们常用的计数符号如图 13 所示,相比图 11 的书写方式,很明显,这个笔画较少,更方便记录或统计.细细地看,表示数字 1,2,3,4,9,10 的计数符号已经非常现代化了.这说明,随着秦一统天下,字体归一,用以描述数目的计数文字符号也逐渐统一.

2.2 古埃及象形文字符号计数

古埃及,世界四大文明古国之一.距今 5 000 多年前,古埃及也出现了象形文字.古埃及也有自己独有的计数方式,与文字符号.象形文字是一种非常复杂的、变化无

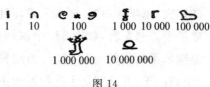

图 14

穷的文字体系.而象形文字中的计数符号更是千变万化,如图 14.把 U 调转 180 度,形成的那个符号是 10,竖直的一道是 1,像小耳朵一样的图案表示的是 100,而 1 000 的符号表示就像是一根鱼刺,10 000 像一个烟囱,100 000 像一个小动物,大至 1 000 000,它的符号表示像一个正在作法的女巫,生动形象又灵动,最后 10 000 000 的符号表示则像现代数学符号"Ω".

3. 数字符号计数

专门的数字符号形成极其不易.历史上,罗马数字、印度-阿拉伯数字是两大代表,尤其是印度-阿拉伯数字计数技术被称为人类历史上三大计算技术之一,并极大地推动了数字计算技术的发展.

3.1 古罗马符号计数

罗马数字是最早的数字表示方式,它的产生标志着古代数学文明的进步.罗马数字也是一直保留至今的有趣的文字计数的符号.现代最常见的罗马数字就是钟表的表盘符号,如图 15 中的 Ⅰ,Ⅱ,Ⅲ,Ⅳ,Ⅴ,Ⅵ,Ⅶ,Ⅷ,Ⅸ,Ⅹ,Ⅺ,Ⅻ.

图 15

表 1

基本字符	I	V	X	L	C	D	M
阿拉伯数字	1	5	10	50	100	500	1 000

表 1 中所展示的是古罗马的 7 种计数符号,通过表格,可以发现很多简单

6

易用的计数规则，根据这些计数规则，便可以任意表示一个数字的大小.古罗马数的符号表示，至今仍在一些数学教科书当中出现，并一直沿用着.例如：解析几何中三个坐标平面把空间划分为八块，每一块都叫作卦限，按排列顺序Ⅰ，Ⅱ，Ⅲ，Ⅳ，Ⅴ，Ⅵ，Ⅶ，Ⅷ，依次叫作第Ⅰ卦限，第Ⅱ卦限，……，第Ⅷ卦限.

3.2 印度－阿拉伯数字符号计数

印度的文字计数符号是如今流通全球常用的文字计数符号，并且异常的简捷、有序，尤其是印度－阿拉伯数字.古印度数的符号表示大致分为以下两个阶段：

古印度铭文计数法：古印度在公元前 2500 年左右出现一种称为哈拉巴数码的铭文计数法，如图 16.古印度铭文计数法当中数的符号表示更加明了化，简单易懂.例如：数字 1～7 的符号表示分别是由对应数目的"丨"累积而成，而数字 8 是由两个类似于椭圆的图案交叉而成，若是竖过来看，则像现在的阿拉伯数字"8".其他的数目也都有其一一对应的特定的符号表示.

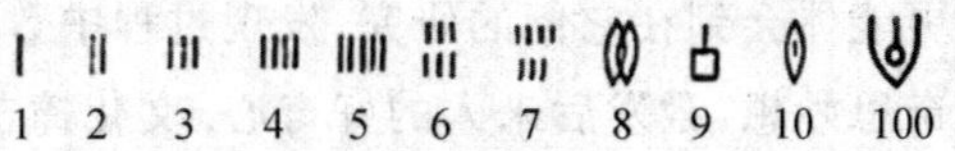

图 16

到了公元后通行起两种数码：卡罗什奇数码和婆罗门数码，如图 17.公元 5 世纪后印度数码中零的符号日益明确，使计数逐渐发展成十进位值制.

图 17

印度－阿拉伯计数法：其实阿拉伯数字不是阿拉伯人发明的，它由古印度人所创造.由于阿拉伯人的广泛传播，该种数字才被误称为阿拉伯数字.阿拉伯数字是由"0,1,2,3,4,5,6,7,8,9"共 10 个计数符号组成.采取位值法，高位在左，低位在右，从左往右书写.为了表示极大或极小的数字，人们在阿拉伯数字的基础上创造了科学的计数法.

因其符号简单化，只需要 0～9 这 10 个数字符号即可；书写简捷，只需要按高低位从左至右书写即可；排列有趣，按照十进制法则由个位进十位、由十位进百位……以此类推.由古印度人发明的阿拉伯数字已成为人们学习、生活和交往中最常用的数字了.

公元前 200 年至公元 1200 年,古印度人就已经开始使用数字符号和"0"符号."0"在当时是一个数字,可以确定的是在公元 650 年左右印度的数学家把"0"当作一个数字.印度人也使用位值系统而将"0"当作空白位置的表示符号.今日所使用的高度发展的数系就是从印度的数字及数字系统逐步演进而来的.

第二节 常数的文化蕴涵

数学中最常见的、最经典的三个常数:圆周率 π、黄金比 ϕ、自然对数的底 e.这三个常数不同精确度的取值,不仅反映数学家研究的思路,更体现了数学家的研究三个工具和方法,尤其是数学家孜孜不倦的追求,以及精益求精的态度.对三个常数精确度的认识越深入,就越能体会到数学技术的进步,以及数学领域的拓展深化,更能体会到在它们的研究、发现过程中数学家的情感,欣赏到更多的趣闻轶事、奇思妙想,激发后来人的好奇心.文化撞击人的灵魂,体验 π,ϕ,e 的发现过程、思考过程、学习过程中蕴含的文化,欣赏与之相关的经典题,领略它们的文化精髓,达到对它们的文化的深度理解.

1.圆周率 π 的文化传承

在所有的数学符号中,最神秘,最浪漫,受人误解最深,却也最吸引人的符号,也许就是 π 了[①].有人说,π 是社会文明的标志.圆周率近似值的获得,体现了社会进步、人类智慧提升以及解决问题方法的增多.如割圆术、分析法、连分数线、蒙特卡罗方法、计算机技术等都在书写圆周率精确度越来越高的历史,挑战人类计算的极限.

圆周率 π 是人类历史上最早接触、使用的常数.公元前 1650 年前,古埃及纸草书上记载,取圆的直径 d 的 $\frac{8}{9}$ 作为边长的正方形,其面积为圆的面积即 $\pi\left(\frac{d}{2}\right)^2 = \left(\frac{8}{9}d\right)^2$,得圆周率的值 $\pi = \frac{256}{81}$ 或 3.160 439…·.我国的《周髀算经》中就有"径一而周三"的记载,圆周率大约等于 3,此值被称为"古率".同时期,古希腊、古巴比伦等国家地区,普遍也认为圆周率 $\pi = 3$.古希腊人对 $\pi = 3$ 的认识,一直持续到阿基米德之前;中国对 $\pi = 3$ 的认识止于刘徽.古希腊天文学家

---

① 布拉特纳.神奇的 π[M].潘恩典,译.汕头:汕头大学出版社,2003:21.

托勒密制作弦表，计算圆周率，得到近似值为 3.141 6.几千年来，围绕确定圆周率 π 的值，数学家们苦苦探索，呕心沥血，不懈努力，留下许多趣闻轶事，谱写出灿烂的数学文化.

1.1 逼近法求圆周率

逼近法求圆周率的近似值是最古老的数学方法.阿基米德、刘徽、祖冲之等对圆的周长用圆的内接正多边形或外切正多边形的周长逼近，从而获得圆周率 π 的取值范围，估计其近似值.这是极其经典的方法，在圆周率研究历史上留下非常精彩的一笔，做出不朽的贡献.公元前 3 世纪的古希腊，数学处于发展的巅峰，其中的智人学派提出化圆为方的问题，也激发了人们对圆周率的研究.阿基米德首次采用逼近法，用圆的内接及外切正六边形的周长同时逼近圆的周长，之后依次又对边数加倍，直到边数为 96，通过求圆的内接、外切正多边形的周长与直径的比值，求得圆周率的下界为 $\frac{223}{71}$，上界为 $\frac{22}{7}$，取平均值得圆周率 π 的近似值为 3.141 851.

阿基米德首次科学地把 π 值算到了小数点后两位.之前，人类都是用测量粗略地、不科学地计算 π 值.阿基米德不可能运用先进的三角学知识和计算机工具，也没有简便的阿拉伯数字及十进制小数用于计算方法，计算中遇到的困难现代人无法想象.伊夫斯感叹说，他们不得不承认阿基米德是一名非常优秀的计算者.

历史上，我国著名数学家刘徽用圆的内接正多边形的面积去逼近圆的面积对圆周率 π 值进行估算.刘徽从正六边形开始，逐次对边数加倍，直到边数为 3 072，通过求圆的内接正多边形的面积与半径的平方的比值，来近似计算 π，最后得到

$$\pi = \frac{S}{r^2} \approx 3.141\ 6$$

与阿基米德相比，刘徽的方法更胜一筹.刘徽计算圆内接正多边形的面积，就较准确地近似计算了 π 值.

受到刘徽割圆术的启发，祖冲之是第一个把 π 值算到小数点后 7 位的数学家.唐朝长孙无忌的《隋书》中谈到了祖冲之在圆周率方面的两个贡献：其一，他得到不等式 3.141 592 6＜π＜3.141 592 7；其二，他用 $\frac{22}{7}$ 作为 π 的约率，$\frac{355}{113}$ 作为密率.他对 π 值的精确计算，整整领先世界 1 000 多年，遗憾的是 π 值巧妙的计算方法已失传.

鲁道夫与圆周率结下不解之缘，一辈子都在计算圆周率的值.1610 年，他

将圆周率算到小数点后面 35 位.后人称圆周率 π 的 36 位数为鲁道夫数,以纪念他在圆周率上的重大贡献.在鲁道夫的墓碑上还刻有圆周率 π 的 36 位数.

1.2 分析法求近似值

逼近法估算圆周率劳动强度大,极为辛苦,有数学家以生命为代价去计算.而分析法求圆周率近似值较为先进,计算较为简捷.数学家用分析法估算圆周率留下许多经典方法以及趣闻轶事.著名数学家牛顿在圆周率 π 上展现其高超的智慧以及巧妙的方法,留下生动的印迹,令人回味无穷.牛顿通过公式

$$\pi = \frac{3\sqrt{3}}{4} + 24\left(\frac{1}{3 \cdot 2^3} - \frac{1}{5 \cdot 2^5} - \frac{1}{7 \cdot 2^7} - \frac{1}{9 \cdot 2^9} - \cdots\right)$$

把 π 值轻轻松松地算到了小数点后面 15 位.对于这一成就,他还不好意思地说:"由于那时无事可干,随意地算了算."

莱布尼兹(1673 年)所提出莱布尼兹级数也与圆周率估算有关,只是收敛速度太慢.

$$\pi = 4\left(1 - \frac{1}{3} + \frac{1}{5} - \frac{1}{7} + \frac{1}{9} - \frac{1}{11} + \cdots\right)$$

欧拉也找到多个估算圆周率值的级数,收敛速度明显加快.

$$\pi = 4\left(\frac{1}{2} - \frac{1}{3 \cdot 2^3} + \frac{1}{5 \cdot 2^5} - \frac{1}{7 \cdot 2^7} + \cdots + \frac{1}{3} - \frac{1}{3 \cdot 3^3} + \frac{1}{5 \cdot 3^5} - \frac{1}{7 \cdot 3^7} + \cdots\right)$$

$$\pi = 2\sqrt{3}\sqrt{\frac{1}{1^2} - \frac{1}{2^2} + \frac{1}{3^2} - \frac{1}{4^2} + \frac{1}{5^2} - \cdots}$$

$$\frac{\pi^2}{6} = \frac{2^2}{2^2 - 1} \cdot \frac{3^2}{3^2 - 1} \cdot \frac{5^2}{5^2 - 1} \cdot \frac{7^2}{7^2 - 1} \cdot \frac{11^2}{11^2 - 1} \cdot \cdots$$

$$\frac{\pi^2}{6} = \frac{1}{1^2} + \frac{1}{2^2} + \frac{1}{3^2} + \cdots$$

沃利斯也得到圆周率 π 的估算公式,连续乘积,有序且有趣

$$\frac{\pi}{2} = \frac{2}{1} \cdot \frac{2}{3} \cdot \frac{4}{3} \cdot \frac{4}{5} \cdot \frac{6}{5} \cdot \frac{6}{7} \cdot \frac{8}{7} \cdot \frac{8}{9} \cdot \cdots$$

数学家韦达利用半角公式,也得到估算圆周率的无穷乘积

$$\frac{2}{\pi} = \sqrt{\frac{1}{2}} \cdot \sqrt{\frac{1}{2} + \frac{1}{2}\sqrt{\frac{1}{2}}} \cdot \sqrt{\frac{1}{2} + \frac{1}{2}\sqrt{\frac{1}{2} + \frac{1}{2}\sqrt{\frac{1}{2}}}} \cdot \cdots$$

1.3 用计算机求近似值

计算机技术成为求圆周率 π 近似值的强大武器,它的最大优势是快速、可靠.只要先选定计算 π 的公式,然后把编程输入电脑,再发出计算指令,最后打印结果.计算机计算圆周率的结果从 2 036 位,10 万位……,1 000 万位……对

10

此提出挑战! 突破 1 000 万位曾经是数学家和计算机科学家的梦想. 谁知,这也不是什么难事. 1995 年,加拿大数学家彼德·波尔文等花费 56 小时,把圆周率算到小数点后 42.9 亿位……至今没有看到圆周率 π 的任何规律. 1996 年,彼德·波尔文称赞道:"圆周率太有魅力了,让人忍不住多看它几眼. 尽管它数字排列完全不按章法,没有任何规律. 但从数学的观点来看,这正意味着它包含了所有的规律[①]."

1.4 蒲丰投针与圆周率

数学家蒲丰利用抛针求得圆周率 π 的近似值,看起来风马牛不相及的两个对象竟然有内在联系. 蒲丰通过抛针试验,开拓出蒙特卡罗法(也称统计模拟法),成为数学历史上的奇迹. 蒲丰筹划起他的数学游戏:一天,邀请了许多朋友来家里做客,给每一位客人一把针,一根一根抛在事先画着等距离平行线的纸上,其中平行线间距离等于细针长的二倍,大家依次将针抛在纸上,蒲丰记录抛针总次数以及针与平行线相交的总次数. 最后,蒲丰公布抛针总次数 2 212、相交次数 704 以及两者的比值 $\frac{2\ 212}{704} = 3.142\ 045\ 454\ 5\cdots \approx 3.142$,并开心宣布 3.142 为圆周率的近似值. 客人们个个目瞪口呆,觉得不可思议,抛针游戏就能近似求出 π 的值. 由此便给出估算数学常数的蒙特卡罗方法.

1.5 圆周率 π 的另类玩家

日常生活中有许多精彩的玩家. 有些酒店用派(π)命名,如某某派(π)酒店,也有用圆周率记忆、背诵去锻炼记忆力的著名学者,如桥梁建筑学家茅以升小时候背诵圆周率 π 至少背诵到小数点后 100 位;也有修建刻有 π 的墙壁,上面刻有成千上万位的圆周率 π. 中国古代还留下圆周率 π 的打油诗. 据说有位教书先生,总喜欢到山上找寺庙里的和尚喝酒谈天,每次上山前都会布置同样的作业,让学生背诵圆周率,并规定背诵到小数点后 22 位. 学生为背诵圆周率苦不堪言. 后来,一位聪明的学生编了一段顺口溜,轻松地把 π 值记到小数点后 22 位,妙不可言. 这首顺口溜中,既有人物、地点,也有事件及经历:

山巅一寺一壶酒(3.14159),尔乐苦煞吾(26535),把酒吃(897),酒杀尔(932),杀不死(384),乐而乐(626).

---

① 布拉特纳. 神奇的 π[M]. 潘恩典,译. 汕头:汕头大学出版社,2003:29.

2.ϕ 的文化沉淀

同样,黄金分割 ϕ 的历史也极其悠久,可以追溯到古希腊时期.许多数学家为黄金分割比神魂颠倒,为之陶醉.黄金三角形、黄金椭圆、黄金矩形……都是数学家精彩的作品,留下了许多精彩故事以及数学审美的精彩体验.

黄金分割比最早由欧多克索斯提出.他提出能否将一条线段分为两部分,使较长部分为原线段和较短部分的比例中项.经过大量研究,最终在正五角星中找到了答案,并惊叹道:"中末比到底在这儿出现了!"五角星中,任意两条线段相交的点,都是它们的黄金分割点,如图1.

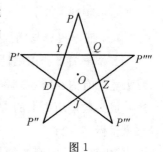

图 1

黄金分割 ϕ 也与斐波那契数列有关,完全出乎数学家的意料.《算经》中记载的数学问题:一对雌雄大兔子,一个月之后生了一对雌雄小兔子,两个月之后小兔子变成大兔子且生了一对雌雄小兔子,大兔子每个月后都能生一对雌雄小兔子,小兔子每两个月后长成大兔子且都能生一对雌雄小兔子,问一对雌雄大兔子,一年能变成多少对兔子?于是,形成了斐波那契数列:1,1,2,3,5,8,13,21,34,55,89,144,233,…其中有丰富的文化内涵.

研究发现,斐波那契数列的前项与后项的比值将会越来越接近黄金比,再对比值取极限,就是黄金比 ϕ,即对 F_n/F_{n+1} 取极限,有

$$\phi = \lim_{n \to \infty} \frac{F_n}{F_{n+1}} = \frac{\sqrt{5}-1}{2} = 0.618\,033\,988\cdots$$

没想到黄金比竟然隐藏在斐波那契数列中,不得不惊叹数学是如此神奇!

黄金矩形历史悠久.古希腊时期的作品接近黄金比,因此给人带来愉悦的审美体验.对于矩形,若宽:长≈0.618,就称该长方形为黄金矩形.著名学者费希纳曾经做过一个非常精彩的实验:在展厅里摆放有许多矩形,长宽比例各不相同,再请人参观,然后让他们挑出感觉最美的矩形.结果统计,有76%的人选择了宽长比例接近于0.618的矩形,可见,黄金矩形最美,它能给人们带来视觉上的美感.古建筑"巴特农神庙"以及画作《蒙娜丽莎》里都有黄金比.从古至今,黄金矩形的美学价值被越来越多的人认可和运用.

黄金比还有自己独特的性质,保罗·S.布鲁克说:"黄金分割好荒谬,它非普通无理数.你若将它倒过来,它的倒数是它自己(加1),如果你将它被1减,它的平方在这里."

12

令 $x=\dfrac{\sqrt{5}-1}{2}=0.618\cdots,y=\dfrac{\sqrt{5}+1}{2}=1.618\cdots$,必然 x,y 都是黄金比.

于是 $\dfrac{1}{x}=\dfrac{2}{\sqrt{5}-1}=\dfrac{\sqrt{5}+1}{2}=y,\dfrac{1}{y}=\dfrac{2}{\sqrt{5}+1}=\dfrac{\sqrt{5}-1}{2}=x$,自己的倒数是对方,

$x+1=\dfrac{\sqrt{5}-1}{2}+1=\dfrac{\sqrt{5}+1}{2}=\dfrac{2}{\sqrt{5}-1}=\dfrac{1}{x}$,即加 1 后是自己的倒数.

同时 $1-x=1-\dfrac{\sqrt{5}-1}{2}=\dfrac{3-\sqrt{5}}{2}=x^2$,即被 1 减后是它的平方.

3. e 的文化沉淀

一个常数 e 也有许多故事,展现了数学家的聪明才智.数学家利用各种各样的方法去研究、确定它的值,也有人说欧拉(Euler)首用字母 e 表示这一无理常数.一个常数 e 还有这么多的故事,是出乎意料的.

欧拉首用字母 e 去表示自然对数的底.欧拉之前,莱布尼兹曾用字母 b 表示,欧拉之后,也有人用字母 c 表示.但欧拉是当之无愧 e 的命名者.欧拉为什么用字母 e 而不用其他字母?据说与欧拉名字的第一个字母有关.欧拉用 π 表示圆周率后,π 就成为圆周率的象征,欧拉用 e 表示自然对数的底后,字母 e 就成为自然对数底的代表.在数学界,可见欧拉的影响力之大.

自然对数的底 e 一直困扰着大家.以 e 为底的对数,称之为自然对数,e= 2.718 28$\cdots$是一个无理数.在生活中 e 还有其原型,只是与借钱的利息相关:

过去,有个商人向财主借钱,财主的条件是每借 1 元,一年后利息是 1 元,即连本带利还 2 元,年利率 100%.利息不少!财主好高兴.财主算了算,半年的利率为 50%,连本带利是 1.5 元,一年后还 $1.5^2=2.25$ 元.半年结一次账,利息比原来要多.财主又想:如果一年结 3 次,4 次,$\cdots\cdots$,365 次,$\cdots\cdots$,岂不发财了?

结算 n 次,1 元钱到一年时还其本利是

$$\left(1+\dfrac{1}{n}\right)^n$$

尽管 $\left(1+\dfrac{1}{n}\right)^n$ 的值随 n 增大而增大,但增长极为缓慢;而且,不管结算多少次,本利和不可能突破一个上限.结果必让财主大失所望.数学家欧拉把 $\left(1+\dfrac{1}{n}\right)^n$ 的极限记作 e,e$=2.718\ 28\cdots$,即自然对数的底.

4.π,i,e 的创造性联系

常数 π 历史悠久,内涵丰富;常数 φ 是黄金分割比,体现对美的追求;常数 e 历史较短,却刻上数学家耐普尔、欧拉的烙印,出身高贵.著名数学家欧拉出乎意料地将毫无瓜葛的 π,e,i,0,通过数学公式紧紧地联系起来.

欧拉把函数 $y=e^x$ 根据泰勒公式展开

$$e^x = 1 + \frac{x}{1!} + \frac{x^2}{2!} + \frac{x^3}{3!} + \frac{x^4}{4!} + \frac{x^5}{5!} + \cdots + \frac{x^n}{n!} + \cdots$$

令 $x=i\theta$,利用正、余弦函数的泰勒展开式,得到

$$e^{i\theta} = 1 + \frac{i\theta}{1!} + \frac{(i\theta)^2}{2!} + \frac{(i\theta)^3}{3!} + \frac{(i\theta)^4}{4!} + \frac{(i\theta)^5}{5!} + \cdots + \frac{(i\theta)^n}{n!} + \cdots$$

$$= \left(1 - \frac{\theta^2}{2!} + \frac{\theta^4}{4!} - \frac{\theta^6}{6!} + \cdots\right) + i\left(\theta - \frac{\theta^3}{3!} + \frac{\theta^5}{5!} - \frac{\theta^7}{7!} + \cdots\right)$$

$$= \cos\theta + i\sin\theta$$

欧拉令 $\theta=\pi$,于是

$$e^{i\pi} = \cos\pi + i\sin\pi = -1$$

把 -1 移到左边,就可以得到 $e^{i\pi}+1=0$,这就是著名的欧拉恒等式,被誉为上帝公式.这样 π,i,e,1,0 五个重要的常数完美地联系在一起.不得不佩服欧拉敏锐的观察力,超乎寻常的思想,以及高人一等的技巧.

π,φ,e 的文化内涵博大精深,通过讲述与 π,φ,e 有关的人和事,去体验它们背后蕴含的数学文化.阿基米德、刘徽、祖冲之用割圆术研究 π,蒲丰用概率近似计算 π,欧多克索斯研究五角星得到中末比,斐波那契用数列近似计算 φ,欧拉给圆周率、自然对数的底命名,每一个数学知识的背后都有一些人,一些故事,一些文化,要深刻品味 π,φ,e 蕴含的数学文化,领略数学的魅力,陶冶数学情操.

第三节　数学运算的欣赏

运算具有悠久的历史,丰厚的文化内涵.加、减、乘、除等运算及法则,它们背后的历史性及趣味性值得探究.从运算的历史文化中可以感受运算本身所带来的数学魅力,以及数千年历史发展的丰富文化.加、减、乘、除、平方、乘方等运算,何时概括形成无从考究,但从考古的文物材料来看,历史非常悠久.古埃及、古巴比伦、古希腊、中国、古印度等地早已形成这些加、减、乘、除、乘方、开方等

运算,孕育了和、差、积、商、幂、根式等概念的萌芽.运算的文化内涵丰富,留下许多的趣闻轶事、经典案例,深刻的数学思想及巧妙的数学方法.运算的不断发展与完善,给日常生活带来便捷与精彩.运算源于生活,也应用于生活.了解运算的历史文化,体验数学的文化魅力,提高数学素养.

1. 古老的加减,有趣的方法

尼罗河孕育着古埃及的文明.现在知道的古埃及的数学知识,主要来自于《莱因德纸草书》又称为《阿姆士纸草书》,以及《莫斯科纸草书》,这些纸草书大约成书在公元前1890年前,数学的相关运算均用当时比较古老的文字进行记载.这意味着当时已经有了数学运算的相应观念.

从纸草书上发现,在4 000多年前已有加、减等运算观念,也有相应的运算法则.古埃及人较早地掌握了比较简单的加、减运算,一般是把数与符号分开对应运算,其实它是生活常识的概括.现保存下来的公元前1600年左右的古埃及纸草卷中,记载的许多数学问题都用到加、减运算,其中有一个是:"啊哈,它的全部,与它的七分之一,其和等于19".这说明,古埃及至少在公元前1600年时已有加法运算以及和的观念.

古巴比伦,公元前1800年—公元前1600年,其泥板书中也有了加、减运算以及和、差的观念,如问题"已知两个数的和(差)、积,求这两个数".求三角形、梯形等平面图形的面积公式,求棱柱、圆柱等立体图形的体积公式中已有加法运算.

公元前6世纪,古希腊的毕达哥拉斯学派给出三角形数:$1,1+2,1+2+3,\cdots,$ $1+2+3+\cdots+n$,如图1.他们还从正方形数中得到平方数:$1=1^2,1+3=2^2,$ $1+3+5=3^2,\cdots$,如图2.同时,还有特殊的平方差:$(n+1)^2-n^2=2n+1$.这些都是精彩的数字运算,体现基本的加、减运算以及和、差观念.

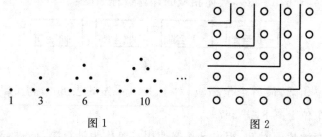

图1　　　　　　　　　图2

古希腊毕达哥拉斯学派提出的完美数中就有加法运算:6等于其因数之和,即$6=1+2+3$;类似地$28=1+2+4+7+14$,除自身因数外.还有亲和数中也有加法运算:能够整除284的所有因数之和等于220,所有能整除220的因

数之和等于 284. 即

$$220=1+2+4+71+142$$

$$1+2+4+5+10+11+20+22+44+55+110=284$$

古罗马的加法运算也颇有意思. 字母表示的数 I(1),V(5),X(10),L(50),C(100),D(500),M(1 000),如 235+236=471,用罗马数字表示加法即

$$CCXXXV+CCXXXVI=CCCCXXXXXXXI=CCCCLXXI$$

古印度的数学,大多记载在树皮上,这样易缺失. 在公元 6 世纪前,便产生了十进位制计数法,而后随着运算的需要,出现了土盘算法. 印度的四则运算与中国的筹算相似,加、减法从左向右计算. 8 世纪以后,中国的纸传入阿拉伯,他们便把土盘算法改为纸上算法,其算法如下

$$238-193=45$$

$$\begin{array}{r} 45 \\ \hline 238 \\ 193 \end{array}\quad\text{后来,才有竖式减法}\quad\begin{array}{r} 238 \\ -\ 193 \\ \hline 45 \end{array}$$

中国古代,实物计数很早就有了,结绳和书契是文字出现以前常用的原始计数法. 工具是算筹,算筹被广泛的应用,求和、求差是日常生活的重要组成部分. 中国整数加、减运算的历史相当长,有特别的筹算工具用于加、减等运算. 这比其他国家和地区的运算用起来要简便许多,加、减法的运算思路明确清晰. 如 567+678=1 245,相加计算的具体过程如图 3:

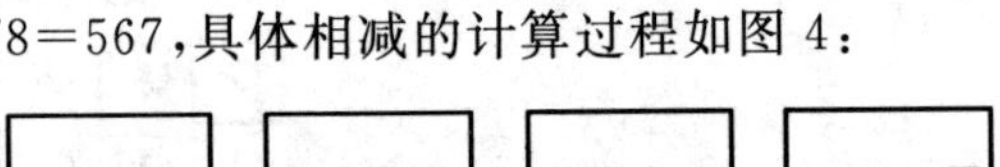

图 3

先高位相加,过十在高一位加上 1,最后是个位相加. 对于 567,567 先加上 600,得 1 167,再加 70,得 1 237,最后个位上加 8,得 1 245.

如 1 245−678=567,具体相减的计算过程如图 4:

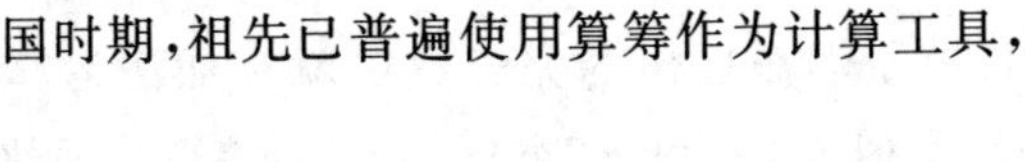

图 4

先高位相减,最后个位相减. 对于 1 245,先减去 600,得 645,再减 70,得575,最后个位上减 8,得 567[①].

早在春秋战国时期,祖先已普遍使用算筹作为计算工具,进行加、减、乘、除

---

① 钟选. 有关整数四则运算史料简介[J]. 北京师范大学学报(自然科学版),1976(Z1):152-163.

中小学数学的历史文化

等运算已不是什么稀奇之事,加、减、乘、除等心算也较常见.《老子》一书中曾认为:善数者不用筹策.也就是说,会计算的人可以不必用算筹工具,用心算就可以了.

中国对负数的认识相当早,并且有了相应的加、减运算法则,较西方早几千年.在《九章算术》"方程"一章中已建立了较为完整的正、负数加、减运算法则.这说明,那时候对运算及法则已有深入的认识并得到了广泛应用.刘徽在《九章算术》的注解中说:"无入为无对也",并解释了"无入"的意思:以零为被减数的情形.刘徽由此概括出零、负数参与运算的法则:零加正数为正数,零加负数为负数,零减正数为负数,零减负数为正数.

运算律是由于加、减、乘、除法的产生自然出现的.古印度婆罗摩及多的法则本质上与《九章算术》中的相同,但增加了$(+a)+(-a)=0,0+0=0$,$(\pm a)-0=\pm a$.

2.悠久的乘除,巧妙的方法

古埃及人在$4\,000$多年前发明了最早的乘法,是最早有乘法运算的国家之一.从纸草书上发现,古埃及有乘、除、乘方等运算观念,也有相应的运算法则.乘、除法的计算规则是通过加倍相乘和减半相乘而得到的,这种计算方法贯穿埃及运算历史,具有独有的埃及特色.

乘法变为加法的叠加.如11×13:

第一步,计算$11\times1,11\times4,11\times8$;

第二步,把$11\times1=11,11\times4=44,11\times8=88$的结果相加,即为$11+44+88=143$,即为$11\times13$的结果.古埃及的方法相当明了且思路清晰.

例如,由上面算式不难了解乘法运算的技巧及法则,如$2\,406\times7$的算式

$$
\begin{array}{ll}
* & 1 \quad 2\,406 \\
* & 2 \quad 4\,812 \\
* & 4 \quad 9\,624 \\
\hline
& 7 \quad 16\,842
\end{array}
$$

即$2\,406\times7=2\,406\times1+2\,406\times2+2\,406\times4=16\,842$.

古埃及人进行乘法运算时,一般要先确定哪个数是乘数,任选其中的哪一个都可以,不影响最后结果,但当两个数相差比较大时,选择较小的数为乘数,可以减少运算步骤,接着不断用2^n或$\frac{1}{2^n}$去乘,直到乘数相加可得到先前的乘

17

数,再把几个积相加即可[1].

古巴比伦人的数字符号与古埃及有所不同,采用的是位值制计数.一个数处于不同位置可以表示不同的值,这样的表示方法是一项很了不起的成就,渐渐地可以把这种方法应用到整数以外的分数[2].在泥板书上除加法表外,还有乘法表、平方表.用简单的平方表,可以很简便地算出两数的乘积.古巴比伦人对于95×103的计算,有:

第一步,(103+95)÷2=99;

第二步,(103−95)÷2=4;

第三步,查平方表,知99的平方为9 801,4的平方是16;

第四步,9 801−16=9 785,所以95×103=9 785.

更一般地,求 $a×b$,则只要求

$$ab=\left(\frac{a+b}{2}\right)^2-\left(\frac{a-b}{2}\right)^2$$

查表,得平方值,再相减即得乘积的值.可见思维缜密,计算简便,结果正确.这说明,古巴比伦人早已掌握数的加、减、乘、除、乘方运算的许多技巧,运算水平之高,超出如今的想象力.

古希腊数学是数学史上的里程碑.古希腊数学家埃拉托塞尼,有两项重要贡献,即测量地球的大小和素数筛法.素数筛法是寻找素数的一个有效方法.但埃拉托塞尼的成果只有很少的片段流传下来,素数筛法就是记录于尼科马霍斯的《算术入门》中才保留下来的[3].在自然数列中从小到大找出素数,先从3开始,将奇数列写出来:3,5,7,9,11,13,15,17,19,21,23,25,27,29,31,33,35,37,39,41,43,45,47,49,51,….

3是第一个素奇数,将3的倍数9,15,21,27,33,…划去,再将5的倍数划去,如5,15,25,…,5后面第一个未被划去的数是7,将7后面所有7的倍数都划去,按如此步骤重复,直到写出数列最后一个数,未被划去的就是素数.早已表明,除法运算已广泛应用,并随处可见.

后来,古希腊引入印度−阿拉伯数字后,有了格子乘法.如934×314,个位4和4相乘,竖横交叉的格子里,左上填1,右下填6;个位4与十位数字1相乘,得4,竖横交叉的格子里,左上填0,右下填4;个位4与百位数字3相乘,得12,

---

① 崔智超.《莱因德纸草书》研究[D].大连:辽宁师范大学,2006.

② 蔡天新.数学与人类文明[M].杭州:浙江大学出版社,2008:16-18.

③ 刘振达.最小公倍数起源的比较研究[D].大连:辽宁师范大学,2012.

18

竖横交叉的格子里,左上填1,右下填2,……,如图5,斜着相加,逢十进一,于是934×314=293 276.

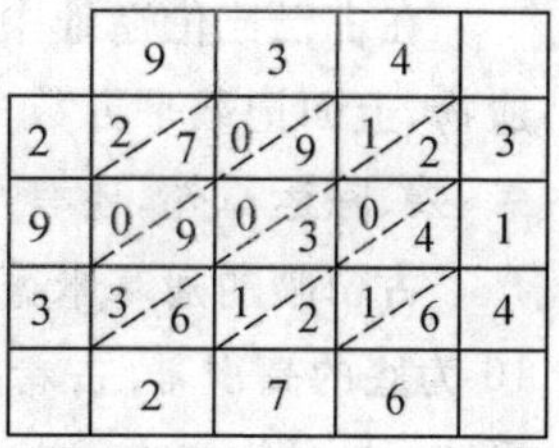

	9	3	4	
2	2/7	0/9	1/2	3
9	0/9	0/3	0/4	1
3	3/6	1/2	1/6	4
	2	7	6	

图 5

到后来,才有了竖式乘法.

中国古代的乘法运算在世界上是极其领先的.现在的乘法表共45句,从"一一得一"开始,直到"九九八十一".但古代口诀是从"九九八十一"到"二二得四",因从"九九"开始,所以古人称它为"九九表".到了宋元时期,"九九表"就从"一一得一"开始,一直用到今天."九九"乘法口诀的起源很早,有个小故事:

> 据燕人韩婴著的《韩诗外传》卷三记载:齐桓公设庭燎,为便人欲造见者,期年而士不至.于是东野有以九九见者,桓公使戏之曰:"九九足以见乎?"鄙人曰:"臣闻君设庭燎以待士,期年而士不至.夫士之所以不至者,君、天下之贤君也,四方之士皆自以不及君,故不至也.夫九九、薄能耳,而君犹礼之,况贤于九九者乎!夫太山不让砾石,江海不辞小流,所以成其大也.诗曰:'先民有言,询于刍荛.'博谋也."桓公曰:"善."乃固礼之.期月,四方之士相导而至矣.

这段话概括的理解为:春秋时期齐国国君齐桓公曾在大厅中点燃照明火炬,以这种方式招贤,等了一年左右还没有人来自荐.后来东野有个人用"九九歌"来应征,齐桓公笑道:"用'九九歌'来应征那算有才能?"这人说,"九九歌"是不算什么,但大王若礼遇他,把他招为贤,那些有才能的人不就都能看到大王的诚意了么?齐桓公同意把他招进了,果然,一个月后,四面八方的贤士便接踵而来[①].这故事在刘向的《说苑》和《三国志卷》中都有提及.这故事表明在春秋时期"九九歌"就已经产生了,在生产实践中广泛流传,而且筹算的乘、除也都要用到乘法口诀."九九表"在汉代已有所见.后来《孙子算经》对古代"九九表"做了扩充,有了"九九平方表"和"九九求和表".

朱世杰提出:同名相乘为正,异名相乘为负;同名相除所得为正,异名相除所得为负,即有理数的乘、除运算法则.

乘方运算的历史相当悠久,内涵极其丰富.古埃及人在4 000多年前就有了大数的表示方法.他们用一组固定的象形文字表示10^0到10^6,即6个10的连续相乘,这表明古埃及有乘方的观念.

---

① 徐品方.数学趣史[M].北京:科学出版社,2013:55-66.

在古巴比伦遗址中发现了一块公元前 2300 年—公元前 1900 年的泥板书遗物,上面记载平方数 1^2 到 60^2,还有立方数 1^3 到 32^3.这说明,古巴比伦除加、减、乘、除运算外,还有了乘方的观念.

古希腊的阿基米德在公元前 225 年所著的《砂粒计算》一书中,创立了以 10 为底的高次幂.古希腊代数鼻祖丢番图用一些名词命名乘幂,比如称 x^2 为平方,称 x^3 为立方,称 x^4 为平方的平方等.这表明,乘方运算在古希腊早已存在,平方、立方等概念很早便提出了.

3. 开方运算,逆向思维

古代很久以前就有了乘方观念.求正方形面积时用到平方运算;求立方体的体积就有立方运算;若已知正方形面积求边长,则有开平方运算,即求平方根;若已知立方体的体积要求棱长,则有开立方运算,即求立方根.有乘方就有开方.为了求平方根、立方根,于是制作了平方根表、立方根表,查表即可求得.当然,也有开平方、开立方求根的经典方法.

从古巴比伦的泥板书中看到,古巴比伦人的开方求值运算步骤,具体如下:要求 $\sqrt{a}$ 的值,先设 a_1 是 $\sqrt{a}$ 的近似值,求出 $b_1 = \dfrac{a}{a_1}$,令 $a_2 = \dfrac{a_1 + b_1}{2}$,再求出 $b_2 = \dfrac{a_1}{a_2}$,令 $a_3 = \dfrac{a_2 + b_2}{2}$……以此类推计算,重复步骤,数值越来越接近 $\sqrt{a}$,从而求出 $\sqrt{a}$ 的近似值.这种方法容易操作,方法简便,但较费时间.如求 $\sqrt{2}$ 的近似值:

假定 1 是 $\sqrt{2}$ 的近似值:

猜测	除	平均
1	$\dfrac{2}{1}$	$\dfrac{1+2}{2} = \dfrac{3}{2}$
$\dfrac{3}{2}$	$\dfrac{2}{1.5} = 1.33$	$\dfrac{1.5 + 1.33}{2} = \dfrac{2.83}{2} = 1.415$

古巴比伦的一块泥板书中记载着:$\sqrt{2}$ 的近似值为 1.414 213,这是较为精确的估计.当时,古巴比伦有了求根式的值的方法,还比较有效.可见,古巴比伦不只有加、减、乘、除、乘方运算,其实还有开方运算,特别是开方求根式的近似值的方法,水平之高,方法之巧,叹为观止.

从我国《九章算术》及刘徽的注解中发现,开平方求近似值运算是基于公式 $(a+b)^2 = a^2 + 2ab + b^2$.《九章算术》中的第四卷中明白地说明如何开平方.同

20

时,书中也给出了开三次方的一般算法,与开平方的方法类似①. 可见,人们非常熟悉地运用$(a+b)^2$,$(a+b)^3$的展开式用于开方运算.《九章算术》中对开不尽的情况提出处理方式:若a^2是最接近被开方数N的正整数的平方,r是余数,即

$$N = a^2 + r \quad (a, r \text{ 为正整数})$$
$$N < (a+1)^2,\text{令} N \text{ 的平方根为 } x = a + b$$

则 $N = a^2 + r = (a+b)^2$,其中 $0 < b < 1$,求得 $b = \dfrac{r}{2a+b}$,所以

$$a + \frac{r}{2a+b} < x = a + b < a + \frac{r}{2a}$$

给出开不尽方根的数的近似值的范围.

4. 数学家与运算符号

现代数与数间的加、减、乘、除、开方等运算符号形成、运用,经"文辞式""缩写式",再到"运算符号"三个阶段,在漫长的时间里,由数学家广泛交流、巧妙运用、变更检验,最终有了如今的运算符号,这本身是数学创造、文化传承的结果. 在三四千年时间演变过程中,"文辞式""缩写式"再到通用的"+""−""×""÷",无不体现人们的数学智慧,以及数学文化传承的轨迹. 由于运用算筹或珠算进行加、减、乘、除运算时,我国没有形成运算符号,加、减、乘、除运算便均使用文字表示. 开办新式学堂后,我国教科书上才开始使用"+""−""×""÷"表示加、减、乘、除的运算符号.

历史上,乘、除运算符号运用比加、减符号晚. 古希腊的丢番图、印度的婆什伽罗把两数并列表示相乘,省略乘号. 英国数学家奥特雷德为了计算简便,创造了许多数学符号,后来只剩包括"×"等几个. 关于"×"的发现,乘法是增加的意思,特殊的加法,又不同于加法,奥特雷德认为可以把它斜着写,于是得到乘法记号.

除法运算符号最早由阿拉伯人首创,用两数之间加线段来表示除法. 1659年,瑞士数学家雷恩在书中最早用"÷"作除号,即被称之为"雷恩记号". 后人猜测,雷恩先生做除法运算时,遇到整数等分的问题,灵机一动,上下两圆点用短横线分开,刚好表示等分的意思. 一开始"÷"并不被接受,在英国大数学家沃利斯、牛顿等采用后,才推动了除法符号的普及.

---

① 石鸿鹏. HPM 视野下的二项式定理[D]. 西安:西北大学,2015.

运算的历史发展比较久远,是日常生活中数学活动的生动体现.古埃及、古巴比伦、中国等国家中,四则运算、平方、立方在实际生活问题中早已出现.数学家概括出数学运算,创造性地提出一系列相应的运算符号,有了快捷、方便的运算方法.回味历经几千年运算的演变,从中后人可以感悟数学运算的算理,体验数学的简捷,理解数学,欣赏数学,热爱数学.

第四节 因(倍)数的韵味

整数研究是古老的课题,倍数、因数等是历史上非常悠久的概念.几千年来数学家研究留下许多有关公倍数、公因数类的经典名题,获得了很多经典的算法.因数、倍数研究主题吸引了历代古今中外的众多数学家,留下很多数学猜想.因数、倍数的文化内涵丰富,思想深刻,方法灵活,在数学发展中起到奠基性的作用.追溯因数、倍数的历史轨迹,寻找文化传承方式,能够丰富学科知识,加深对知识的理解,体验文化魅力,弘扬数学精神.

1.倍数、因数探源

倍数与因数是初等数论中非常经典的概念,在分数的通分、约分以及分数的运算中可找到它们在数学发展中的历史踪迹.分数的通分需要确定公倍数及最小公倍数,分数的约分需要确定分子、分母的约数及公约数,分数的加、减运算需要最小公分母.倍数与因数、最小公倍数、最小公分母等在《九章算术》中非常明确、清晰,在分数及运算中发挥了根本性的作用.尽管出现了最小公倍数,但没有明确的定义,直到《数书九章》才给出最小公倍数的定义.在我国古代也有最大公约数的定义,只是称为"等数".

数学东方名著《九章算术》中有大量的分数通分及约分,在通分和约分的运算过程中大部分问题涉及最大公约数及最小公倍数.如:十八分之二十,则约之得几何?并且有三分之一,九分之五,七分之四,则合之得几何?即

$$\frac{1}{3}+\frac{5}{9}+\frac{4}{7}=\frac{276}{189}=\frac{92}{63}$$

其中都利用了约去分数中分母和分子这两个数的最大公约数而得到最简分数,同时在式子 $\frac{276}{189}=\frac{92}{63}$ 中可以知道 $[3,7,9]=63$,也就是说可以找到分母的最小公倍数,即最简公分母,进行分母通分以便进行分数加、减法运算.印度的

"巴克沙利手稿"中对分数进行运算时也运用了最小公分母，是求关于

$$2+1\frac{1}{2}+1\frac{1}{3}+1\frac{1}{4}+1\frac{1}{5}$$

的和，通过通分得

$$2+1\frac{1}{2}+1\frac{1}{3}+1\frac{1}{4}+1\frac{1}{5}=\frac{120}{60}+\frac{90}{60}+\frac{80}{60}+\frac{75}{60}+\frac{72}{60}=\frac{437}{60}$$

再有求

$$\frac{1}{2}+\frac{2}{3}+\frac{3}{4}+\frac{4}{5}=\frac{30}{60}+\frac{40}{60}+\frac{45}{60}+\frac{48}{60}=\frac{163}{60}$$

可知作者已经意识到用最小公倍数作为分母.

　　而《张邱建算经》《孙子算经》中也讨论了几个有关整数的最小公倍数的相关问题，其中《孙子算经》通过"三女相会"的问题来求三个互素正整数中的最小公倍数，《张邱建算经》则以"三人值夜""封山周栈"为题材，求三个数的最小公倍数，探索最小公倍数和最大公约数之间的关系以及通分的方法：

　　　　设正整数 a,b,c,d,m，且 $m=(a,b),a=a_1m,b=b_1m$，则

$$\frac{c}{a}+\frac{d}{b}=\frac{bc+ad}{ab}=\frac{(b_1c+a_1d)\cdot m}{a_1b_1m\cdot m}=\frac{b_1c+a_1d}{a_1b_1m}$$

其中最小公分母为 a_1b_1m.

　　在中国古代，最小公倍数的产生源于两种需求：一是分数通分时最小公分母的计算，其二是天文历法计算中寻找五星汇聚或几个行星运行的公共周期. 在《九章算术》《算数书》中大部分问题均与分数通分有关，给出的例题均是分数的通分，确定最小公分母，即几个整数的最小公倍数.

　　倍数与因数在古希腊时期也倍受关注. 数学家欧几里得（约公元前 330 年—约公元前 275 年）撰写的数学名著《几何原本》（公元前 300 年左右）中，提出公约数、公倍数的概念，论述了与公约数、公倍数相关的命题及计算方法. 数论篇中，有命题 1～3，并且给出最大公约数的求法——辗转相除法，而论述公倍数的部分出现在命题 33～39，对于如何求最小公倍数以及最小公倍数某些性质也做了说明.

　　命题 1　设有两个不相等的数，从大数中不间断地减去小数，当余数小于小数时，再从小数中不间断地减去余数，直到小于余数，如此下去，假如余数减不尽其前一个数，当最后的余数为一时，可以得到二数互质.

　　这一命题假定 1 是辗转相除法的结果. 开始于两个数，从较大的数中重复减去较小的数. 假设有两个数 a_1,a_2，其中 $a_1>a_2$，命题的代数式表达为

$$a_1=m_1a_2+a_3（m_1 是从 a_1 中减去 a_2 的次数）$$

23

$$a_2 = m_2 a_3 + a_4 \ (m_2 \text{ 是从 } a_2 \text{ 中减去 } a_3 \text{ 的次数})$$

$$\vdots$$

$$a_{n-1} = m_{n-1} a_n + 1 \ (m_{n-1} \text{ 是从 } a_{n-1} \text{ 中减去 } a_n \text{ 的次数})$$

假设 $(a_1, a_2) = d \neq 1$，若 d 能分别除尽 a_1, a_2，那么它也能除尽 a_3. 进一步，它能除尽 a_2, a_3，它也能除尽 a_4，依次类推，直到最后 d 除尽最后一个余数. 因为没有数可以除尽 1(这里的数是指大于 1 的数)，故没有数可以除尽 a_1 和 a_2. 所以 a_1 和 a_2 是互质数.

命题 2 已知两个数，求出它们能整除的数中的最小的数.

命题 3 假如一个数整除某数，那么被它们整除的最小的数也整除这个数.

2. 历史名题赏析

无论在中国古代，还是在古希腊，无论是古埃及，还是古巴比伦，都有许多有关公倍数、公因数的历史名题. 在《九章算术》《几何原本》《孙子算经》《张邱建算经》等数学名著中有大量求最小公倍数、最大公因数的经典名题，刻上智力题的烙印.

2.1 公倍数名题赏析

《九章算术》《孙子算经》《张邱建算经》等经典名著中有许多有关公倍数的问题，这些问题历史悠久，影响深远，挑战人类思维，考验智力，令人回味无穷.

《孙子算经》中有许多经典的名题，如《孙子算经》下卷中有关"三女归宁"问题：现有三女，少女三日一归，而中女四日一归，且长女五日一归，则三女几何日相会？这道题意思是家有三个女儿，小女儿三天回一次家，二女儿四天回一次家，大女儿五天回一次家，则三个女儿什么时候同时回家？即是求三女相会的时间，实质是求三女归日的最小公倍数，即求 $[3, 4, 5]$.

《孙子算经》中与最小公倍数有关的经典名题：现有物，而不知其数. 当三三数之，剩二；而五五数之，剩三；而七七数之，剩二，问物几何？用简略的数学语言形容也就是求一个数，它能够满足被 3 除余 2，且被 5 除余 3，且被 7 除余 2 这三个要求. 古人探索出解答这一类题目的一般方法. 算经中给出一般思路：(1)求出被 3 除余 2 且是 5 和 7 倍数的数；(2)求出被 5 除余 3 且是 3 和 7 倍数的数；(3)求出被 7 除余 2 且是 3 和 5 倍数的数；(4)求出 3，5，7 这三个数的最小公倍数，即 $[3, 5, 7]$；(5)将上面的三个数相加，加上(或者减去)3，5，7 的公倍数，可求出满足条件的最小数.

具体算法如下：

(1)先求被 3 除余 1 且是 5 和 7 倍数的数,然后将这个数乘以 2 即可.$5 \times 7 = 35,35 \div 3 = 11 \cdots \cdots 2$,不符合条件,而 $35 \times 2 = 70,70 \div 3 = 23 \cdots \cdots 1$,符合条件.则 $70 \times 2 = 140$ 便是要求的数.

(2)同理,$3 \times 7 = 21,21 \div 5 = 4 \cdots \cdots 1$,符合条件,则 $21 \times 3 = 63$ 便是要求的数.

(3)同理,$3 \times 5 = 15,15 \div 7 = 2 \cdots \cdots 1$,符合条件,则 $15 \times 2 = 30$,便是要求的数.

(4)3,5,7 的最小公倍数是:$3 \times 5 \times 7 = 105$.

(5)$140 + 63 + 30 = 233,233 - 105 \times 2 = 23$,所以 23 便是那个能够同时满足被 3 除余 2,被 5 除余 3,被 7 除余 2 的最小的数.

《张邱建算经》中也有许多名题,貌似智力题.上卷第 10 题是有关"封山周栈"相会问题:现有三百二十五里的封山周栈,甲、乙、丙三人同向周栈而行,知甲每天走一百五十里,而乙每天走一百二十里,丙每天走九十里,问周向几何会日?从这道名题可知道,甲环山一周需要 $\frac{325}{150} = \frac{13}{6}$ 天,乙环山一周需要 $\frac{325}{120} = \frac{65}{24}$ 天,丙环山一周 $\frac{325}{90} = \frac{65}{18}$ 天,要求甲、乙、丙再次相遇于出发点的时间,也就是求出 $\frac{13}{6},\frac{65}{24},\frac{65}{18}$ 这三个分数的最小公倍数,即求 $\left[\frac{13}{6},\frac{65}{24},\frac{65}{18}\right]$.

《张邱建算经》上卷第 11 题是有关"三兵巡营"相遇问题:今有内营共七百二十步,而中营共九百六十步,且外营共一千二百步.甲、乙、丙三人在不同营中执夜,甲行内营,而乙行中营,且丙行外营,一起从南门出发.甲行九,且乙行七,且丙行五,则各行几何周,同时到达南门?这道名题类似于"封山周栈"相遇问题,已知句中"甲行九,乙行七,丙行五"是指三人在单位时间内所行路程的比,都取其比值为 240,则甲沿内营环绕一周所需要的时间是 $\frac{720}{9 \times 240} = \frac{1}{3}$ 天,乙沿中营环绕一周所需要的时间是 $\frac{960}{7 \times 240} = \frac{4}{7}$ 天,丙沿外营环绕一周所要的时间是 $\frac{1\,200}{5 \times 240} = 1$ 天,要求甲、乙、丙再次相遇于南门的时间,也就是求 $\frac{1}{3},\frac{4}{7},1$ 的最小公倍数,即求 $\left[\frac{1}{3},\frac{4}{7},1\right]$.

2.2 公因(约)数的名题赏析

所有分数加、减、乘、除运算都与约分或通分有关,其都不能回避公因(约)数的问题.约分约去的是公因数,通分是求几个数的最小公倍数,这几个数都是最小公倍数的因数.

东方名著《九章算术》中有许多约分和通分的问题,尤其是通分,它奠定分数加、减运算法则的基础,而且约分为分数乘、除的运算法则以及和、差、积、商的化简提供了方法.《九章算术》中有关约分的问题:十八分之二十,则约之得几何?若有九十一分之四十九,则约之得几何?约分的本质是找到分子、分母这两个数的最大公约数,即求(18,20),(91,49),分子、分母的最大公因数同时整除它们可得最简分数.

《孙子算经》中也有分数约分利用公因数来解决的成果,题为:若一十八分之一十二,则约之得几何?此题跟《九章算术》的约分问题大同小异.

古希腊的素数筛法就是研究公因数.去掉有公因数的整数的埃拉托塞尼筛法,是用来判断一个数是否是素数,它是由古希腊著名数学家埃拉托塞尼提出的一种方法.筛法的步骤:先列出所有的自然数,把 1 删除,其次留下最小的偶数 2,而后把 2 的倍数删掉,接着留下数列中最小的奇数 3,而后把 3 的倍数删掉,……,如此下去,直到所要求的范围内的所有整数被删除或留下,其中留下的全部为素数.

3.经典求公倍(约)数的方法

因为最小公倍数,最大公约数普遍应用,故经过古人不断探索,最终得到最小公倍数以及最大公因数的一般解法,如求最大公约数可用辗转相除法或者用更相减损法,求最小公倍数可用分母遍乘法以及利用与最大公约数的关系.有了这些一般解法,可以大大提高计算的效率.

3.1 公因数的求法

求整数 a,b 的最大公约数,其实与求整数 a,b 最大公因数是同一问题.历史上,留下许多著名的求最大公因数的方法,有辗转相除法,更相减损法.

(1)辗转相除法:是一种古老而有效的方法,这种算法是欧几里得大约在公元前 300 年的时候首次提出来的,因此又可以称它为欧几里得算法.

例 1 用辗转相除法求(8 251,6 105),由带余除法可得到下列式子

$$8\ 251 = 6\ 105 \times 1 + 2\ 146$$

$$6\ 105 = 2\ 146 \times 2 + 1\ 813$$

$$2\ 146 = 1\ 813 \times 1 + 333$$

$$1\ 813 = 333 \times 5 + 148$$

$$333 = 148 \times 2 + 37$$

$$148 = 37 \times 4$$

于是就得到(8 251,6 105)＝37,这种方法适用于求两个较大的整数的最大公约数.

(2)更相减损法:来源于《九章算术》,可用于求最大公约数,具体方法为: "可半者半之,不可半者,副置分母、子之数,以少减多,更相减损,求其等也.以等数约之."用现在的语言描述如下:第一步,任意给定两个正整数,判断它们是否都是偶数.若是,用2简约;若不是,执行第二步.第二步,以较大的数减去较小的数,接着把所得的差与较小的数做比较,并以大数减小数,继续这个操作,直到所得的数相等为止,则这个数或这个数与简约的数的乘积就是所求的最大公约数.

例 2　用更相减损的方法求(99,63),具体过程如下

$$99-63=36$$
$$63-36=27$$
$$36-27=9$$
$$27-9=18$$
$$18-9=9$$

于是可以得到(99,63)＝9,更相减损法适用于求两个较小的数的最大公约数.

更相减损求最大公约数的方法是中国古代数学家的伟大创举.1494年意大利人班乞奥说,他所利用到的更相减损求最大公约数的方法,来自于6世纪罗马数学家波伊替斯,其实它源于中国古代.其实辗转相除法是由更相减损法演变而成的.

3.2 公倍数的求法

有关公倍数的求法,特别是最小公倍数的求法,中国古代有简捷、易懂的分母遍乘法和秦九韶的大衍求一术,这些是初等数论中的宝贵财富,方法极其巧妙.

(1)求最小公倍数的分母遍乘法:源自于《九章算术》第四卷中的少广术,适用于求几个分数中分母的最小公倍数.原文为:置全步及分母子,以最下分母遍乘诸分子及全步,各以其母除其子,置之于左.命通分者,又以分母遍乘诸分子,及已通者皆通而同之,并之为法.置所求步数,以全步积分乘之为实.实如法而一,得从步.用现代语言解释:第一步,将分数按分母从小到大排列成一列数,如果这一列数没有包含1,则在最前面加上一个数1;第二步,用最大的分母乘以每一个分数以及1,得到新的一列数;第三步,将新的一列数进行约分化简,又得到新的一列数;第四步,重复第二、三步,直到得到的一列数全是整数;第五

步,得到的一列数的第一个数就是几个分数分母的最小公倍数.

例3 用少广术求几个分数分母的最小公倍数.例如,求分数 $1,\frac{1}{2},\frac{1}{3},\frac{1}{4}$ 中分母的最小公倍数,详细过程如下

$$1,\frac{1}{2},\frac{1}{3},\frac{1}{4}$$

$$4,2,\frac{4}{3},1$$

$$12,6,4,3$$

于是分母的最小公倍数为 $1\times4\times3=12$,同时,这种方法也可用于求几个整数的最小公倍数,可将整数变成倒数,再利用以上的方法便求得.

(2)秦九韶求公倍数的算法:秦九韶大衍求一术中化非互素的问题为定数时,曾经用"连环求等,约偶弗约奇(或约奇弗约偶)"得到求最小公倍数的算法,这里"等"指的是最大公约数,"奇"指的是有单数个"等"的数,"偶"指的是有双数个"等"的数.

例4 用秦九韶大衍求一术的方法,求 2,3,4,5,6,7 的最小公倍数.

$$2,3,4,5,6^{3},7(4\text{ 和 }6\text{ 的等数为 }2,\text{约奇弗约偶})$$

$$2,3,4,5,3^{1},7(3\text{ 和 }3\text{ 的等数为 }3,\text{任约其中一个})$$

$$2^{1},3,4,5,1,7(2\text{ 和 }4\text{ 的等数为 }2,\text{约奇弗约偶})$$

可得到的数两两互素,故最小公倍数为 $1\times3\times4\times5\times1\times7=420$.

张邱建是我国历史上最早提出最小公倍数概念的人.在《张邱建算经》开卷第一句:"夫学算者,不患乘除之为难,而患通分之为难.是以序列诸分之本元,宣明约通之要法."可见,在明示约分与通分具体做法,张邱建的做法是

$$\frac{1}{2}+\frac{1}{3}+\frac{1}{4}=\frac{12}{24}+\frac{8}{24}+\frac{6}{24}=\frac{26}{24},65\times\frac{24}{26}=60$$

先计算后约分,最后结果是 60.再后来秦九韶用衍母求法,并在我国历史上第一次定义了最小公倍数.乘法、除法运算在当时已非常成熟了.

分数通分能方便分数的运算,在《张邱建算经》中记载为:

乃若其通分之法,先以其母乘其全,然后内子.母不同者互乘子,母亦相乘为一母,诸子共之约之.通分而母入者,出之则定.

大意是先把带分数化为假分数,分母相同,分子直接相加减;分母不同者,用诸分数分母的积作为公分母,分子相加减,然后分数约分.用数学语言表达通

28

分法则如下:

设 $a,b,c,d,m \in \mathbf{N}_+$ 且 $m=(a,b)$,$a=a_1m$,$b=b_1m$,则

$$\frac{c}{a}+\frac{d}{b}=\frac{bc+ad}{ab}=\frac{m(b_1c+a_1d)}{a_1b_1m \times m}=\frac{b_1c+a_1d}{a_1b_1m}$$

其中 a_1b_1m 为最小公分母.

3.3 公倍数与公因数的关系

a,b 的公因数与 a,b 的公约数,意义是一致的. 公倍数 m,公因数 n,其实都与整数 a,b 有关,公倍数 m,有 $a|m$,$b|m$,而公因数 n,有 $n|a$,$n|b$. 最小公倍数与最大公因数之间的关系,早在古希腊时期就有结论,中国古代也有相关记录,并得到广泛应用.

根据与最大公约数之间的关系求最小公倍数:古希腊数学家欧几里得在其著作《几何原本》中求解数论部分命题 34 时得到它们之间的关系,分两种情况讨论. 当求两个正整数 a,b 的最大公因数时,考虑两种情况:一是若 $(a,b)=1$ 时,则 $[a,b]=ab$;二是若 $(a,b) \neq 1$ 时,则 $a:b=a_1:b_1$,$a=a_1d$,$b=b_1d$,则 $[a,b]=a_1b=ab_1$,即 $[a,b]=\dfrac{ab}{(a,b)}$.

以上这个方法是求几个正整数的最小公倍数,但在很多情况下,需要求几个分数的最小公倍数,如求公共周期问题,多以分数的形式出现. 在《张邱建算经》中给出了求几个分数的一般解法:假设有分数 $\dfrac{a_1}{b_1},\dfrac{a_2}{b_2},\dfrac{a_3}{b_3}$,则 $\left[\dfrac{a_1}{b_1},\dfrac{a_2}{b_2},\dfrac{a_3}{b_3}\right]=\dfrac{a}{b}$,其中 $a=[a_1,a_2,a_3]$,$b=(b_1,b_2,b_3)$. 有了一般解法,现在来解决"封山周栈"相会问题,即求 $\left[\dfrac{13}{6},\dfrac{65}{24},\dfrac{65}{18}\right]$,易知道 $a=[13,65,65]=65$,$b=(6,24,18)=6$,则 $\left[\dfrac{13}{6},\dfrac{65}{24},\dfrac{65}{18}\right]=\dfrac{65}{6}$.

第五节　统计量衍生的内涵

对原始的一组数据进行统计和分析,获得如平均数、中位数、众数等能体现一组数据集中程度的统计量,利用这些统计量尽可能体现事物的本质特征. 平均数、中位数和众数等也是经典的数学概念,它们蕴涵着悠久的历史和丰富的文化内涵. 这些应用广泛的统计量有直观的实践背景,有生动的社会生活渊源,

承载着经典的故事,体现了超人的智慧,也衍射出统计量较怪异的一面.欲行其事,必先知其根本,通晓其利弊.从远古时代起,人们为把握无处不在的不确定性,开始收集数据,对数据进行处理分析,估计结果,预测未来,希望做出较为真实的判断,以及准确可靠的预计.但平均数、中位数和众数各有优劣.后人能够从中体验统计量中蕴涵的历史文化,领略高超的数学智慧,体会古今中外数学家的数学情怀,开阔眼界视野,传承数学文化.

1. 历史悠久的平均数

平均数是一个经典的统计概念.平均数观念出现的时期非常早,中国古代提出平分术,其实就有了平均数的观念.古印度、古埃及也存在平均数观念.古希腊时期,也已经有了平均数概念,并衍生出算术平均数、几何平均数、调和平均数等非常有深刻内涵的统计量概念.

1.1 古老的平均数概念

平均数是一个古老的概念,在许多国家的古代历史文献中都可以找到,如我国古代平分术里,其实有了平均数的观念,沉淀着丰富多彩的经典案例,它们都与平均数相关.

成书于公元 1 世纪的《九章算术》是东方的第一部数学专著.除了最早的分数问题,还有平分术.《九章算术》中平分术曰:母互乘子,副并为平实,母相乘为法.以列数乘未并者,各自为列实,亦以列数乘法.以平实减列实,余,约之为所减.并所减以益于少,以法命平实,各得其平.也就是求多个分数的平均数的计算方法.分数平均的运算法则:

将分子与分母交叉相乘,并将积相加作为平均数的分子,所有分母相乘的积作为除数.用分数个数去乘各列分子与分母相乘的积作为该列的新分子,同样用分数个数去乘除数作为新分母.以平均数的分子去减较大的新分子,所得余数与新分母约分,即为大数应该减去的数.将所减各数的和相加于较小数,这样,各数的结果就都是平均分数.该书在"方田"章有一些题目与平均数相关,其方法灵活,想法新颖,如16题:

今有 $\frac{1}{2}$,$\frac{2}{3}$,$\frac{3}{4}$.若各减多增少,这三个数各增或减多少才能得到它们的平均数?

答:从 $\frac{2}{3}$ 中减去 $\frac{1}{36}$,从 $\frac{3}{4}$ 中减去 $\frac{4}{36}$,并将减下来的 $\frac{1}{36}$,$\frac{4}{36}$ 都加给 $\frac{1}{2}$,则 3 个数均等于其平均数 $\frac{23}{36}$.

30

今解:3 个数的平均数 $\left(\dfrac{1}{2}+\dfrac{2}{3}+\dfrac{3}{4}\right)\div 3=\dfrac{23}{36}$,故

$$\frac{1}{2}-\frac{23}{36}=-\frac{5}{36},\quad \frac{2}{3}-\frac{23}{36}=\frac{1}{36},\quad \frac{3}{4}-\frac{23}{36}=\frac{4}{36}$$

即 $\dfrac{2}{3}$ 减掉 $\dfrac{1}{36}$,$\dfrac{3}{4}$ 减掉 $\dfrac{4}{36}$,$\dfrac{1}{2}$ 增加 $\dfrac{5}{36}$,就都等于三个数的平均数 $\dfrac{23}{36}$.

术解:

(1)分子与分母交叉相乘:$1\times3\times4=12,2\times2\times4=16,3\times2\times3=18$;

(2)$12+16+18=46$,为平均数的分子;

(3)$2\times3\times4=24$,为除数;

(4)$3\times12=36,3\times16=48,3\times18=54$,为新分子;

(5)$3\times24=72$,为新分母;

(6)$48-46=2,54-46=8;2+8=10$,为各数增加或者减少部分的分子;

(7)分子 $2,8,10$ 与分母 72 相约分别得 $1,4,5$.

即 $\dfrac{2}{3}$ 减掉 $\dfrac{1}{36}$,$\dfrac{3}{4}$ 减掉 $\dfrac{4}{36}$,$\dfrac{1}{2}$ 增加 $\dfrac{5}{36}$,就都等于三个数的平均数 $\dfrac{46}{72}$ 即为 $\dfrac{23}{36}$.

古希腊数学中已清楚地表明,在希腊时期就已有平均数观念.著名学者亚里士多德给出平均数的哲学形式,即"平均相对于我们",可表述为:a 和 c 中间的数 b 称为算术平均数,当且仅当 $b-a=c-b$.例如,15 太多了,7 太少了,因为 $15-4=7+4$,所以 15 和 7 这两个数的平均数为 11.这种认识代表平均数是处于两个极值的中间位置.如今平均数的定义 $b=\dfrac{a+c}{2}$,则突出平均数的形成及运用,便于推广运用.

古希腊几何中,用线条的长短表示数的大小,平均数是介于两个极值之间,线条解释可以一目了然,对两条线段进行补偿去确定这两个数的平均数.如图 1,其中最

图 1

长线条的长度为 15,最短的为 7,中间的为 11,用最长的线段补偿了最短的线段.

古希腊数学中,平均数观念不是唯一的.大约公元前 500 年的毕达哥拉斯时代,除了算术平均数这众所周知的平均数观念,还有调和平均数,即数值倒数的平均数的倒数,公式为

$$H_n = \frac{1}{\dfrac{\dfrac{1}{x_1}+\dfrac{1}{x_2}+\cdots+\dfrac{1}{x_n}}{n}} = \frac{n}{\dfrac{1}{x_1}+\dfrac{1}{x_2}+\cdots+\dfrac{1}{x_n}}$$

另外,古希腊数学家还给出几何平均值. 几何平均数是 n 个数值乘积的 n 次方根,公式为

$$G_n = \sqrt[n]{x_1 x_2 \cdots x_n}$$

古希腊数学家还对两个数的算术平均值、几何平均值、调和平均值给出几何解释. 如图 2,假设在半圆 ADC 中,O 是圆心,$DB \perp AC$,且 $BF \perp DO$,则 DO 是 AB 和 BC 的算术平均数. 由射影定理可得

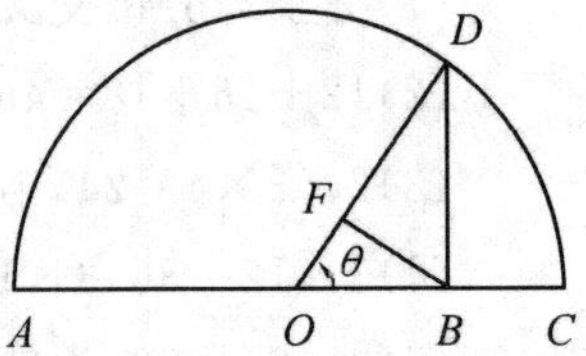

$$BD^2 = AB \cdot BC$$

图 2

则 DB 是 AB 和 BC 的几何平均数. 也可以说明,DF 是 AB 和 BC 的调和平均数. 设半圆的半径为 r,则

$$OB = r\cos\theta, OF = r\cos^2\theta$$

可得

$$BC = OC - OB = r - r\cos\theta, AB = OA + OB = r + r\cos\theta, DF = r - r\cos^2\theta$$

因为

$$\frac{1}{AB} + \frac{1}{BC} = \frac{1}{r+r\cos\theta} + \frac{1}{r-r\cos\theta} = \frac{2r}{r^2 - r^2\cos^2\theta} = \frac{2}{r - r\cos^2\theta}$$

所以

$$\frac{2}{\dfrac{1}{AB} + \dfrac{1}{BC}} = r - r\cos^2\theta = DF$$

所以 DF 是 AB 和 BC 的调和平均数.

由 $DO > BD > DF$ 知,算术平均值不小于几何平均值,几何平均值不小于调和平均值,即

$$\frac{a+b}{2} \geqslant \sqrt{ab} \geqslant \frac{2}{\dfrac{1}{a} + \dfrac{1}{b}}$$

古印度也有平均数观念. 婆什迦罗在《莉拉沃蒂》中提出计算沟渠体积平均值的方法,给出相应的计算法则. 也就是说,沟渠内侧面凹凸不平,则在 n 个地方依次测量的长、宽、深的值分别为 $a_1, a_2, a_3, \cdots, a_n; b_1, b_2, b_3, \cdots, b_n; c_1, c_2, c_3, \cdots, c_n$. 再分别求长、宽、深的平均值,长乘以宽所得的平均面积再乘以深,即得沟渠的平均体积.

32

这本书记录了一些相关的应用案例：山里的某条曲折的沟渠，从三个地方测量，得长度为 10,11,12 单位，宽度为 6,5,7 单位，又测得深度为 2,4,3 单位。朋友们，请告诉他，这条沟渠的体积是多少？

解释

$$平均长度 = \frac{10+11+12}{3} = 11$$

$$平均宽度 = \frac{6+5+7}{3} = 6$$

$$平均深度 = \frac{2+4+3}{3} = 3$$

所以平均体积＝11×6×3＝198 单位体积.

1.2 平均数在统计的经典应用

平均数是统计学中的基本概念，也是人们对多样本的数量估计. 对于平均数的历史，数理统计学家陈希孺认为：假设从理论的角度出发，一部数理统计的历史，极端点地说，是对算术平均值从纵横两个方向不断研究的历程. 求多次测量数值的平均数去估计总体的平均值，或利用平均值估计总值，这是横的平均数思想的发展，从而代数观念向统计观念的转变. 在纵的方向的发展体现在样本分布上，主要体现大数定律、中心极限定理、正态误差估计等数理方法的运用上.

平均数观念的萌芽产生极早，公元前 1000 年已有平均数的观念. 在航海贸易中，因常遭遇狂风暴雨的袭击，可能因整条船的质量大而发生侧翻，造成巨大损失. 所以商人和船主为最大限度保全货物，避免船翻，常常丢掉一些较重的货物，从而出现"抛弃货物"行为. 此时，商人和船主共同平等地分担货物和轮船的损失. 为了体现公平公正，通常选择平均数作为代表值，去满足人们的利益诉求，这样也具有说服力，容易被各方所接受.

中点值是平均值的前身，也就是两个值的算术平均数，有明显的几何位置. 9 世纪至 11 世纪，阿拉伯人在天文、冶金和航海中广泛地应用中点值. 托勒密在《天文学大成》中记录观察，且每次都求出了两个至日之间的弧度，再取最大和最小的两个值的平均数. 在当时可以说是对一组数据统计和分析的一条法则，最大限度地减小观察值的误差，让最大值和最小值之间的中间值作为最终的代表值，这样更接近真实数据，更具有可靠性.

有个中点值应用的经典案例，雅典的一名指挥官在他自己的《伯罗奔尼撒人战争的历史》中讲述了一个估计船员人数的精彩故事：公元前 400 年，有人动用 1 200 条船，这一批船中，一条船最多 120 人，最少人数 50 人. 因为总船数太大,若逐一清点船上的人数,既浪费人力又浪费物力和时间;又由于每一条船上的人数差距比较大,不能随便以某条船上的人数作为代表,否则,得出的数据与真实值差距太大.所以,为了合情合理,选择中点值.为获得这一批船上的总人数,取最多人数和最少人数的平均数,即 120,50 的平均数,作为这一批船中每条船上的人数代表,用人数代表乘以总的船数.

尽管利用平均数进行估算会出现误差,但仍不失为好的统计值,至少能估算出个大致的数值,好过无法估算.平均值估计还是获得了广泛应用,出现了许多经典的统计案例:

如树叶、果实估计.《摩诃婆罗多》中有个有趣的记录:在公元 4 世纪,古印度有人想知道一棵大树上到底有多少树叶和多少果实,他并没有采用逐一清点大树上树叶数和果实数得到总数的策略,而是先选这棵大树中某条树枝,点清此树枝上的树叶数和果实数,作为每条树枝的树叶数量和果实数量的代表值,然后乘以树枝的总数目,从而估算出这棵树的树叶数目和果实的数目.后来,有人利用一个夜晚的时间对这棵大树树叶、果实进行逐一清点计数,最后证实实际数目与估计的数目相差不太多.

当然选择树枝还是有讲究的,猜测他选中的是粗细居中的一条树枝,受平均数的直觉影响,粗细居中的树枝才具有代表性.用如今的数学语言表述,就是先选择具有代表性的树枝,清点树叶数目和果实数量,作为代表值 a,再用树叶数目和果实数量代表值 a 乘以树枝的数目 n,得到这棵树的树叶和果实数量的总数为 $n \times a$,这样,得到大树上树叶数目和果实数量 $\sum x_i$ 的近似值.

又如古埃及历史时间.从第一个国王算起,古埃及国王有 341 代,一代一个国王.估计 100 年有三代国王,那么古埃及大约有 11 370 年历史.这个方法估计古埃及的历史,计算由第一个到最后一个国王之间的时间,要点是简化为每100 年估计有三代国王,当然也不可能准确无误,实际中每三代的时间有超过100 年,也有少于 100 年的,但差不多是 100 年.于是,选择 100 年有三代国王作为代表值,估计古埃及有 11 370 年历史,这还是可靠的.

如人口普查,也是采用平均数策略.过去,约翰·葛兰特和拉普拉斯曾采用类似的方法,先选择合理的代表值,再乘以数量的方法,分别估计伦敦和法国的总人口数.

如产品质量的检测,产品检测达标也采用平均数策略.12 至 18 世纪,英国用黄金和银子制造硬币.皇家制币厂的制造商需要检查硬币的质量,包括检测硬币的质量、纯度.但硬币数量太多,逐一检查是不可能实现的,只能将每天的产品随机取一枚,一个月后将取出的这些硬币称重、熔化,再计算一枚硬币的质量和纯度,然后以这枚硬币的平均质量和平均纯度作为本月硬币质量和纯度的代表值,从而估计生产的硬币的质量和纯度是否达标.

平均数得到了广泛运用,并获得推广.16 世纪,数学家将算术平均数推广到 n 个数,求 n 个数的和再除以 n,得出 $a = \frac{1}{n}\sum x_i$ 作为 n 个数的平均值.1585 年,荷兰数学家斯蒂文提出十进制小数后,为 n 个数的平均值的计算提供非常便捷的条件. n 个数的算术平均数比中点值更加精确可靠,还可以减小测量、计算的误差. n 个数的算术平均值的策略在天文学行星的位置和月球的直径等估计中得到了广泛应用,留下许多典型的案例:

对观测数据值的估计.16 世纪末期,丹麦天文学家第谷提出,把一个数量的重复观测的数据值进行分组,求算术平均值的方法进行科学研究.因受时间及条件限制,第谷观测某天文量,得到的数据都存在差异,于是取所有观测数据的平均值代表真实值.容易看出,用 n 个观测数值的算术平均数代替,使数据与真实值更接近,从而达到减小误差的目的.可是,天文学界通常怀疑取所有观测数据的算术平均数的做法不准确,大多数人认为,谨慎地观测所得的数据值比平均数可靠.

平均数的可靠性被辛普森从理论上给予了证明.1755 年,辛普森的论文《在应用天文学中取若干个观测值的平均数的好处》中,明确无误地证明了平均值估计真实值的误差比单个观测值要小得多,而且估计真实值的误差与观测次数呈正相关,次数越多误差越小.这是自古以来,第一次严格从概率角度证明算术平均数的可靠性.

观测值的算术平均数的可靠性也被高斯认可.1809 年,高斯在《天体运动理论》中认为,任何观测量所获得的多次观测值的算术平均数最有可能接近真实值.这个观点已被当成公理.

历史上,平均数用来估计很难准确得到的真实值,在当时,它的主要作用是估计总数,减小误差,这就使它成为一种重要的统计方法并被广泛使用.19 世纪后,算术平均数已成为人们处理数据的一种重要方法.人们对平均数的认识有了质的飞跃,真实数据也走向虚拟数据,成为一个抽象的统计量,其主要的标志是出现"2.5 人".1831 年,阿道夫·奎特莱特提出"平均人"概念,第一次将平均数作为总体的一个方面代表值.平均数不一定存在,也可以不等同于给出的数据中的某个数据,在现实情景中可能没有意义.原本真实的数据走向虚拟的具有统计意义的代表值,突破对平均数认识的局限,赋予它更新的意义.

2.有趣的中位数

平均值、中点值、算术平均值等对两端的值相当敏感,可能会产生较大误差,出现不准确现象,此时的平均值不是很有用.为避免两端的值的影响,通常会去掉一个最高值和一个最低值,再计算剩下数值的平均值.尽管如此,有时还是难以体现公平公正的利益诉求,这说明平均数也不是万能的.较为典型的案例是公司招聘中常出现"平均工资"的骗人闹剧,若没有理解平均数的含义,工资必然会被平均,可能被蒙蔽欺骗.如 11 人的小公司,平均每人工资为每月 7 000 元,这个水平的工资对应聘者可能蛮有吸引力.但令人吃惊的是只有一人工资是 22 000 元/月,明显高于平均工资,而其余的 10 个工人每月平均工资是 5 500 元.显然,平均值不能作为这组数据的代表值,它体现不了平均数的公平公正性.于是,中位数应运而生,其作用类似于平均数,几乎作为平均数的替代者.中位数的取而代之正是针对平均数对极端值所具有的敏感性.相对而言,中位数不受数据极大(小)值偏差程度的影响,反映了统计数字的稳健性.这种现象由与高尔顿同时代的一位学者艾德沃斯发现提出.

误差理论是中位数使用的重要背景.第一个应用中位数的人是爱德华·怀特(Edward Wright).指南针在航海中有着重要的地位,是轮船在大海中确定位置不可或缺的工具.但其测量出来的位置数据是不固定的,会由于海浪的影响而产生很大差异.1599 年,他把指南针观察的所有数据整理排列成一个表格,认为最接近真实值的不是平均值,而是位于最中间位置的观测数据.

波斯科维奇的工作中出现过一个清晰的案例.1755 年,波斯科维奇在研究地球真实形状的有关问题时指出以前观测误差数据的处理的不足.他对一组观测值的最佳拟合直线方程附加了一个约束条件:绝对误差之和最小.即对于一组观测数据 x_i,使 $\sum |x_i - a|$ 达到最小的 a 是这组数据的中位数[①].

最小二乘法由法国数学家勒让德发明,1805 年在《计算彗星轨道的新方法》中讲到对于一组数据 x_i,使误差平方和 $\sum (x_i - a)^2$ 达到最小的 a 是这组数据的算术平均数.这是最小二乘法的原则,防止了极端误差使结果更接近真实状态.算术平均数是最小二乘法最简单的解释,也是它的一个特解.

达尔文的表弟高尔顿,在 1847 年的一次演讲中描述,一个占据中间位置的

---

① 吴骏.基于数学史的统计概念教学研究[D].上海:华东师范大学,2013.

物体具有这样的性质，比它多的物体的数目等于比它少的物体的数目[①]. 1882年第一次用了"中位数"这一术语，并用平均身高去阐述"回归现象". 这表现为父亲身高大于平均数据，其儿子往往比父亲矮一些. 反之，往往儿子比父亲身高高一些，使得人类的身高在平均意义上趋于保持平衡. 在使用这个"中位数"术语之前他就知道了这个概念，但不是一开始就使用"中位数"，而是使用其他术语来表示，如"最中间的值""中等的"等.

中位数以概率分布函数的形式出现. 1843 年柯朗定义了中位数：对分布函数 $F(x)$ 中，使得 $F(x_0)=\frac{1}{2}$ 的 x_0 即是中位数. 他认为，它会使得概率正态分布图中 $x=x_0$ 时左边的面积等于右边的面积.

3. 倾向于大多数的众数

相对来说，众数的历史比较简单，易于理解. 平均数与中位数都不能体现出大多数人的意愿，在统计分布上不具有明显集中趋势点的数值，而众数可以.

第一个使用众数的案例是发生在战争中. 在公元前 428 年的雅典与巴斯达的战争中，普拉铁阿人被伯罗奔尼撒人和皮奥夏人团团包围着，面临危机却又无法突围. 他们不屈服，不投降，于是想尽办法摆脱困境. 他们发现可以翻过城墙，就有希望杀出一条血路. 当时虽无法确定城墙的高度，但可以知道每一层砖块的厚度. 于是想通过数清敌人城墙上砖块的层数，从而计算城墙的高度并做梯子翻过敌人的城墙. 他们在相同的时间数砖块的层数，有些人可能因为距离、角度等方面的影响而数错了，大多数人可能得到一个真实的数目，因此把出现次数最多的层次作为代表值. 在这个例子中，已经使用了众数的概念. 众数意指"大多数"，即出现最多的那个数. 这体现了众数表示重复统计数字的正确性.

另一个使用众数的案例是关于选举问题. 选举机构在古希腊和意大利已存在很长历史时期. 在原始的群主统治时期，选举制度还未完善，他们对于选举的观点和意见都是通过聚会记录. 随着政治和经济的发展，这些国家对于选举越来越重视并想建立合理完善的制度. 于是利用众数的特点建立以少数服从多数的理念为基础的投票制度，采纳大多数人意愿.

4. 平均数、中位数和众数关联解读

平均数、中位数和众数都是数据平均水平的统计量，三者之间存在着的关

[①]　吴骏，黄青云. 基于数学史的平均数、中位数和众数的理解[J]. 数学通报，2013(11)：18-23.

联取决于被研究对象的数量关系.平均数、中位数和众数三者既有联系也有区别.下面的案例较好地诠释了三者间的区别.

"用数据说话"是常听到的一句话,但有时数据也会被人利用,出现"骗人的"数据.例如 A 先生的工厂,人员有 A 先生本人、他的弟弟、6 个亲戚、5 个领工和 10 个工人.

现要聘请一名新工人.B 去应聘,A 先生说这里平均工资每周 300 元,但学徒期每周 75 元,不过很快会加工资.但 B 工作若干天后见厂长 A,经过核对,没有任何人的工资超过每周 100 元.A 先生解释,他每周付出了平均薪酬.他说,自己得 2 400 元,他弟弟工资 1 000 元,每个亲戚 250 元,领工每人 200 元,每个工人 100 元,每周总共 6 900 元,自然平均工资是 300 元.但 B 觉得还是受了蒙骗.A 先生又解释,将工资列个表,工资的中位数是 200 元,这不是平均工资,而是中等工资.100 元是最多人数挣的工资,并说他没有欺骗 B,但 B 自身不明白平均数、中位数和众数之间的差异①.

正态分布,最早由棣美弗在 1730－1733 年间求二项分布的渐进公式中得到正态函数密度的形式.后来高斯在 1809 年提出在研究测量误差时从另一个角度导出正态分布.它的分布是以算术平均数为对称轴对称,也就是各组变量值的次数分布逐渐增多,在对称轴次数最多,然后逐渐减少,对称轴左右两边对称.这时 x 轴上的对称点就是算术平均数,如图 3.因为对称分布,所以这一点也是中位数.同时

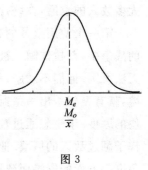

图 3

因为对称轴的次数最多,所以这点也是众数.由此可见在正态分布中算术平均数、中位数和众数三者都相等,即 $\overline{x} = M_e = M_o$.

有"正态"就有"偏态",卡尔·皮尔逊在 19 世纪末提出的"皮尔逊分布族"为描述偏态数据的代表.在偏态分布中,次数分布是两头小中间大,但两边不对称,分布曲线产生偏斜,形成左偏或者右偏分布.当变量数列是右偏时,就有 $M_o < M_e < \overline{x}$,如图 4;当变量数列呈左偏时,则有 $M_o > M_e > \overline{x}$,如图 5.在一般情况下,无论是左偏还是右偏,中位数总在算术平均数与众数之间.但是在某些特殊的情况下,中位数可以不在算术平均数与众数之间.

① 《科学美国人》编辑部.从惊讶到思考——数学悖论奇景[M].李思一,白葆林,译.北京:轻工业出版社,1982:164-165.

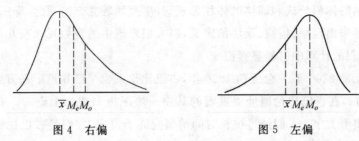

图 4　右偏　　　　　　　　　　　　　　图 5　左偏

平均数、中位数、众数的定义不同,且具有不同的特点和适用范围. 在不一样的数据、不同的社会和经济生活中这三者代表不同的水平,具有不一样的含义. 因此,在不同的情境不同对象中要正确确定并选择平均数、中位数或众数作为代表值.

第六节　指数概念的演变

加、减、乘、除运算历史悠久,相同加数运算形成乘法,相同因数乘法运算形成乘方,所以幂的观念和指数的观念的形成是必然的. 幂、乘方、指数的数学概念和符号的产生、发展对人类文明的进程起着重要的推动作用. 它们不仅仅是一个简单的观念,也不仅仅是一个简单的运算符号,在其经历时间淘洗的漫长岁月中,所经过的每一步都蕴含着丰富的文化内涵和思想智慧. 研究其历程有助于了解数学的发展特点,学习数学家们在创造过程中的精神,体验数学魅力,提升数学素养.

1. 指数观念的累积沉淀

一个数的自乘,称之为"方",即乘方. 同时,相同因子相乘可以记作 a^n,其中 a 是底数, n 是指数. 指数原来就是指乘方的次数,如果不去研究数学的历史发展,也会理所当然地认为乘方运算的出现也就意味着指数的出现. 但是,在数学的发展长河中,指数以及指数符号这个简单而明确的概念和符号的形成、出现却经历了漫长的过程.

公元前,正方形、立方体、圆和球等图形已经出现. 对于常见的图形的面积或体积的求法也已出现. 在欧几里得的《几何原本》和中国的《九章算术》中便记载着大量的求图形面积和体积的方法. 一边 a 自乘得正方形的面积 a^2,计算金字塔的体积有 $V = \frac{1}{3}a^2h$,此时已蕴涵有平方的观念;四大文明古国、古希腊有立方体的体积公式和球体的体积公式,其中蕴涵着立方的观念,即三次方.即使此时还未出现幂、指数、乘法的定义,但人们思想中的指数观念在几何图形的面积、体积的计算中已经显露出来.

公元前2300年—公元前1900年,古巴比伦人也早已知道了平方数与立方数的存在.在古巴比伦遗址中发现的其中一块泥板书遗物上刻着一行又一行古怪的楔形文字.人们经过很长时间的研究终于发现,它们是古巴比伦人的平方数表和立方数表.在平方数表上刻着 $1 \sim 60$ 的平方数,在立方数表上刻着 $1 \sim 32$ 的立方数.通过乘方表和立方表的使用可推测古巴比伦人此时已具有了指数的观念.不仅如此,古巴比伦人已经会求前10个自然数的平方和.

公元前1850年左右的《莫斯科纸草书》上有道十分著名的题:

如果有人告诉你,一个截四棱柱体高是6,底是4,顶是2.你就将4平方得16,又将4加倍得8,把2平方得4,把16,8,4加起来得28.你要取6的三分之一,得2;你要取28的2倍,得56.看,它是56,你会知道它是对的.

这道题其实就是,若 $a=2, b=4, h=6$,则体积 $V=\dfrac{1}{3} h \cdot (a^2+ab+b^2)$,可求出截正四棱锥体的体积.

公元前1650年的《莱因德纸草书》上还有道题,它给出了计算长方体形状谷仓容积的方法,长乘宽再乘高.已知长、宽、高均为10,求容积.其解法便是 $10 \times 10 \times 10$,即10的立方,这显然体现出了乘方、指数的观念.此外,人们在辨认和解释草纸书时遇到了一个有趣的奇妙的问题(79号问题),其中出现的一组数据,后来被翻译为:

个人的全部财产

房子	7
猫	49
老鼠	343
麦穗	2 401
杂物	16 807

有趣的是这些数字就是7的若干次乘幂,数学史家康托尔给出意外的解释:一个人有7间房子,每间房子养7只猫,每只猫吃7只老鼠,每只老鼠吃7个麦穗,每个麦穗产7粒小麦.

由此可见,在古巴比伦和古埃及对乘方运算的使用了然于心,并且渗透于其各个方面,指数观念体现得淋漓尽致.

公元前3世纪,阿基米德在《论劈锥曲面体和球体》中运用几何的方法发现

40

了二次幂和(如下公式),可见阿基米德也有指数观念.

$$1^2 + 2^2 + \cdots + n^2 = \frac{1}{6}n(n+1)(2n+1) = \frac{1}{3}n^3 + \frac{1}{2}n^2 + \frac{1}{6}n$$

公元前 100 年,尼科马修斯发现了立方数和奇数之间的奇妙关系,在奇数 $1,3,5,7,\cdots$ 中,第一个是立方数,后面两个之和是立方数,再后面三个之和是立方数,……,即

$$1^3 = 1(1 \text{ 个奇数})$$
$$2^3 = 3 + 5(2 \text{ 个奇数})$$
$$3^3 = 7 + 9 + 11(3 \text{ 个奇数})$$
$$4^3 = 13 + 15 + 17 + 19(4 \text{ 个奇数})$$
$$\vdots$$

此外,据说当时古罗马的土地测量员已经知道 $1^3 + 2^3 + 3^3 + \cdots + n^3 = \left[\frac{n(n+1)}{2}\right]^2$,此公式后来被印度的数学家所发现. 到了 15 世纪,阿拉伯的数学家阿尔·卡西给出了四次幂和公式

$$1^4 + 2^4 + 3^4 + \cdots + n^4 = \left[\frac{1}{5}\left(\sum_{r=1}^{n} r - 1\right) + \sum_{r=1}^{n} r\right]\sum_{r=1}^{n} r^2$$

综上可见,虽然指数的概念还未形成,但是指数观念已比比皆是.

《九章算术》的"方田"章中讨论了矩形面积的算法"有田广十二步,从十四步,问为田几何? 答曰一百六十八步",其给出的求解方法是"术曰:广从步数相乘得积步",这里矩形的面积是以平方步"积步"为单位来表示的,还有《周髀算经》中"勾股各自乘,三三如九,四四一十六,并为弦自乘之实二十五"也出现了一数自乘. 这无疑是体现出了平方数和二次幂.

公元前 2 世纪,汉刘安在《淮南子·天文训》中涉及的乐律有记载到"故黄钟之律九寸而宫音调,因而九之,九九八十一,故黄钟之数立焉. …… 十二各以三成,故置一而十一,三之,为积分十七万七千一百四十七,黄钟大数立焉",这里九九自乘以及三自乘十一次便是明显的乘方运算,而且三自乘十一次,十一就是现在的指数.

从上述实例可以知道乘方运算的历史之久,同时也可以体会到乘方运算中所渗透的指数思想. 相信这些伟大的数学家在使用乘方运算之时便有了指数和指数幂的意识,可以说在乘方运算的过程中指数观念的产生是自然而然的事情. 但遗憾的是,人们在长时间使用乘方运算却没把指数的思想明确地表达出来.

直到 1544 年德国数学家斯蒂菲尔在《整数算数》中研究下列等差数列和等比数列对应关系

0	1	2	3	4	5	6	7	8	9	10
1	2	4	8	16	32	64	128	256	512	1 024

他用德语把第一行的数叫作"Exponent(指数)",在此以后"Exponent"便成了正式的数学术语,但指数还是未定义.而我国"指数"一词的使用是始于李善兰译的《代数学》,他解释道:"法以方(次)数字记之(变数)右上".

出现了负指数观念.我国的《夏侯阳算经》有记载"十乘加一等,百乘加二等,千程加三等,万乘加四等",后有人解释为 $\frac{1}{10} = 10^{-1}$,$\frac{1}{100} = 10^{-2}$,$\frac{1}{1\,000} = 10^{-3}$,$\frac{1}{10\,000} = 10^{-4}$.如果这种解释成立的话,我国便是最早具有负指数观念的国家.

正式的负指数是由英国数学家沃利斯在其《无穷算术》一书中出现的.他在书中表示出 $\frac{1}{1} = 1^{-2}$,$\frac{1}{4} = 2^{-2}$,$\frac{1}{9} = 3^{-2}$ 的指数是 -2,而 $\frac{1}{1} = 1^{-3}$,$\frac{1}{8} = 2^{-3}$,$\frac{1}{27} = 3^{-3}$ 的指数是 -3.由此,沃利斯成了西方最先采用负指数的人,但遗憾的是沃利斯并没有给出分数指数的表示方法.

分数指数幂是一个数的指数为分数,正数的分数指数幂是方根的另一种表示形式.许凯在其《算术三编》中不仅采用了非常接近现代的分数记法,而且还首创了用指数来表示开方级数,可以说是分数指数幂的始端.许凯对根式使用了十分现代的表达,用字母 R 表示根号,$R^2 7^3$ 相当于 $\sqrt{7} x^{\frac{3}{2}}$,$R^3 14 \overline{PR^2 180}$ 则表示 $\sqrt[3]{14 + \sqrt{180}}$.不同于现今的表示方法,但体现出方根与指数幂的联系,有了分数指数幂最早体验.

当今的负指数和分数指数的符号均由大名鼎鼎的牛顿所创用. 1676 年 6 月 13 日牛顿在给莱布尼兹的信中写到,由于前人将 aa,aaa,$aaaa$ 写成 a^2,a^3,a^4,类似地,他用 $a^{\frac{1}{2}}$,$a^{\frac{3}{2}}$,$a^{\frac{5}{3}}$ 分别表示 $\sqrt{a}$,$\sqrt{a^3}$,$\sqrt[3]{a^5}$.用 a^{-1},a^{-2},a^{-3} 分别表示 $\frac{1}{a}$,$\frac{1}{a^2}$,$\frac{1}{a^3}$.这便是现今所通用的记号.牛顿为负数指数幂、分数指数幂提供了极好的诠释方法.

2. 有趣的幂的运算性质

从文献资料可以看出,阿基米德、毕达哥拉斯、许凯、施雷伯、鲁道夫、弗里修斯、欧拉等众多数学家,通过经典案例揭示幂的运算规律,生动形象,具体直观.

从现有的文献研究来看,指数律最早出现于阿基米德的大计数法中. 阿基米德在其《砂粒计算》书中采用万万制的计数方法.

实际上,阿基米德通过一个双数列,体现他的思想

$$1 \quad 10 \quad 10^2 \quad 10^3 \quad 10^4 \quad 10^5 \quad 10^6 \quad 10^7 \quad 10^8 \quad \cdots$$
$$0 \quad 1 \quad 2 \quad 3 \quad 4 \quad 5 \quad 6 \quad 7 \quad 8 \quad \cdots$$

其结论用今天的记法 $10^m \times 10^n = 10^{m+n}$.

许凯在《算术三编》中为了说明不同未知数的幂次如何相乘除,提供了一个 2 的各次幂与指数的对应表

$$1 \quad 2 \quad 4 \quad 8 \quad 16 \quad 32 \quad \cdots \quad 1\,048\,576$$
$$0 \quad 1 \quad 2 \quad 3 \quad 4 \quad 5 \quad \cdots \quad 20$$

他指出,如"4 对应的数 16 自乘,等于 8 对应的 256","7 对应的数 128 乘以 9 对应的数 512,等于 16 对应的数 65 536"等. 许凯计算依据是幂的运算性质. 显然,许凯已知了 $a^m \times a^n = a^{m+n}$ 和 $(a^m)^n = a^{mn}$.

德国数学家鲁道夫在《算术之术》、荷兰数学家弗里修斯在《实用算术》一书、德国数学家斯蒂菲尔在《整数的算术》中通过双数列

$$0 \quad 1 \quad 2 \quad 3 \quad 4 \quad 5 \quad 6 \quad 7 \quad 8 \quad \cdots$$
$$1 \quad 2 \quad 4 \quad 8 \quad 16 \quad 32 \quad 64 \quad 128 \quad 256 \quad \cdots$$

明确指出双数列的四种对应关系:(1)等差数列中的加法对应于等比数列中的乘法;(2)等差数列减法与等比数列的除法相对应;(3)等差数列中的乘法则对应于等比数列乘方;(4)等差数列的除法与等比数列的开方对应.

1765 年,欧拉在其《代数学基础》中不仅给出了幂、二次幂、三次幂和四次幂等的定义,还通过 a 的幂的依次乘、除分别引出了同底数幂的乘法法则和除法法则,并且总结出了幂的乘方运算. 他利用 a 的幂依次乘以 $a, a^2, a^3, \cdots$,从而引出了同底数幂的乘法法则,即:a 的两个幂相乘所得积也是 a 的幂,其指数等于原来两个幂的指数的和. 接着,他又通过把 a 的幂依次除以 $a, a^2, a^3, \cdots$,从而引出了同底数幂的除法法则,即 a 的一个幂除以另一个幂,商也是 a 的幂,其指数等于第一个幂的指数与第二个幂的指数的差.

19 世纪上半叶,英国数学家德·摩尔根在其《代数学》中讨论了幂的运算,而法国数学家拉克洛瓦也在其《代数学》中讨论了同底数幂的乘法法则. 之后,在任何一部代数学教科书中都可见指数律.

法国数学家波雷尔曾说,数学在很大程度上是一门艺术,它的发展总是起

源于美学原则,受其指导、据以评价. 在数学史的长河上纵观指数符号的发展,一个小小的指数符号从一开始五花八门的表示到如今简明的符号的过程,中间经过了丢番图到许凯再到笛卡儿等不计其数的数学家们的投入. a^2 因其简便和易于让人们接受而在多种表示方法中存活了下来. 这孜孜不倦的追寻过程不仅洒满了数学家们的辛勤汗水,也是人们对数学探索的不满足,更体现了数学符号的发展过程是一个求美、求全、求简的过程.

指数从远古的思想观念到如今简捷而明确的概念和符号表示,体现了数学在创造过程中对简捷和形式完美的目标的追求,这也是其影响人类文明的重要因素之一. 此外,数学家们对指数和指数律的完善的过程更让人看到了数学的累积特性,每一代人都在为这栋古老的大厦添砖加瓦. 指数的发展是漫长的历史过程,更是丰厚文化的沉淀过程.

中小学数学的历史文化

式与方程：经典的数学

字母表示数是代数的基本思想方法，是从具体向抽象发展的转折点，为研究更一般的问题提供可能.字母代表一般的数，为代数式研究提供方便，能进行简捷的符号运算，乘法公式、方程（组）或不等式（组）就有了基础.字母代数、乘法公式、方程（组）等都是数学的经典内容，有丰富的典型例子，从中可以感受数学文化内涵的浓厚，历史之悠久，影响之深远.

第一节　简捷的字母代数

用字母表示数的思考过程，展示人类巧妙的符号思维，简捷的处理方法.各种各样的符号运用，使得数学成了一个符号游戏，同时，也使得数学因为术语和符号的运用而陡然增加了数学的抽象性.探讨表示一般数的符号形成过程，从中体验字母代数的科学价值，感受处理现实问题的简捷性、便利性.稍微用心体会、细加分析，就能发现符号化表示数，即字母代数，给数学理论的表述及其论证带来了数不胜数的成果，同时代数式、方程、函数等新的数学工具也随之出现.

1.字母代替数的演绎过程

用字母表示数，即代数."代数"一词是外来词.《代数术》是我国第一部符号代数教材，由李善兰和英国传教士伟烈亚力共同翻译，表达的正是字母代表数.追溯字母代表数的历史，不得不感到惊讶，用字母表示数的历史竟然如此的漫长，经历文字表示数、简写表示数、字母表示数这三个主要发展阶段.

第二章

1.1 文字代表数,抽象的萌芽

无论四大文明古国,还是古希腊,文字的形成是一个逐步的过程,许多问题的讨论、解决都是凭借单一文字进行表述和说明.对于客观世界存在的数量关系也只有文字这一工具进行表达处理.我国数学发展史上,曾较长时间用文字参与说明,用"甲、乙、丙、丁"表示已知数,"天、地、人、物"等表示未知数,于是有了"四元术""天元术"等经典方法,其实就是列方程(组).因用文字表示一般数有个漫长阶段,故用文字代替数的这类数学方式就称文字代数或修辞代数.

数学的早期,大量问题都是用文字来处理、解决.如古埃及《莱因德纸草书》中第 31 题:一个数加它的 $\frac{2}{3}$,它的 $\frac{1}{2}$,它的 $\frac{1}{7}$,等于 33,求该量.

当时的做法就是,一个数表达出来的是"一堆",在象形文字中用相应的文字表达.这道也表明,当时已有利用未知数处理数量关系问题的需求.

我国《九章算术》中也记载了许多方程问题,其中一题为:

有几个人一起去买一件物品,每人出 8 元,多 3 元;每人出 7 元,少 4 元.问有多少人?该物品价格多少元?

这也是典型的方程问题,"人数"表示未知数.于是,得到关于人数的方程

$$人数 \times 8 - 3 = 人数 \times 7 + 4$$

解关于未知数"人数"的方程.这类方程非常经典,出现的年代极其遥远,历史非常悠久,说明远古时期已有文字代表一般数的做法.

1.2 简写代数,简化的要求

文字代数或修辞代数后进入简写代数,这是数学发展对简化的自然要求.丢番图的重大贡献就是简化了代数.丢番图的巨著《算术》是代数史上的里程碑,不仅因为它十分重要的内容,更是因为它对代数符号化的设想与做法.《算术》中有表示未知数、相减、相等和倒数的简写符号,代表数学家有数学表述简化的想法.因数字符号还未形成,于是丢番图利用希腊字母建立与数字的对应关系,用字母表示数,开启字母代替数的先

字母	值	字母	值	字母	值
α	1	ι	10	ρ	100
β	2	κ	20	σ	200
γ	3	λ	30	τ	300
δ	4	μ	40	υ	400
ε	5	ν	50	φ	500
F	6	ξ	60	χ	600
ζ	7	o	70	ψ	700
η	8	π	80	ω	800
θ	9	ϟ	90	ϡ	900

图 1

河,如图 1.数字 13,31,742 用希腊字母的符号可以表示为

$$13 = \iota\,\gamma, 31 = \lambda\,\alpha, 742 = \psi\,\mu\,\beta$$

对于多项式 $x^3 + 13x^2 + 8x, x^3 - 8x^2 + 2x - 3$,可以用希腊字母表示为

$$\mathrm{K}\ulcorner\gamma\alpha\Delta\ulcorner\gamma_\iota\gamma\zeta\eta, \mathrm{K}\ulcorner\gamma\alpha\zeta\beta\uparrow\Delta\ulcorner\gamma\eta\mathrm{M}^\circ\gamma$$

这样，由用希腊文字表述的数学开始转变成用希腊字母简写表述的数学，这也是数学思想方法上的一个转变，是数学发展史上一个极其重要的时刻.

1.3 **字母代表数，简捷的要求**

撇开具体对象用字母符号表述，用字母表示一般的数是数学发展的趋势，也恰恰是数学抽象性的一大特征. 符号代数是 16 至 17 世纪法国数学家韦达与笛卡儿的重要贡献. 韦达《分析引论》中第一次有意识地使用系统的字母，已知量用辅音字母表示，未知量用元音字母表示. 笛卡儿对符号系统进行改进. 符号表示数的科学成就——代数学. 代数符号化是它的重要特征. 除了表示数的符号外，还有许多数学符号，如有表示数的字母、表示几何图形的符号的元素符号；有表示加、减、乘、除的"＋""－""×"÷"运算符号；也有表示相等"＝"，大于"＞"，小于"＜"，相似"∽"等关系符号. 这些符号的创造、运用都是人类数学思维的结晶，也是数学家创造性劳动的成果.

2. **字母代数的精彩体验**

字母代替数后，处理问题更加简捷，更为方便. 正是因为字母代替数后，进一步增强了数学的抽象性，而"一切科学的抽象，都更深刻、更正确、更全面性地反映着自然"（列宁语）. 抽象性是数学具有的重要特征，数学的发展离不开抽象. 数学高度抽象的本质，使得数学得以显示出神奇的力量. 怀特海深有感触地说：没有什么比这一事实更令人难忘，数学脱离现实而进入抽象思维限度的最高层次，当它返回现实时，在对具体事物的分析时，其重要性也相应增强了……最抽象的东西是解决现实问题最有力的武器，这一悖论已完全被人们接受了. 韦达将未知数 x 等字母符号的引入以及符号体系的引入使得算术学科变成代数学科，可以狭义地理解：所谓"代数"，就是"用字母去代替数"，这是代数学上最重大的变革之一. 有了符号体系，使得代数变成了函数的演算. 代数学的书写比算术更紧凑、更有效，更重要的是符号体系比文字叙述更为抽象，这样也就有着更广泛的应用.

字母代替数后，数学处理更加清晰，思路更加明了. 如要证明 $25^{49} > 49!$，只要证明更一般的结论：$\left(\dfrac{n+1}{2}\right)^n > n!$. 对于如上结论，稍作变形就是正式，而下式显然成立

$$\frac{1+2+3+\cdots+n}{n} > \sqrt[n]{1\cdot2\cdot3\cdot\cdots\cdot n}$$

对任何人来说,数学语言不仅是最简单明了的语言,而且也是最严格的语言,它不会出现歧义,指代也最准确.文学语言却不同,当叙述一件事情时,使用文学语言不仅无法说清,而且还难以明白,例如 M·克莱因在《西方文化下的数学》中叙述这样一件事:

当一个青年坠入情网时,他看着他心爱的姑娘的眼睛,对他说她是世界上最美丽的姑娘.他说他要考虑:如果他在外面碰上一个人,并且打破他的脑袋——我指另外一个人的脑袋——于是那就证明了他的——前面那个小伙子——姑娘是个漂亮姑娘.如果是另外一个小伙子打破他的脑袋——不是他自己的,于是那就证明了他的——后面那个小伙子——姑娘是个漂亮姑娘[①].

若要弄明白上面意思,可还得需要好好理清他(她)们间的关系.若用数学语言表达,就变得相当简捷明了,不过就没有文学的精彩了.如:

如果 A 打破 B 的脑袋,那么 A 的姑娘是一个漂亮的姑娘.但如果 B 打破了 A 的脑袋,那么 A 的姑娘就不是一个漂亮的姑娘,而 B 的姑娘是一个漂亮的姑娘.

数学字母语言有它自己特有的优势,它能简化运算,便于数学表达,更具代表性.对于数学,伽利略认为,宇宙是摆在我们面前的一本大书……这本书是用数学写的.如果不掌握数学语言和数学符号,就不能理解它……不借助它们就连一个字也无法看懂,没有它们就只好在黑暗的迷惘中徘徊.数学知识的确较易忘掉,但数学符号、数学精神、思想方法深深地铭刻在头脑中,随时随地产生较大作用,能终身受益.

第二节　独具匠心的根式

n 次方根、开平方、开立方等,其实是个很古老的数学概念.如“为什么说$\sqrt{2}$不是有理数”,也是一个古老的问题.由$\sqrt{2}$开始形成的毕达哥拉斯螺线尽显几何之美;由开方发展而来的二次根式、三次方根……n 次方根的四则运算有着丰富的历史文化内涵.求根式的近似值的问题促进开方算法的创新.历史上,有许多经典的根式,其中一些根式与高次方程求根有直接关系.通过根式的历史文化研究,一方面,希望更多人关注根式、欣赏根式,潜移默化中受到其文化的

---

① 克莱因.西方文化中的数学[M].张祖贵,译.上海:复旦大学出版社,2007.

熏陶.另一方面,让大家更多地了解根式,更加容易理解根式.跨过历史的长河,追溯根式中蕴涵的数学历史文化,倾听根式的故事,追踪根式的历史轨迹,从中欣赏数学的精彩,感悟根式中的数学魅力,领略根式中的巧妙方法,沉浸在丰厚的数学文化之中.

1. 历史悠久的开方

古埃及、古巴比伦、中国古代、古印度、古希腊、古阿拉伯地区等存在开方观念.其实,开方观念来源于已知立体图形的体积、平面图形的面积求边,也可能源于二次或更高次方程的求解.

古埃及早已存在开方观念.古埃及的纸草书中有一道关于正方形面积与边的题:

把一个面积为 100 的正方形分为两个小正方形,使其中一个的边长是另外一个的四分之三.若用设未知数、列方程的方法,我们可以设其中一个小正方形的边长为 x,设另外一个小正方形的边长为 y,则有

$$\begin{cases} x^2 + y^2 = 100 \\ x : y = \dfrac{3}{4} : 1 \end{cases}$$

将 $x = \dfrac{3}{4}y$ 代入方程,消去 x,得到一个只包含有未知数 y 的二次方程,则问题转化为求解一个一元二次方程.而纸草书的作者是这样求解的:

做一个边长为 1 的正方形,它的 $\dfrac{3}{4}$ 为另一正方形的边,两个正方形的总面积为 $1\dfrac{9}{16}$,求出 $1\dfrac{9}{16}$ 的平方根为 $\dfrac{5}{4}$,求出 100 的平方根是 10,用 10 乘以 $\dfrac{4}{5}$ 得 8,这就是其中一个正方形的边长,然后再将它乘以 $\dfrac{3}{4}$ 得 6,为另一个正方形的边长.虽然,书中没解释解题的原理,但从中可看出古埃及人也会解二次方程题了,解题的过程暗含着古埃及已经有了求平方根的方法.

古印度也早已有开方的观念.印度数学中最早有可考文字记录的时代是吠陀时代,其数学的材料掺杂在婆罗门教的经典《吠陀》中,材料靠祭司们口头传诵及记录在棕榈叶或树皮上.由于容易遗忘及丢失,因此不同流派的《吠陀》大部分都失传了.《吠陀》中的《绳法经》记录了关于庙宇、祭坛的设计与测量的一些问题,其中涉及一些几何和建筑中的代数计算问题,如勾股定理、矩形对角线的性质以及作图法等,在做一个正方形与已知圆等积的问题时,使用了圆周率

的近似值 3.088 3,3.004 及 3.160 49.在进行正方形祭坛的计算时,他们取

$$\sqrt{2} = 1 + \frac{1}{3} + \frac{1}{3 \cdot 4} - \frac{1}{3 \cdot 4 \cdot 34} = 1.414\ 215\ 686$$

此外,计算圆周长用公式 $C = \sqrt{10}\,r$,C 为周长,r 为直径.

同样,中国古代也早已有开方观念.约公元前 7 世纪的《周髀算经》中记载勾股定理,陈子、荣方对话中有,"若求邪至日者,以日下为勾,日高为股,勾股各自乘,并而开方除之,得邪至日".

$$\text{邪(弦)至日} = \sqrt{\text{勾}^2 + \text{股}^2}$$

如图 1,可见开方结果中得到平方根.知道直角三角形任意两边,求出第三边,此时就要开方,即开方术.平方与开平方互逆,乘方与开方互逆,开方与方根的内涵一致.

2.开方的趣闻轶事

古希腊的毕达哥拉斯、希帕索斯、海伦、斐波那契、韦达等数学家无一不与根式相关,并留下许多经典的根式,表达方式各具特点,内涵丰富.

毕达哥拉斯学派最早接触黄金分割.古希腊数学家欧多克斯从比例的角度去考虑(黄金分割)线段 $AB(a)$ 上存在一点 C(图 2),使得 $AB:AC = AC:BC$,即

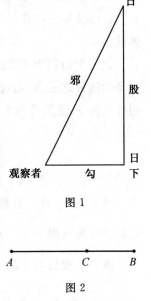

图 1

图 2

$$AC = \frac{\sqrt{5} - 1}{2}a \approx 0.618a$$

毕达哥拉斯学派还利用尺规作图将圆周分为五等份,得到了出正五边形、五角星,而五角星的边长恰好为 $\frac{\sqrt{5} - 1}{2}$,这其中有了开方.毕达哥拉斯学派的会标就是受圆内接正五边形的启发而创作出来的五角星,并赋以"健康"的含义,它还寓意友爱、戒律及智慧等.传说,一位毕达哥拉斯学派的成员客死他乡,临死前,对房东说,他无力交付房租等费用,希望在房东门画一个五角星,会有人来帮他交房租.果然,不久,有一位路过的人,看到这神秘的五角星,向房东询问清楚后替他交付房租并酬谢后离去.

希帕索斯是毕达哥拉斯学派的一名成员.他发现,边长为 1 的正方形,它的对角线长度(即现在的 $\sqrt{2}$)不能用整数之比来表示,这也是对平方根较早地认

50

识．这一发现如晴天霹雳，对"万物皆数"是一个极大的打击，动摇了毕达哥拉斯"万物皆数"的哲学基础．

希帕索斯发现了无理数 $\sqrt{2}$ 后，毕达哥拉斯学派其他几位几何学家，如泰奥多鲁斯，首次在无理数理论上取得突破性的进展．泰奥多鲁斯证明了 $\sqrt{3}$，$\sqrt{5}$，$\sqrt{7}$，…，$\sqrt{17}$ 为无理数．后来的数学家，用 1，$\sqrt{2}$，$\sqrt{3}$，$\sqrt{4}$，$\sqrt{5}$，$\sqrt{6}$，…，$\sqrt{17}$ 构成毕达哥拉斯螺线，如图 3．如此美妙的螺线体现了几何的秩序美，也是数学史上的又一佳作！

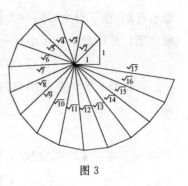

图 3

远古时代，数学家已经知晓利用正方形或圆的面积，开平方求得边长或半径；或利用立方体或球的体积，开立方求得边长或半径．古巴比伦、古埃及都有平方根表、立方根表，通过查平方根表求正数平方根的值，如图 4，通过查立方根表求正数立方根的值，如图 5，这种方法便捷、准确．

图 4 平方根表　　　图 5 立方根表

平方根观念运用极其广泛．古希腊的几何学家海伦（Heron，约公元前 50 年），在几何方面做出伟大的贡献．他的著作《度量》中，给出并证明了海伦公式．

已知三角形的三边长 a,b,c，记 $p=\dfrac{a+b+c}{2}$，那么三角形的面积为

$$S=\sqrt{p(p-a)(p-b)(p-c)}$$

《〈阿耶波多历算书〉注释：数学章》求球体体积的方法：若球的大圆面积为 A，则其体积 $V=A\sqrt{A}$．

婆什迦罗求正四面体的体积公式为 $\sqrt{V^2}=\sqrt{\dfrac{1}{4}AH^2\times S^2}$，其中 S 为正四面体的底面积，AH 为该底面上的高．

这里都有平方根的观念,能体验到开方在数学中的深远影响,巨大作用.

数学家斐波那契(1170—1230)的名著《计算之书》第三部分有著名的兔子繁殖问题:兔子出生以后两个月就能生小兔,每月每次不多不少恰好生一对(一雌一雄).假设最初养了小兔一对.于是,兔子繁殖数

$$1,1,2,3,5,8,13,21,34,55,89,144,\cdots$$

这就是著名的斐波那契数列.1634年,数学家奇特拉发现了一个重要的关系

$$u_{n+1}=u_n+u_{n-1} \quad (n \in \mathbf{N})$$

其中$\{u_n\}$表示斐波那契数列.18世纪初,数学家比内给出数列的通项公式

$$u_n=\frac{1}{\sqrt{5}}\left[\left(\frac{1+\sqrt{5}}{2}\right)^n-\left(\frac{1-\sqrt{5}}{2}\right)^n\right]$$

这个公式形式对称优美,也非常奇妙,左边是正整数,代表兔子繁殖数量,右边却是无理式,即可用无理算式表示正整数.

1593年,韦达通过考察和研究单位圆的内接正四、八、……、十六边形,最后用一个含有根式的优美等式表示圆周率

$$\frac{2}{\pi}=\cos\frac{90°}{2}\cos\frac{90°}{4}\cos\frac{90°}{8}\cdots=\sqrt{\frac{1}{2}}\sqrt{\frac{1}{2}+\sqrt{\frac{1}{2}}}\sqrt{\frac{1}{2}+\frac{1}{2}\sqrt{\frac{1}{2}+\frac{1}{2}\sqrt{\frac{1}{2}}}}\times\cdots$$

这是π最早的分析表达式.将该式子进行变形,则有

$$\pi=2\times\frac{2}{\sqrt{2}}\times\frac{2}{\sqrt{2+\sqrt{2}}}\times\frac{2}{\sqrt{2+\sqrt{2+\sqrt{2}}}}\times\cdots$$

由此可见无理数π可以借助根式摇身一变,以一个富有层次感、可触又不可及的形式展现在人类面前,开方(根式)功不可没呀!

3. 方程(组)与开方

方程(组)是开方的重要来源.从古巴比伦到十七世纪的欧洲,许多根式离不开方程(组),尤其是高次方程,寻找高次方程的根,一直是数学家研究的课题.开方是数学家解许多方程的重要思想,根式是数学家表示方程的解(根)的最基本的方式之一.

有些数学问题得用多个未知数的方程组才能解决,故而就涉及了如何解方程组的问题.方程组的解可用根式来表示,这早在古巴比伦泥板书上就有记载.

例如:耶鲁大学收藏的6967号泥板书,解决了形如$\begin{cases}xy=60\\x-y=7\end{cases}$这样的方程组的

52

问题,所解出的答案是

$$x = \sqrt{\left(\frac{7}{2}\right)^2 + 60} + \frac{7}{2} = 12, \quad y = \sqrt{\left(\frac{7}{2}\right)^2 + 60} - \frac{7}{2} = 5$$

只是解所表示的形式没有根式符号而已,结果无异.

二次方程与根式间有天然的联系,泥板书、《婆罗摩修正体系》中都有用根式表示二次方程的解的案例.大英博物馆收藏的 13901 号泥板书中,求得方程 $x^2 + x = \frac{3}{4}$ 的解为

$$x = \sqrt{\left(\frac{1}{2}\right)^2 + \frac{3}{4}} - \frac{1}{2} = \frac{1}{2}$$

《婆罗摩修正体系》著作中,给出了二次方程 $x^2 + px - q = 0$ 的一个根的求解公式

$$x = \frac{(\sqrt{p^2 + 4q} - p)}{2}$$

斐波那契用配方法解方程 $x^2 + x = 4$,左右两边加上 $\frac{1}{4}$,配方得 $\left(x + \frac{1}{2}\right)^2 = \frac{17}{4}$.当时,斐波那契只讨论正解,所以方程的解为 $x = \frac{\sqrt{17} - 1}{2}$.他多次尝试后发现,这个解只有用根式表示,不可能用有理数表示.

卡尔达诺在其著作《大术》的十一章到二十三章讨论三次方程的求解公式,归纳出了三次方程的三种基本形式及相对应的求解公式.

其一,对于方程 $x^3 + px = q$,其解为

$$x = \sqrt[3]{\sqrt{\left(\frac{p}{3}\right)^3 + \left(\frac{q}{2}\right)^2} + \frac{q}{2}} - \sqrt[3]{\sqrt{\left(\frac{p}{3}\right)^3 + \left(\frac{q}{2}\right)^2} - \frac{q}{2}}$$

其二,方程 $x^3 = px + q$ 解是

$$x = \sqrt[3]{\frac{q}{2} + \sqrt{\left(\frac{q}{2}\right)^2 - \left(\frac{p}{3}\right)^3}} + \sqrt[3]{\frac{q}{2} - \sqrt{\left(\frac{q}{2}\right)^2 - \left(\frac{p}{3}\right)^3}}$$

还给出了方程有解的条件.

其三,求解方程 $x^3 + q = px$,通过各种变形,最终得到的方程的解还得用根式表示.

用根式表示三次方程的根,是一件极其有趣的事情.三次方程的根式解,可再次欣赏到对称美.实数可以用复数的立方根来表示,巧妙地运用参数也能表示出三次方程的根式解.

4. 求根式的近似值

对于用根式表示的数或开不尽的数,如何表示或求近似值是自古以来数学家的工作之一.数学家利用人类智慧提出了一些巧妙的方法.

古巴比伦人利用逼近法求方根的近似值.公元前 2000 多年,古巴比伦泥板书中用有理数逼近法,求近似值的案例,例如,古巴比伦人采用 60 位进制分数来逼近 $\sqrt{2}$,有

$$\sqrt{2} = 1 + \frac{24}{60} + \frac{51}{60^2} \approx 1.414\ 16$$

这样得到的数与 $\sqrt{2}$ 的精确值相差不到万分之一.

刘徽开方求近似值的方法.《九章算术》"少广"章中的开方术:置积为实 …… 若开之不尽者,为不可开,当以面命之.即开方开不尽时,就用小数来表示.刘徽在注中也有论述:术或有以借算加定法而命分者,虽粗相近,不可近也.凡开积为方,方自乘当还复其积分.令不加借算而命分,则常微少;其加借算而命分,则又微多.其数不可得而定.故惟以面命之,为不失耳[①].例如对于 $N = \alpha^2 + \gamma$ 的开方,有两个近似值.近似值 $\alpha + \frac{\gamma}{\alpha}$ 比 $\sqrt{N}$ 大,近似值 $\alpha + \frac{\gamma}{\alpha+1}$ 比 $\sqrt{N}$ 小.因此,对于更加精确的开方值,刘徽采用了"求微数法"来无限逼近.所谓的"求微数法"就是对开之不尽的数,退位开之,求其整数之下的"微数".例如"分"之下求"厘"……"忽"之下则无名,对于无名的数,刘徽采用了十进制分数来表示,即退一位分母为十,退两位分母为百,依此类推.这种退位开方的方法,可以无限继续下去,直到舍弃的数可以忽略不计为止.

增乘开方法或霍纳法."开方作法本源"图下注解的后两句"以廉乘商方,命实而除之"[②],指利用贾宪三角进行开方的方法,这种随乘随加的方法叫作增乘开方法.增乘开方是一个完整的运算程序:估商、减根、求廉、以方法估根、再减根、再求廉 …… 从而完成这个循环过程.

1948 年,数学史家鲁凯提出阿拉伯数学家、天文学家阿尔·卡西在其著作《算术之钥》中建立的开高次方的一般方法,那就是鲁菲尼 - 霍纳算法,并认为他的思想可能源于中国贾宪的增乘开方法.但新的资料表明,在阿尔·卡西之前两个半世纪左右萨马瓦尔也使用了这种算法,且它有可能更早地被建立.萨

---

① 唐恒钧.多元文化中的无理数[J].中学数学杂志,2004(4):63-64.
② 石鸿鹏.HPM 视野下的二项式定理[D].西安:西北大学,2015.

马瓦尔出生于一个犹太知识分子家庭,受他舅父的影响,他 13 岁时就对数学产生了兴趣.增乘开方法和霍纳法可能都是在其各自早期开方法的基础上独立发展而来的.增乘开方法是在早期开方术的基础上推广、发展而来;霍纳法的发展、完善离不开"凯拉吉学校"的成员们的努力.

许凯开二次方的方法类似于除法但又有别于除法.许凯开方的方法中,第一步都是对被开方数从右往左进行分节,有多少节,根就有几位,开二次方就是每两位为一节,开三次方就是每三位为一节,分节对位的原理与斐波那契《计算之书》中确定根位数的方法有异曲同工之妙.开二次方

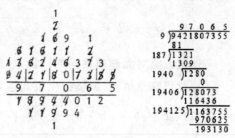

图 6　许凯开方原理古今图

时每议得一位商,则除数作相应的变化,其变化的规则是已议得的所有商加倍,如图 6 左侧;若改写成现代笔算开方竖式如图 6 右侧.对于开之不尽的结果,许凯就用他的"中间数法"进行无穷逼近.

5. 数学家与根式运算性质

根式的变换或化简是数学中有趣味的内容之一,当然,也是有难度的问题,相当有技巧.还有根式的加、减、乘、除等运算也是必须面临的,许凯等数学家一一巧妙地给予解决.

根式变化、相似及转化尤其巧妙.对于混合根的开方(将根式的根用另一同样简捷或更简捷的形式表示,而非求数值解),许凯列举了众多算例,例如

$$\sqrt{a \pm \sqrt{b}} = \sqrt{\frac{a}{2} + \sqrt{\left(\frac{a}{2}\right)^2 - \frac{b}{4}}} \pm \sqrt{\frac{a}{2} - \left(\frac{a}{2}\right)^2 - \frac{b}{4}}$$

许凯认为:"根的相似或不相似,仅依其指数而定,比如 $R^2 12$ 与 $R^2 17$ 是相似的,因为两个都是 R^2.但 $R^2 12$ 与 $R^3 12$ 是不相似的,因为一个是二次根而另一个是三次根,对于其他次数的根也是这样比较".要把两根化作相似,则要"把指数相乘得到公共指数",然后"把一个根里的数字根据另一个根的指数乘以自身一次或多次,并把另一个根里的数字根据这个根的指数乘以自身一次或多次"[①].

---

① 郑方磊.许凯《算术三编》研究[D].上海:上海交通大学,2007.

这用现代符号表示就是$\sqrt[a]{M}$与$\sqrt[b]{N}$，化为同指数是$\sqrt[ab]{M^b}$和$\sqrt[ab]{N^a}$，然后许凯指出各指数有公因数时，可采用比指数乘积更小的数作为公共指数.

阿拉伯学者阿布·卡米尔在他的著作《代数学》中提供了许多无理系数的方程案例，并发现了无理数的四则运算法则

$$\sqrt{a}\pm\sqrt{b}=\sqrt{a+b\pm 2\sqrt{ab}},\sqrt{a}\cdot\sqrt{b}=\sqrt{ab},\frac{\sqrt{a}}{\sqrt{b}}=\sqrt{\frac{a}{b}}$$

这是人类对无理数共同的认识，这也是人类又一精彩的文化景观.

通过研究总结，许凯概括出根式运算的基本法则及基本技巧：

(1) $\sqrt{a}\pm\sqrt{b}=\sqrt{a+b\pm 2\sqrt{ab}}$；

(2) $\pm\sqrt[n]{b}\pm\sqrt[n]{b}\pm\sqrt[n]{b}\pm\cdots=\pm\sqrt[n]{a^n b}$（$a$ 为参与合并的相等根的个数）；

(3) $\sqrt[n]{a}\pm\sqrt[n]{b}=(\sqrt[n]{\frac{a}{b}}\pm 1)\sqrt[n]{b}$；

(4) $\sqrt[b]{M^a}\times\sqrt[d]{N^c}=\sqrt[bd]{M^{ad}\times N^{bc}}$；

(5) $\frac{\sqrt[b]{M^a}}{\sqrt[d]{N^c}}=\sqrt[bd]{\frac{M^{ad}}{N^{bc}}}$.

注意以上公式的底数并不被限定为有理数，可以是任何正的实数，即正值的混合根式. 利用公式、乘法和除法分配律，以及一些技巧公式，许凯非常灵活地处理各种复杂的根式计算，例如：

例 1 $\sqrt{\sqrt{7}-2}\times(3+\sqrt{5})=\sqrt{\sqrt{1\,260}+\sqrt{1\,372}-\sqrt{720}-28}$，请注意其中的正负运算：

许凯的做法，如图 7，用现在的根号可以简捷地表示为

$$\begin{aligned}\sqrt{\sqrt{7}-2}\times(3+\sqrt{5})&=\sqrt{\sqrt{7}-2}\times\sqrt{(3+\sqrt{5})^2}\\&=\sqrt{\sqrt{7}-2}\times\sqrt{14+\sqrt{180}}\\&=\sqrt{\sqrt{7}-2}\times\sqrt{\sqrt{180}+14}\\&=\sqrt{\sqrt{1\,260}+\sqrt{1\,372}-\sqrt{720}-28}\end{aligned}$$

“要把$R^2\underline{R^2 7\bar{m}2}$乘以$3\bar{p}R^2 5$，首先必须把$3\bar{p}R^2 5$自乘化为与绑定根$R^2\underline{R^2 7\bar{m}2}$相同属性，得$14\bar{p}R^2 180$的二次根$R^2\underline{14\bar{p}R^2 180}$，然后应调整为$R^2\underline{R^2 180\bar{p}14}$，再与$R^2\underline{R^2 7\bar{m}2}$这样相乘：首先必须把$R^2 180$乘以$R^2 7$得$R^2 1260$。然后$R^2 7$必须乘以$plus\,14$的二次根形式$R^2 196$得$R^2 1372$。接着$R^2 180$必须乘以$\bar{m}2$的二次根形式$R^2 4$得$R^2 720$，又把$plus\,14$乘以$\bar{m}2$得$\bar{m}28$，这样乘得$R^2\underline{R^2 1260\bar{p}R^2 1372\bar{m}R^2 720\bar{m}28}$。”

图 7　许凯解法表述图

例2 $(\sqrt{108}+\sqrt{21})\div(6+\sqrt{7})=\sqrt{3}$,利用$(a+\sqrt{b})\times(a-\sqrt{b})=a^2-b$ 将除数化为整数,以及$(\sqrt{a\times c}+\sqrt{b\times c})\div(\sqrt{a}+\sqrt{b})=\sqrt{c}$来化简计算:

许凯的做法,如图8,用现在的根号可以简捷地表示为

$$(\sqrt{108}+\sqrt{21})\div(6+\sqrt{7})$$

$$=(\sqrt{108}+\sqrt{21})\times(6-\sqrt{7})\div[(6+\sqrt{7})(6-\sqrt{7})]$$

$$=(\sqrt{3\,888}-\sqrt{147})\div 29$$

$$=\sqrt{4\frac{524}{841}}-\sqrt{\frac{147}{841}}\approx\sqrt{3}$$

"要把$R^2108\overline{p}R^221$除以$6\overline{p}R^27$,对于这样的问题和类似的问题要把除数化成一个非复合数,这样做:除数乘以一个与他数字相同但加减号不同的数字。例如:对于上述除数$6\overline{p}R^27$,它的不同号等数是$6\overline{m}R^27$。除数乘以这样的数后,被除数也乘以它。用这个方法,可以得到一个简单除数,而它原先是复合数,用得到的简单数按前面所说的方法去除被除数,即得,因此,现在把$6\overline{p}R^27$乘以$6\overline{m}R^27$,乘积为29,作为除数。然后把$R^2108\overline{p}R^221$乘以$6\overline{m}R^27$得$R^23888\overline{m}R^2147$。现在,把$R^23888\overline{m}R^2147$除以29,按照前面的演示,可得$R^24\frac{524}{841}$ $\overline{m}R^2\frac{147}{841}$。简化得除法的结果$R^23$——另一种做法。把$R^2108$除以6倍的6得$R^23$。把$R^221$除以$R^27$同样得到$R^23$。现在任意取一个作为商,同上得$R^23$"

图 8 许凯解法表述图

除了如上技巧,根式运算还有许多技巧,如利用

$$(\sqrt{a+b}-\sqrt{a}+\sqrt{b})(\sqrt{a+b}+\sqrt{a}-\sqrt{b})=\sqrt{4ab}$$

来进行设计,可以简化根式.从中也可发现,用简捷的根号表示根式,方便根式计算和化简,而且意义简捷明了,书写简便,形式美观,运算规则清晰.根式的含义及表达,离不开从古到今的众多数学家的努力及传承,特别是数学家高超的智慧以及巧妙方法.

第三节 乘法公式的魅力

乘法公式的历史文化是数学的历史文化的重要组成部分,蕴含着丰富的思想方法、价值观念、精神追求.对乘法公式的历史文化的解读研究,有着很多重要的价值和意义,譬如解读乘法公式的历史文化可以感受数学的人文关怀,增强对乘法公式本质的理解,欣赏数学理性思考的魅力,学习科学求真的精神,领悟数学殿堂的美丽,感受数学内在的文化特质等.

1. 平方差公式的广泛应用

平方差公式是指两数之和与这两数之差的积等于这两个数的平方差,通常公式表示为

$$a^2 - b^2 = (a+b)(a-b)$$

平方差公式的解读和运用历经了漫长的发展过程,在现实中也有很多重要的应用.

1.1 平方差公式巧妙运用

今天看到的平方差公式只是一个简单的恒等式,从形式上看,这个公式就是一个特殊的多项式乘多项式的字母表示.但历史上,平方差早已被数学家熟练地运用,也提供许多巧妙的解读,在漫长的历史长河中闪耀着人类高超智慧.古代东方、西方都对平方差公式有许多应用,从不同的方面展现和解读.

(1) 中国古代平方差公式

中国是一个有着悠久历史和文化的国家,在公元 3 世纪,当时的数学家赵爽用"面积割补法"来证明平方差公式.赵爽在注释《周牌算经》中的"勾股圆方图"时说:"勾实之矩以股弦差为广,股弦并为袤,而股实方其里. …… 股实之

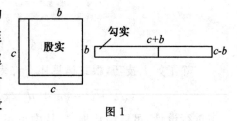

图 1

矩以勾弦差为广,勾弦并为袤,而勾实方其里."这里广就是现在说的宽,即是图 1 表示的 $c-b$;袤就是长,即是图 1 中的 $c+b$;实只是指面积,它的意思用图 1 中的图形和相应边长的字母表示,则为

$$c^2 - b^2 = (c+b)(c-b), c^2 - a^2 = (c+a)(c-a)$$

这里体现了用"面积割补法"来证明平方差公式.

另外,与赵爽同时期的刘徽在注释《九章算术》时也利用同样的图形来解读平方差公式:"勾幂之矩青,卷白表,是其幂以股弦差为广,股弦并为袤,而股幂方其里.股幂之矩青,卷白表,是其幂以勾弦差为广,勾弦并为袤,而勾幂方其里."这里翻译之后是说:勾幂之矩呈青色,卷首在白色的股方表面所以勾幂之矩的广为股弦差 $c-b$,长为股弦并 $c+b$,股幂是正方形,在勾幂之矩的里面.股幂之矩呈青色,卷首在白色的勾方表面.此谓股幂之矩的广为勾弦差 $c-a$,长为勾弦并 $c+a$,勾幂是正方形,在股幂之矩的里面.刘徽说的"幂"对应于赵爽的"实",指的都是以勾或股为边长的正方形面积.赵爽和刘徽都是中国古代著名的数学家,他们用不同的语言对平方差公式进行了表述.

58

（2）古巴比伦平方差公式的应用

作为四大文明古国的古巴比伦,同样也有平方差公式的解读,在古巴比伦时期（公元前 1800 年－公元前 1600 年）的泥板书上写道:

已知两数的和与积,或者差与积,求这两个数.

他们创造性地使用平均代换,巧妙的解决问题,如:在 $x+y=a, xy=b$ 中,令 $x=\dfrac{1}{2}a+t, y=\dfrac{1}{2}a-t, t>0$,带入第二个方程,化简得

$$\left(\dfrac{1}{2}a+t\right)\left(\dfrac{1}{2}a-t\right)=\dfrac{1}{4}a^2-t^2=b$$

解得 $t=\sqrt{\dfrac{a^2-4b}{4}}$,故解得 x, y.

类似地,在解 $x-y=a, xy=b$,设 $x=t+\dfrac{1}{2}a; y=t-\dfrac{1}{2}a, t>0.$ 解得 $t=\sqrt{\dfrac{1}{4}a^2+b}$,进而求得 x 和 y.

这说明了古巴比伦人知道了平方差公式,并熟练地使用公式去求解一元二次方程,这也标志着数学发展到了较高的水平.

（3）古希腊平方差公式与和差术

古希腊的史料表明,当时古希腊数学家对平方差公式有着比较深刻的认识,并灵活的运用平方差公式解决问题,譬如毕达哥拉斯学派从正方形的构造中获得特殊的平方差公式.如图 2,小圆圈正方形排列中,介于 $n+1$ 排、$n+1$ 列和 n 排、n 列之间的小圆圈的个数为 $2n+1$ 个,表示为特殊的平方差公式为:$(n+1)^2-n^2=2n+1$.

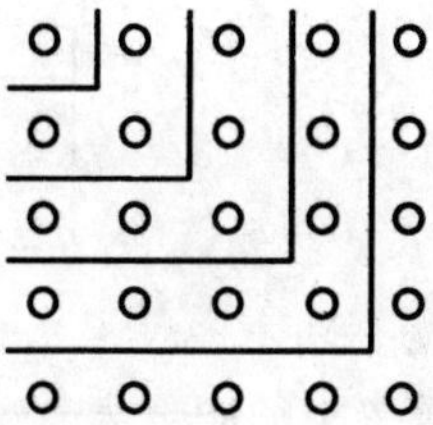

图 2

数论鼻祖丢番图是古希腊著名的数学家,在不定方程方面有许多的重要成果.《算术》第一卷中,运用"和差术"解决了类似于二元二次方程的求解问题,例如,已知两个正数的和为 20,积为 96,求这两个数的问题.运用"和差术",假设所求的两数分别为 $10-x$ 和 $10+x$,则可得到 $(10-x)(10+x)=96$,即 $100-x^2=96$.故 $x^2=4, x=2$,于是所求的两数分别为 12 和 8.

还有欧几里得在《几何原本》第二卷命题 6 给出另外一个平方差公式

$$\left(\dfrac{a+b}{2}\right)^2-\left(\dfrac{a-b}{2}\right)^2=ab$$

(4) 婆什迦罗对公式的巧妙变形

12世纪印度数学家婆什迦罗(1114－1185)对平方差公式分析运用地非常熟练,在其《莉拉沃蒂》中给出"平方和并算"法则：

若以原数之差去除平方之差,则为原数之和.

用字母表示 $\dfrac{x^2-y^2}{x-y}=x+y$,很明显这是平方差公式的一个变式.从以上平方差公式的几个熟练运用,可以看出,最初出现的平方差公式和今天的平方差公式有一些不同,古代的这些数学家发现的往往只是解读平方差公式的一个变式.

1.2 平方差公式的直观解读与巧妙变形

对于平方差公式的现代解读,主要有两种方法,一种代数,一种几何.代数的方法就是利用多项式的乘法规则,将 $(a+b)(a-b)$ 按多项式的乘法规则相乘出来,合并同类项,变为 a^2-b^2.古时候,数学家对平方差公式的发现和运用,往往建立在几何直观上,通过几何割补拼接体现.

在一个边长为 a 的正方形左下角割去一个边长为 $b(b<a)$ 的正方形,将其剪切之后,进行重新拼接,可得到长方形,如图3,4,5,也可得到梯形,如图6.根据拼接前后面积相等,即可推得平方差公式 $a^2-b^2=(a+b)(a-b)$.

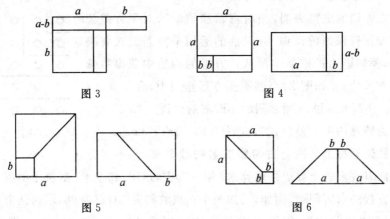

图3   图4

图5   图6

或者如图7,在边长为 a 的正方形正中心割去一个边长为 $b(b<a)$ 的正方形,其面积为 a^2-b^2,将其按直线剪切之后,进行重新拼接,可得到底边为 $a+b$,高为 $a-b$,面积为 $(a+b)(a-b)$ 的平行四边形,剪切前后面积相等,即 $a^2-b^2=(a+b)(a-b)$.

或者如图8,在两个边长分别为 a,b 的等边三角形中,割掉 $\triangle DCE$ 后,图形的面积为 $\dfrac{\sqrt{3}}{4}a^2-\dfrac{\sqrt{3}}{4}b^2$,割掉后的图形为梯形,其上底为 b,下底为 a,高为

60

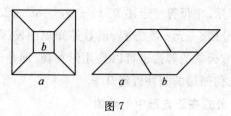

图 7

$\dfrac{\sqrt{3}}{2}(a-b)$,其面积为

$$\frac{1}{2}\left[\frac{\sqrt{3}}{2}(a+b)(a-b)\right]$$

由面积相等可得

$$\frac{\sqrt{3}}{4}a^{2}-\frac{\sqrt{3}}{4}b^{2}=\frac{1}{2}\left[\frac{\sqrt{3}}{2}(a+b)(a-b)\right]$$

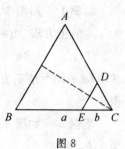

图 8

化简后得到平方差公式

$$a^{2}-b^{2}=(a+b)(a-b)$$

或者如图9,原长方形的面积为$4ab$,拼成的正方形面积为$(a+b)^{2}$,中间空的小正方形面积为

$$(a+b)^{2}-4ab=a^{2}-2ab+b^{2}=(a-b)^{2}$$

变换顺序后可得平方差公式的变式

$$4ab=(a+b)^{2}-(a-b)^{2}$$

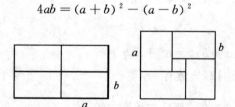

图 9

以上几种解读平方差公式的方法都利用了面积相等,图3,4,5和图9利用了拼接前后的正方形和矩形面积相等,图6利用了梯形,图7利用了平行四边形,图8利用了三角形和梯形.还有图3和图4的拼接方法相同,图5和图6的拼接方法也是一样的.不管哪一种方法,都较好地给出公式的直观理解.人类的数学思维精彩纷呈,方法巧妙多样.

2. 完全平方公式

完全平方公式文字表述为:两数和或差的平方,等于它们的平方和加上或者减去它们积的两倍. 字母符号表述为: $(a \pm b)^2 = a^2 \pm 2ab + b^2$ 是整式乘法运算的升华, 在因式分解、一元一次方程、函数等知识中发挥重要作用, 与平方差公式一样, 完全平方公式的解读也可以是几何直观, 即是完全平方公式及其变式都是可以通过几何图形的割补得到升华.

2.1 完全平方公式在正方形中的解读

案例 1　如图 10, 四边形 $EBGF, HGCM$ 分别是边长为 a, b 的正方形. 由面积关系显然有

$$(a + b)^2 = a^2 + 2ab + b^2$$

其中 $(a + b)^2$ 是正方形面积, $2ab$ 是图中两个长方形的面积和.

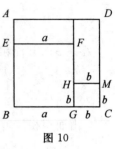

图 10

案例 2　如图 11, 正方形 $ABCD, EBFG$ 的边长分别为 a, b, 则有

$$(a - b)^2 = a^2 - b^2 - 2(a - b)b$$

其中 $2(a - b)b$ 是长方体 $AEGH, GFCM$ 的面积和, 所以

$$(a - b)^2 = a^2 - 2ab + b^2$$

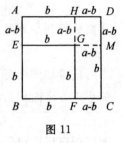

图 11

案例 3　如图 12, $ABCD$ 是正方形, 所以 $c^2 = a^2 + b^2$ (勾股定理), 由面积关系有

$$(a + b)^2 = 4 \times \frac{1}{2}ab + c^2$$

所以

$$(a + b)^2 = a^2 + 2ab + b^2$$

案例 4　如图 13, 显然有

$$(a - b)^2 = c^2 - 4 \times \frac{1}{2}ab$$

其中 $c^2 = a^2 + b^2$ (勾股定理).

即

$$(a - b)^2 = a^2 - 2ab + b^2$$

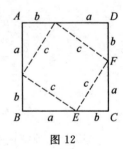

图 12

2.2 完全平方公式在三角形中的解读

案例 5　如图 14, $\triangle ABC, \triangle ECD$ 都是等边三角形, 边长分别为 a, b. 则由面积关系可得

$$\frac{\sqrt{3}}{4}a^2 + \frac{\sqrt{3}}{4}b^2 + ab\sin 60° = \frac{\sqrt{3}}{4}(a + b)^2$$

其中 $\frac{\sqrt{3}}{4}a^2$ 是边长为 a 的等边三角形面积.

62

所以

$$a^2 + b^2 + 2ab = (a+b)^2$$

即

$$(a+b)^2 = a^2 + b^2 + 2ab$$

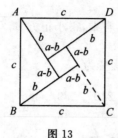

图 13

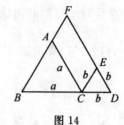

图 14

案例 6 如图 15,三角形都是等边三角形,则

$$\frac{\sqrt{3}}{4}(a-b)^2 = \frac{\sqrt{3}}{4}a^2 - \frac{\sqrt{3}}{4}b^2 - (a-b)b \cdot \sin 60°$$

其中,$b(a-b)\sin 60°$ 为图中平行四边形的面积,所以

$$(a-b)^2 = a^2 - 2ab + b^2$$

案例 7 $(a+b+c)^2 = a^2 + b^2 + c^2 + 2ab + 2ac + 2bc$,

如图 16,所有三角形都是等边三角形,边长如图所示,则由面积关系有

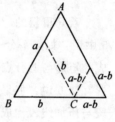

图 15

$$\frac{\sqrt{3}}{4}(a+b+c)^2 = \frac{\sqrt{3}}{4}a^2 + \frac{\sqrt{3}}{4}b^2 + \frac{\sqrt{3}}{4}c^2 +$$

$$a(b+c)\sin 60° + bc\sin 60°$$

所以

$$(a+b+c)^2 = a^2 + b^2 + c^2 + 2ab + 2bc + 2ac$$

仔细研读七道题,可看到"数"的完全平方公式和"形"

图 16

的正方形、三角形的面积以不同方式联系起来.案例 1 和案例 2 用到了正方形的面积割补;案例 3 和案例 4 将正方形和三角形联系在一起并结合三角形中的勾股定理来解读了完全平方差公式;案例 5、案例 6 和案例 7 用到了三角形和平行四边形面积相等.这些都是数形结合的典型案例.

3.乘法公式与一元二次方程

从历史上看,完全平方公式与一元二次方程的求解是有渊源的.对于边长为 x 的正方形面积问题中关于边长的方程 $x^2 - 7x - 60 = 0$,如图 17,古巴比伦

63

人的解法如下：

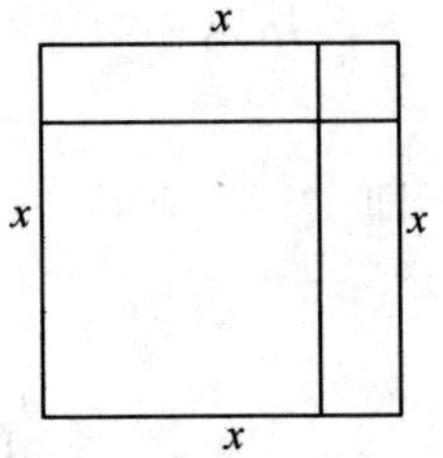

将 7 写为 $2 \times \dfrac{7}{2}$，方程变为

$$x^2 - 2 \times \frac{7}{2}x - 60 = 0$$

其中 $2 \times \dfrac{7}{2}x$ 表示两个矩形的面积，然后 $\dfrac{7}{2}$ 自乘，得小正

形的面积为 $\dfrac{49}{4}$，将 $\dfrac{49}{4}$ 与 60 相加，得 $\dfrac{289}{4}$，方程变为

图 17

$$\left(x - \frac{7}{2}\right)^2 = \frac{49}{4} + \frac{240}{4} = \frac{289}{4}$$

开方得 $\dfrac{17}{2}$，将 $\dfrac{7}{2}$ 移项后与 $\dfrac{17}{2}$ 相加，得 12，即为正方形的长.

欧几里得的《几何原本》里面也有关于完全平方公式的叙述，在其第 2 卷题 5 中说："如果平分一条线段，在将其分成不相等的两段，则由不相等的两段构成的矩形与两分点之间的一段上的正方形的和等于原来的线段一半上的正方形". 题 6 说："如果平分一线段，并且在同一线段上给他们加上一段，则整条线段与所加线段构成的矩形与原线段一半以上正方形的和等于原线段一半所加线段之和上的正方形". 用今天的符号写出来，分别是

$$ab + \left(\frac{a-b}{2}\right)^2 = \left(\frac{a+b}{2}\right)^2, \quad (a+b)b + \left(\frac{a}{2}\right)^2 = \left(\frac{a}{2} + b\right)^2$$

这里的几何证明实际上解决了一元二次方程 $x^2 \pm bx = c$，因为这两个方程等于说是将已知长度为 b 的线段分为两部分（x 和 $b-x$），使其构成面积为 c；在长度为 b 的线段 AB 的延长线上求一点 D，使 $AD(b+x)$ 与 $BD(x)$ 构成的矩形面积 c.

赵爽针对方程 $x^2 + 2x - 35 = 0$，提出巧妙的几何解法. 由 $x^2 + 2x - 35 = 0$ 经过变换可得 $x(x+2) = 35$，如图 18，构造边长为 $(x+2) + x$ 的正方形，则其面积为 $[(x+2) + x]^2$，由图可知，大正方形面积减去中间小正方形面积，等于四个矩形面积，必有

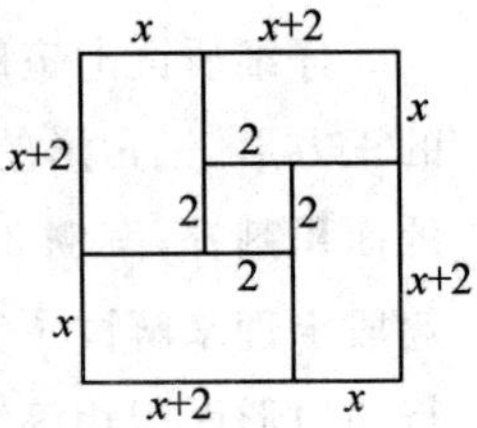

图 18

$$4x(x+2) + [(x+2) - x]^2 = [(x+2) + x]^2$$

所以

$$4 \times 35 + 2^2 = (x + x + 2)^2$$

所以

$$(x + x + 2)^2 = 144$$

64

其中 x 表示边长，开方移项化简后得到 $x=5$.

对于方程 $x^2-2x-35=0$，赵爽给出图形解，如图 19，构造边长为 $x+x-2$ 的正方形，则其面积为 $(x+x-2)^2$，大正方形的面积减去中间小正方形的面积得到四个矩形的面积，其中小正方形的边长为

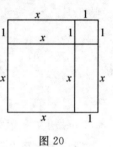

图 19

$$x-(x-2)=2$$

利用平方差公式的变式有

$$[x+(x-2)]^2=4x(x-2)+[x-(x-2)]^2$$
$$=4\times35+2^2$$
$$=144$$

即 $[x+(x-2)]^2=144$，所以 $(2x-2)^2=144$，开方移项后得 $x=7$.

花拉子米的解法也相当精辟．针对方程 $x^2+2x-35=0$．先构造 x 的正方形，然后补上两个长宽分别是 x 和 1 的矩形，再补上一个边长为 1 的小正方形，这样就组成一个大正方形，显然其面积是 $(x+1)^2$，如图 20．另一方面，大正方形的面积也等于两个小正方形的面积（x^2 和 1^2）和两个矩形的面积（x 和 x），即

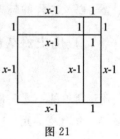

图 20

$$(x+1)^2=x^2+2x+1$$

根据题目 $x^2+2x-35=0$，移项后 $x^2+2x=35$，所以

$$(x+1)^2=x^2+2x+1=35+1=36$$

即 $(x+1)^2=36$，开方移项后得到方程的根 $x=5$.

针对方程 $x^2-2x-35=0$．原方程变形为 $x^2-2x=35$，如图 21，构造边长为 x 的大正方形．在其内部减去两个长、宽分别为 $x-1$ 和 1 的矩形，由于多减去了一个边长为 1 的小正方形，将其补上，这样就得到一个边长为 $x-1$ 的新正方形，其面积为 $(x-1)^2$.

另外根据割补后面积相等，新正方形的面积也为 x^2-2x+1，其中 $2x$ 表示长、宽分别为 $x-1$ 和 x 的矩形面积，1 表示多减去的边长为 1 的小正方形的面积．

即 $(x-1)^2=x^2-2x+1$，根据题目 $x^2-2x-35=0$ 移项后得到 $x^2-2x=35$，则 $x^2-2x+1=36$，即 $(x-1)^2=36$，开方移项后得到方程的根 $x=7$，这里割补后面积相等．

花拉子米的解法和我国赵爽的解法都是利用了正方形的面积相等，但是他

们构造正方形的方法和思路却是不同的,赵爽的原理是将 $x^2 + bx$ 变为 $x(x+b)$,然后来构造边长为 $2x+b$ 的大正方形,而花拉子米则是将 $2x$ 变为 $2 \times x \times 1$,然后就可以将 x^2 看作是一个边长为 x 的正方形,$2 \times x \times 1$ 看作是两个长为 x,宽为 1 的矩形,然后再补上一个边长为 1 的小正方形,将这四个图形拼接在一起. 从这里我们可以看到,我国赵爽的解法和花拉子米的解法,两种方法,应该来说,赵爽的解法要更能够推广. 因为对于一次项 x 前面的系数,在他们解的一元二次方程当中,都是 2,如果换成其他的,赵爽的方法依然可以推广,可以用,但是花拉子米的方法改变之后则要变得复杂了很多.

包括平方差公式、完全平方公式在内的乘法公式,跨越历史几千多年,每个公式都有悠久的历史,丰富的内涵,有许多经典案例. 特别是在字母代数后,形成多项式理论后发挥巨大作用. 在解方程(组)、解直角三角形等成为重要的数学工具.

第四节　　一元一次方程的历史

最初文字记载的一元一次方程求解,不像如今,有着一整套来表示等量关系的符号体系及解方程的步骤与方法. 数学源于现实世界,为了解决人们生活中所遇到的相关问题,就出现了一元一次方程模型及其求解步骤,并在人类历史上各个阶段、各个地区获得发展,得到许多经典案例. 了解一下东西方文明史,从中感受一元一次方程中蕴涵的历史文化,领略到人类数学文化的博大精深,以及方程的魅力.

1. 历史悠久的一元一次方程

一元一次方程历史悠久,它可追溯到古埃及、古巴比伦时代,离现在近四千年. 简单的一元一次方程主要通过古埃及的纸草书、古巴比伦的泥板书得以发现. 古埃及一元一次方程的知识源于两部纸草书:《莱因德纸草书》(约成书于公元前 1650 年)和《莫斯科纸草书》(约成书于公元前 1850 年). 当然,均属于世界上有文字记载的最古老的数学著作之一. 在《莱因德纸草书》卷首上除了载录一组分数分解表外,还有 87 个问题,其中 21 ~ 23 题是对已知分数变为单位分数,其中问题 24 ~ 38 就是关于一元一次方程的问题,对所有问题都给出解答. 其中最早的、也是最简单的一元一次方程问题就是"啊哈,它的全部,与它的七分之一,其和等于 19".

这些方程涉及的内容主要关于数量的四则运算问题.这些问题可用一元一次方程 $x+a=b$ 或 $ax=b$ 来处理.《莱因德纸草书》中第 21 题:

求一个分数,使得它与 $\frac{2}{3}$, $\frac{1}{15}$ 的和为 1.

《莱因德纸草书》第 35 题:

$3\frac{1}{3}$ 勺刚好满 1 赫卡特,求勺的体积(赫卡特为古代埃及谷物度量单位)[①].

而且《莱因德纸草书》中讨论的主要是关于数、量的一元一次方程问题.如第 24 题:

一个量,加上它的 $\frac{1}{7}$,等于 19.求该量.

第 25 题:一个量,加上它的 $\frac{1}{2}$,等于 16.求该量.

第 26 题:一个量,加上它的 $\frac{1}{4}$,等于 15.求该量.

第 31 题:一个量,加上它的 $\frac{2}{3}$,它的 $\frac{1}{4}$ 和它的 $\frac{1}{7}$,等于 33.求该量.

《莱因德纸草书》第 28 题:一个量,加上它的 $\frac{2}{3}$,从其和中减去 $\frac{1}{3}$,余 10.求该量.

以上问题关注求一个数满足某一等量关系,等量关系等价于一元一次方程[②].

除了纸草书,还有古巴比伦的泥板书上也有一元一次方程,这也是历史非常悠久的数学成果,反映人类很早很早就有了方程思想.古巴比伦的泥板书源于底格里斯河与幼发拉底河流域,那里也是人类文明的发祥地,称为"美索不达米亚文明".两河流域的居民用尖芦管在湿泥板上刻写楔形文字,泥板晒干,或烘干后形成泥板书.从已出土美索不达米亚文明时期的泥板书,现藏于美国耶鲁大学,发现有 22 个一元一次方程问题,但因破损较严重,不完整,复原后发现 6 个,都是关于石子的重量问题[③]:

找到一石子,未知其重量.但加上它的七分之一,再加上(所得重量)十一分之一,共重 1 mana,求石子原来重量.

---

① 汪晓勤.历史上的一元一次方程(一)[J].中学数学教学参考(初中),2007.

② 同上.

③ 徐传胜.一元一次方程的早期形态[J].中学生数理化,2014:14.

找到一石子,但未称其重量.它的 6 倍,加上 2 gin,再加上(所得重量)三分之一的七分之一的 24 倍,共重 1 mana,求石子原来重量.

找到一石子,但未称其重量.它的 8 倍,加上 3 gin,再加上(所得重量)十三分之一的三分之一的 21 倍,共重 1 mana,求石子原来重量.

找到一石子,但未称其重量.减去它的六分之一,再加上(所得重量)八分之一的三分之一,共重 1 mana,求石子原来重量.(mana 和 gin 均为重量单位,1 mana＝60 gin.)

早期由于生产力水平低下,视野相当狭隘,方程问题面临的题材单一,折射出当时社会生活较贫乏,不如后来的方程,涉及的内容丰富,题材多样.

2. 方程应用题古已有之

一元一次方程问题是最基本的方程问题,也是很多民族都会面临的简单生活计算.无论中国古代、古希腊,还是后来的欧洲,都有大量的一元一次方程问题,并且涉及的对象各种各样,包罗万象,这与人类复杂的生活、生产直接相关.我国出土最早的数学书应当是《九章算术》,它共九卷,也是现存最早的中国古代数学著作,且作为中国古代数学的系统总结,对中国传统数学的发展有了深远的影响.在中国和世界数学史上占有重要的地位.它内容丰富,题材广泛,共九章,分为二百四十六题二百零二术.其中有不少是关于一元一次方程问题,且出现在"少广""均输"和"盈不足"等章.古希腊名著《希腊选集》中也出现过许多一元一次方程问题,13 世纪意大利数学家斐波那契《计算之书》中也有一元一次方程.古人关注的题材多样、视野开阔、类型经典.根据这些应用题涉及的对象,可以分为行程问题、合作问题、定和问题、余数问题等.

2.1 相遇问题

相遇问题是当今极普通的问题,但当时可能是较复杂的问题.有书特意论述,涉及题材有植物的、动物的、船航行的,反映出人类关注的对象以及古人的视野.如《九章算术》"盈不足"章中有行程问题,有关于植物生长的,非常人性化,有趣有味:

今有恒高九尺.瓜生其上,蔓日长七寸;瓠生其下,蔓日长一尺.问几何日相逢?

《九章算术》的"均输"章中关于动物飞行的,讨论相遇问题:

今有凫起南海,七日至北海;雁起北海,九日至南海.今凫、雁俱起,问几何日相逢?

13 世纪意大利数学家斐波那契的重要著作《计算之书》也有相遇问题:

两船相隔若干距离,第一艘船需行 5 日,第二艘船需行 7 日(彼此抵达对方

68

位置).今两船同时出发(相向而行),问几日后相遇?

2.2 行程问题

13世纪意大利数学家斐波那契的重要著作《计算之书》,涉及算术、代数、几何和问题解决等数学内容.其中有些是关于行程问题.其中关于动物行程的有,第12卷题1:

狮子在洞中,洞深50尺,狮子每天向上爬$\frac{1}{7}$尺,向下爬$\frac{1}{9}$尺.问:狮子需要几天才能爬出洞?

2.3 追及问题

13世纪意大利数学家斐波那契的《计算之书》还有追及问题[①]:

题1　两只蚂蚁相距100步,朝同一点向行.第一只蚂蚁每天向前爬$\frac{1}{3}$步,又向后退$\frac{1}{4}$步,第二只蚂蚁每天向前爬$\frac{1}{5}$步,又向后退$\frac{1}{6}$步.问:第一只蚂蚁几天后追上第二只蚂蚁?

题2　狐狸在狗前面50步,狗在后面追,狗每跑9步,狐狸跑6步.问狐狸跑几步后被狗追上?

2.4 合作问题

合作问题也是非常经典的,我国最早的数学书《九章算术》"均输"章中就有合作问题[②]:

今有池,五渠注之.其一渠开之,少半日一满;次,一日一满;次,二日半一满;次,三日一满;次,五日一满.今皆决之,问几何日满池.

古希腊名著《希腊选集》也有合作问题,这早远古时代,两个遥远的民族都有同样的研究,也有关注水的问题:

有一个水池,用第一个喷口注水,1天可注满;用第二个喷口注水,2天可注满;用第三个喷口注水,3天可注满;用第四个喷口注水,4天可注满.问:四个喷口同时注水,多长时间可注满水池?

除了注水问题,还有纺纱类问题:

一个妇女每天纺纱1迈纳,大女儿每天纺纱$1\frac{1}{3}$迈纳,小女儿每天纺纱$\frac{1}{2}$迈纳.问:她们一起纺纱1迈纳需多长时间?

---

① 　汪晓勤.历史上的一元一次方程(一)[J].中学数学教学参考(初中),2007.
② 　同上.

2.5 定和问题

《九章算术》"均输"章中有定和问题[①]:

今有人持金出五关,前关二而税一,次关三而税一,次关四而税一,次关五而税一,次关六而税一.并五关所税,适重一斤.问本持金几何?

《希腊选集》中的定和问题:"最好的钟,今天已过了多长时间?""剩下的时间是已过时间的 $\frac{2}{3}$ 的 2 倍"(按白天 12 小时计算)相当于方程 $x + \frac{4}{3}x = 12$.

《计算之书》中有许多定和问题,这也是一类非常典型的一元一次方程问题[②].如:

树长加上其 $\frac{7}{12}$,和为 38,求树长.

树长与其 $\frac{7}{12}$ 的差,加上树长,和为 51,求树长.

一个年轻人活了若干岁.如果他继续活同样多年,再活同样年数,再活同样年数的 $\frac{7}{12}$,再加一年,他就活了 100 岁.求他的寿命.

四人携粮乘船,各人所携相同.四人分别拿出各自粮食的 $\frac{1}{3}$,$\frac{1}{4}$,$\frac{1}{5}$ 和 $\frac{1}{6}$ 给船主,船主共得 1 000 斗.问:四人携粮总数为多少?

2.6 余数问题

《九章算术》中的余数问题[③]:

今有人持米出三光,外关三而取一,中关五而取一,内关七而取一,余米五斗.问:本持米几何?

《希腊选集》中的余数问题,哲人聚会:

波利克拉特斯:"亲爱的毕达哥拉斯,缪斯的子弟,请回答我的问题:屋子里有多少人在进行着智慧竞赛呢?"波利克拉特斯:"让我来告诉你吧,毕达哥拉斯.他们中的一半在做文学,四分之一在研究不朽的自然,七分之一在沉思默想,还有三位女性.这就是我召集的缪斯女神诠释着的人数"[④].相当于方程 $\frac{1}{2}x + \frac{1}{4}x + \frac{1}{7}x + 3 = x$.

---

① 汪晓勤.历史上的一元一次方程(一)[J].中学数学教学参考(初中),2007.
② 同上.
③ 汪晓勤.历史上的一元一次方程(二)[J].中学数学教学参考(初中),2007.
④ 徐传胜.一元一次方程的早期形态[J].中学生数理化,2014:14.

中小学数学的历史文化

3. 一元一次方程与数学家故事

一元一次方程问题以数学家为题材,讲述数学家的故事,也是历史上一个非常有趣的事情,让我们给予关注、了解,表现喜怒哀乐的情绪,给予更多的人文关怀.如丢番图的墓志铭、花拉子米的遗嘱等,拉近与数学家的距离,走入数学家的生活.

丢番图的墓志铭:过路的人! 这儿埋葬着丢番图.他一生的六分之一享受着幸福的童年,十二分之一是无忧无虑的少年.再过七分之一的时间,他有了美满温馨的家庭.五年后儿子出生,不料儿子竟在父亲临终前 4 年丧生,年龄不过父亲享年的一半.他在悲痛之中度过了风烛残年.请您算一算,他活了多少岁才去见死神?

他的墓志铭其实通过方程 $\frac{1}{6}x + \frac{1}{12}x + \frac{1}{7}x + 5 + \frac{1}{2}x + 4 = x$,解得 $x = 84$. 丢番图高寿,给人感觉好像是做数学研究会让人长寿的.不难体会到,古希腊的一元一次方程问题中存在着生动的、丰富的人文内涵.

还能引起深入思考的有中亚细亚数学家花拉子米的遗嘱.他妻子正怀着他的第一胎小孩,不幸的是,在孩子出生前,这位数学家就去世了.之后,发生的事更困扰大家,他的妻子生了一对龙凤胎,遇到新问题就是如何遵照他的遗嘱分配遗产分给他的妻子、儿子和女儿呢? 他临终前留下遗嘱是:

如果他亲爱的妻子帮他生个儿子,他儿子将继承三分之二的遗产,他的妻子将获得三分之一的遗产,如果生个女儿,他的妻子将继承三分之二的遗产,他的女儿将获得三分之一的遗产.

4. 古代诗歌与一元一次方程

尽管诗歌与数学在我们今天看来属于两种不同的文化,但从历史上看,两者却有着千丝万缕的联系:数学问题和解答、运算法则以诗歌形式来表达;数学家本身也可能是诗人;数学家用数学方法来分析诗歌;诗人用自己的作品歌颂数学家的业绩,同时诗歌中融入了数学的概念或意象,等等[1].无论是"百羊问题""李白喝酒"还是"魏魏古寺""宝塔装灯""饮酒诗"等,它们都会与一元一次方程构建联系.一元一次方程的文化积淀十分深厚,人文色彩极为突出,这些诗歌让人进一步领略一元一次方程的文化韵味.

---

① 张维忠.数学教育中的数学文化[M].上海:上海教育出版社,2011.

案例 1　明代大数学家程大位著的《算法统宗》书中的"百羊问题"：

甲赶羊群逐草茂，乙拽一羊随其后，戏问甲及一百否？甲云所说无差谬，若得这般一群凑，再添半群小半群，得你一只来方凑，玄机奥妙谁猜透？

依诗意，列方程为

$$x + x + \frac{1}{2}x + \frac{1}{4}x + 1 = 100$$

案例 2　我国唐代的天文学家、数学家张遂曾以"李白喝酒"为题材编了一道题：

李白街上走，提壶去打酒；遇店加一倍，见花喝一斗；

三遇店和花，喝光壶中酒. 试问酒壶中，原有多少酒？

依诗意，列方程为

$$[(2x - 1) \times 2 - 1] \times 2 - 1 = 0$$

案例 3　清代徐子云著《算法大成》中的数学名题"巍巍古寺"：

巍巍古寺在山林，不知寺内几多僧. 三百六十四只碗，看看用尽不差争.

三人共食一碗饭，四人共吃一碗羹. 请问先生明算者，算来寺内几多僧？

依诗意，列方程式为

$$\frac{1}{3}x + \frac{1}{4}x = 364$$

案例 4　明代数学家吴敬的《九章算法比类大全》中的数学名题"宝塔装灯"：

远望巍巍塔七层，红光点点倍加增，共灯三百八十一，请问顶层几盏灯？

依诗意可列方程式为

$$x + 2x + 4x + 8x + 16x + 32x + 64x = 381$$

案例 5　程大位还有一首关于数学的"饮酒诗"：

肆中饮客乱纷纷，薄酒名醨厚酒醇. 好酒一瓶醉三客，薄酒三瓶醉一人.

共同饮了一十九，三十三客醉颜生. 试问高明能算士，几多醨酒几多醇？

依诗意，列方程为

$$3x + \frac{19 - x}{3} = 33$$

　　数学的历史源远流长，可以追溯到远古时代. 在古巴比伦、古埃及和古印度的文明中，出现了有文字记载的数学成果. 我们可以看到历史上的一元一次方程丰富多彩，在日常生活中的应用也非常广泛. 一元一次方程的数学文化可以这样思考：以一元一次方程的概念为数学文化的显性载体，在其显性载体的背后承载着丰富的隐性内涵，即方程作为人类思想的一次飞跃，是继算术思想之后的又一重要的数学思想,折射出人类的智慧,方程在其历史发展过程中呈现多元文化特征①.通过"数学文化"的传播、交流、体验和感悟,加深对文化特性的了解和数学本质的认识.

第五节 一元二次方程的神韵

如今的教科书上,一元二次方程沦落为符号游戏.但追溯一元二次方程的千年历史,必能感受沉淀的数学文化,体验数学家精彩绝伦的思维活动,了解数学家对一元二次方程求根方法的探索过程,欣赏解方程的精彩方法,感悟数学求新、求美的精神.一元二次方程非常经典,内涵十分丰富,几乎所有的数学发源地都有一元二次方程探索的身影,每个时期都有一元二次方程研究的遗迹,其范围之广,历史之久,名人之多,方法之巧,是超乎众人想象的.在探索方程求解的过程中,他们无一例外地借助正方形、完全平方公式,慢慢地发现了一元二次方程的求根公式、根与系数的关系,最后发现方程求解异常简便的因式分解法.如此精彩的求解方法,如此巧妙的数学成果,是经过了十分漫长的探索过程,这个过程是人类最好的学习、欣赏的数学资源.从文化角度可察看数学家对一元二次方程的创新过程,从历史的视野可研究人类对一元二次方程的探索过程,从思维的方式可观察一元二次方程精彩的演变过程,从精神层面可学习到数学家们不懈努力勇于探索的优秀品质.

1. 一元二次方程历史悠久

一元二次方程历史悠久,求解方法是巧妙的.古埃及、古巴比伦的数学家对一元二次方程及其求解做了许多探索性、开创性的工作,后面的研究工作可寻迹而行.

1.1 古埃及数学家功不可没

考察历史发现,世界上最早的数学文化离不开尼罗河两岸的古埃及文化.揭示古埃及文化的重要载体是古埃及的纸草书(约公元前 2000 年).在古埃及的纸草书中记载着一些最简单的一元二次方程.现藏于莫斯科普希金精细艺术

---

① 陈克胜,董杰.彰显数学文化的一元一次方程的教学案例及其思考[J].内蒙古师范大学学报,2012(3).

博物馆的《莫斯科纸草书》，如图 1，就记载着这样一个问题[①]：一个矩形的面积为 12，宽是长的 $\frac{3}{4}$. 求该矩形的长和宽.

图 1

然而，由于纸草书的材料性质及古代缺乏较好的保存方式，纸草书的保存并不长久，所以有关于古埃及人的一元二次方程的成就我们知道的相对较少. 但不可否认的是，古埃及人曾对一元二次方程做了许多研究，并做出了重要贡献.

1.2 古巴比伦数学家开创性工作

古巴比伦泥板书上记载的一元二次方程的数学问题，相对于古埃及的纸草书，保存的较为完整，如图 2. 公元前 1792 年 — 公元前 1600 年的汉谟拉比时代的泥板书中，不仅找到了最古老的一元二次方程及解法，而且方法相当精彩巧妙，让人佩服之极.

图 2

大英博物馆馆藏的古巴比伦泥板 BM13901 上有这样的问题[②]："正方形的面积与其边长之和为 $\frac{3}{4}$，求其边长." 对于这个问题，古巴比伦人采用几何方法求解：

设边长为 x，则原问题化为求解方程

$$x^2 + x = \frac{3}{4}$$

x^2 可表示为边长为 x 的正方形，x 可表示为长为 1，宽为 x 的长方形. 如图 3，将长方形按照虚线剪开，虚线为长方形两边长的中线，得到宽为 x、长为 $\frac{1}{2}$ 的相等的两个小矩形，再将这两个小矩形的宽分别紧挨着正方形的一边，然后补上一个边长为 $\frac{1}{2}$ 的小正方形，得到一个大的正方形，于是大正方形的面积为 $\frac{3}{4} + \left(\frac{1}{2}\right)^2 = 1$，故大正方形的边长为 1，再减去 $\frac{1}{2}$，即得所求正方形的边长为 $\frac{1}{2}$.

① 汪晓勤. HPM 视角下的一元二次方程概念教学设计[J]. 中学教学数学参考，2006(12).
② 皇甫华，汪晓勤. 一元二次方程：从历史到课堂[J]. 湖南教育（数学教师），2007(2).

74

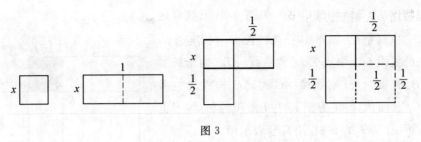

图 3

由例子可以发现,古巴比伦人用几何图形去求解方程 $x^2 + bx = c$ 的基本思路:通过补上一个小正方形,得到一个大正方形,即将 x^2 表示为边长为 x 的正方形,bx 表示为宽为 x、长为 b 的长方形,然后将长方形分成宽为 x、长为 $\frac{b}{2}$ 的两个小矩形分别与正方形拼接,再补上一个边长为 $\frac{b}{2}$ 的小正方形,最终得到一个大正方形,面积为 $x^2 + bx + \left(\frac{b}{2}\right)^2$,即 $c + \left(\frac{b}{2}\right)^2$,开方即得大正方形的边长 $\sqrt{c + \left(\frac{b}{2}\right)^2}$,减去 $\frac{b}{2}$,得到原正方形的边长,即所要求的 $x = -\frac{b}{2} + \frac{\sqrt{b^2 + 4c}}{2}$.这种解法有了一元二次方程求根公式的雏形.在公元前 1800 年时就有一元二次方程,同时还能给出如此精彩的解法,想法巧妙,思维深刻,让人佩服得五体投地.

2. 利用几何图形巧解方程

利用几何图形巧妙地解决代数问题是数学中通用的、精彩方法.这种方法在我国古代一元二次方程求解探索中得到体现,而且在古阿拉伯地区和古希腊也得到充分体现.

2.1 欧洲几何中隐匿的几何解法

古希腊人对几何很感兴趣,并取得相当大的成就,同时在代数方面也有很大的贡献,其中较为典型的是数学家欧几里得将几何学知识应用于一元二次方程求解的方法.欧几里得的著作《几何原本》记载了有关代数的知识,他用几何证明求解了一元二次方程 $x^2 + bx = c$.《几何原本》第二卷命题 6:

如果平分一条线段并且在同一条线段上给它加上一条线段,则整条线段与所加的线段构成的矩形,与原线段一半以上正方形的和,等于原线段一半所加线段之和上的正方形[①].

也就是说，如图 4，一条线段 BC，长度为 b，平分线段 BC，中点为 D. 构造线段 BC 的延长线 AB，长度为 x. 则线段 AC 与 AE 构成的矩形 $ACFE$ 面积，与正方形 $KMJI$ 面积的和，等于正方形 $ADJH$ 的面积. 用符号表示即

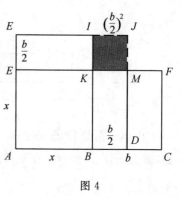

$$(x+b)x+\left(\frac{b}{2}\right)^2=\left(x+\frac{b}{2}\right)^2$$

因为 $x^2+bx=c$，所以

$$c+\left(\frac{b}{2}\right)^2=\left(x+\frac{b}{2}\right)^2$$

图 4

开方并移项，得

$$x=-\frac{b}{2}+\frac{\sqrt{b^2+4c}}{2}$$

对于解方程 $x^2+bx=c$，与古巴比伦数学家一样，欧几里得用几何解法获得方程的解，当然他们也存在少许差异，主要是构造的几何图形不全相同. 古巴比伦人是通过构造边长为 x 的正方形和宽为 x、长为 b 的矩形，再补上一个边长为 $\frac{b}{2}$ 的小正方形. 而欧几里得的几何解法是构造宽为 x、长为 $x+b$ 的矩形和边长为 $x+\frac{b}{2}$ 的正方形，再减去一个边长为 $\frac{b}{2}$ 的小正方形.

后来，数学家斐波那契用几何解法解一元二次方程. 被称为中世纪欧洲最伟大的数学家的斐波那契，在一元二次方程的研究中，他同样运用了几何图形的解法，在他的名著《花朵》中，就十分清晰地阐述方程 $x^2+36\frac{4}{7}x=182\frac{6}{7}$ 的几何解法.

如图 5，构造边长为未知数 x 的正方形 $ABCD$，分别延长 DC 和 AB 至点 E 和 F，使得 $CE=BF=36\frac{4}{7}$，于是矩形 $AFED$ 的面积等于

$$AD\cdot AF=AB\cdot AF=x^2+36\frac{4}{7}x=182\frac{6}{7}$$

设 BF 的中点为 G，则

①　邱华英，汪晓勤. 一元二次方程的几何解法[J]. 中学数学杂志(初中版)，2005(3)：58-60.

$$BG = 18\frac{2}{7}, BG^2 = 334\frac{18}{49}$$

根据《几何原本》第 2 卷命题 6,有

$$AG^2 = BG^2 + AB \cdot AF = 517\frac{11}{49}$$

所以

$$AG = \sqrt{517\frac{11}{49}}, x = AG - BG = \sqrt{517\frac{11}{49}} - 18\frac{2A}{7}$$

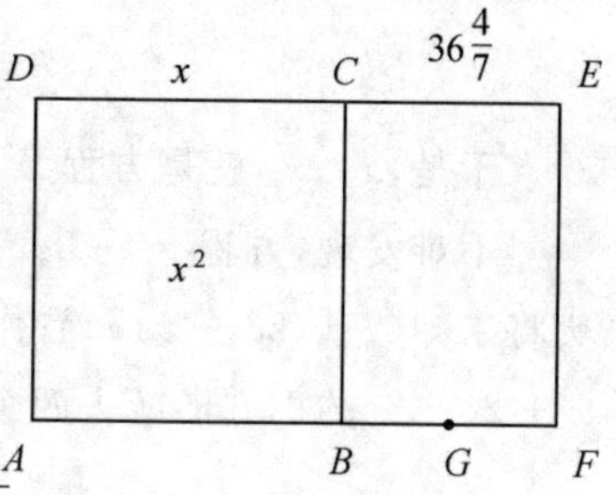

图 5

其实,斐波那契的几何解法和欧几里得的《几何原本》中提到的命题 6 的方法是一样的,是在命题 6 的基础上得出的解法.

2.2 中国古代方程巧妙的解法

算法历来是中国的传统,求解方程的方法由来已久,中国古代数学家们在一元二次方程的求解研究中有很好的建树.

(1) 赵爽的几何解法

三国时期数学家赵爽注的《周髀算经》中记载了他对一元二次方程几何解法的研究.他不仅提到了二次方程,还有方程求根公式的雏形.书中有一篇论文《勾股圆方图注》,其中有一段内容是关于一元二次方程的解法."其倍弦为广、袤合,而令勾、股见者自乘为其实.四实以减之,开其余所得差,以差减合,半其余为广.减之于弦,即所求也".

将这段内容翻译过来就是:有四个长为 x_1、宽为 x_2 的矩形,长与宽的和 $x_1 + x_2$ 为直角三角形斜边 c 的 2 倍,和一个边长为 $x_1 - x_2$ 的小正方形,组合成一个大正方形.如图 6,即

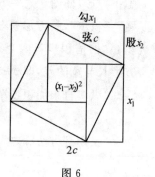

$$x_1 + x_2 = 2c \qquad ①$$

设矩形的面积 $x_1 x_2 = a^2$,则以长与宽的和 $x_1 + x_2$ 为边长的正方形面积 $(x_1 + x_2)^2$ 减去四个矩形的面积 $4a^2$,得 $(x_1 + x_2)^2 - 4a$.开方得到长与宽的差

图 6

$$x_1 - x_2 = \sqrt{(2c)^2 - 4a^2} \qquad ②$$

联立 ①②,得到长

$$x_1 = \frac{2c + \sqrt{(2c)^2 - 4a^2}}{2}$$

用斜边 c 减去长,即得宽

$$x_2 = \frac{2c - \sqrt{(2c)^2 - 4a^2}}{2}$$

于是，x_1，x_2 就是方程 $x^2 - 2cx + a^2 = 0$ 的根.

不难发现，方程 $x^2 - 2cx + a^2 = 0$ 是由方程 $(2c - x)x = a^2$ 转换而来的. 赵爽将未知数项 $(2c - x)x$ 看作是宽为 x、长为 $2c - x$ 的矩形面积，然后边长为 $x + 2c - x$ 的正方形减去四个这样的矩形，从而得到矩形长与宽的差，进而得到方程的解. 由上，容易得到这类方程 $x^2 - bx + c = 0$ 的根为 $x = \frac{b \pm \sqrt{b^2 - 4c}}{2}$.

这说明三国时期就有求二次方程根的方法.

对于这句"其倍弦为广、袤合 $(x_1 + x_2 = 2c)$，而令勾、股见者自乘为其实 $(x_1 x_2 = a^2)$"，从一定意义上包含着一类一元二次方程根与系数的关系，这比 16 世纪法国数学家韦达发现的规律要早一千多年. 事实上，中国数学的底蕴是丰厚的，数学成就是显赫的.

（2）程大位的"平方带纵"

在赵爽注的《周髀算经》中对一元二次方程研究的基础上，生于公元 1533 年的程大位的杰作《直指算法统宗》中记述了他对二次方程的研究. 书中有一首诗歌论述"平方带纵"，即开平方的方法，也就是一元二次方程 $x^2 - bx = c$ 的求根公式[1]. 根据诗歌，构造了正方形，如图 7. "平方带纵法最奇，四倍积步不须疑"："积步"，长方形长与宽的乘积，是图中矩形的面积 c；"四倍积步"，四个矩形面积之和 $4c$；"纵多"，长方形长与宽的差，即 $x - y = b$.

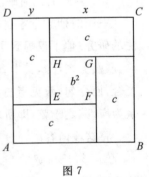

图 7

"纵多自乘加积步"：$b^2 + 4c$，即

$$(x + y)^2 = b^2 + 4c$$

"又用开方法除之"，即

$$x + y = \sqrt{b^2 + 4c}$$

"再以纵多并开积"：$b + \sqrt{b^2 + 4c}$，则

$$x + y + b = b + \sqrt{b^2 + 4c}$$

由 $x - y = b$，得 $x = y + b$. 所以

---

① 卢子文. 平方带纵与古算诗题的一元二次方程[J]. 中学数学杂志，2010(2).

$$x + x = 2x = b + \sqrt{b^2 + 4c}$$

"折半方好长数施":长为

$$x = \frac{b + \sqrt{b^2 + 4c}}{2}$$

"若问阔步知多少,将长减却纵多基":阔步,即为宽,问宽为多少?

由 $x - y = b$,推出 $y = x - b$,所以

$$y = \frac{-b + \sqrt{b^2 + 4c}}{2}$$

可以发现,程大位的"平方带纵"的推演方法与赵爽的几何解法是相似的,都将方程 $x^2 - bx = c$ 构造成边长为 $x + x - b$ 的正方形,再将正方形分成四个相等的长为 x、宽为 $x - b$ 的矩形和边长为 b 的小正方形.程大位是一个商人,但酷爱数学,不断研究数学,最终为世人留下了经典数学著作《直指算法统宗》.数学有着如此大的魅力,让无数数学家倾注了汗水和精力,凝聚着他们无穷的智慧.

2.3 古代阿拉伯方程精彩的图形解法

阿拉伯人对代数有多巨大的贡献,如数学家花拉子米,在一元二次方程几何解法上独树一帜,对人非常有启发作用.花拉子米一元二次方程的几何解法促进配方法的产生.公元 9 世纪,花拉子米在他的名著《代数学》中对一元二次方程 $x^2 + bx = c$ 这类的方程给出了两种几何解法.

方法一　花拉子米将 x^2 看作边长为 x 的正方形的面积,bx 看作四个宽为 $\frac{b}{4}$、长为 x 的矩形面积的和,如图 8,并把图形补充为边长为 $x + \frac{b}{2}$ 的大正方形.则

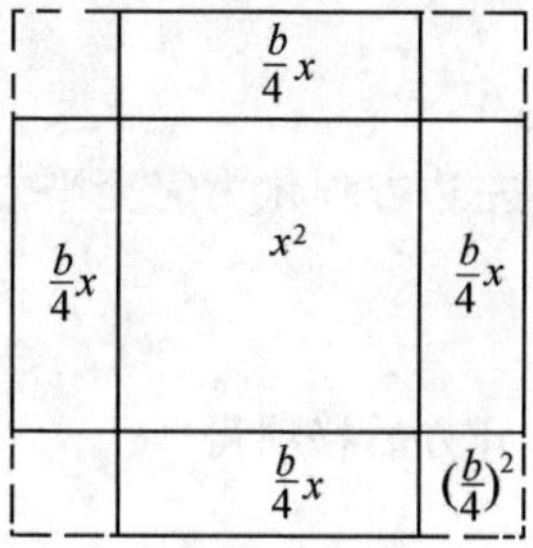

$$\left(x + \frac{b}{2}\right)^2 = x^2 + bx + 4 \times \left(\frac{b}{4}\right)^2 = c + 4 \times \left(\frac{b}{4}\right)^2$$

开方并移项,得

图 8

$$x = \frac{-b \pm \sqrt{b^2 + 4c}}{2}$$

方法二　花拉子米同样是将 x^2 看作边长为 x 的正方形的面积,bx 看作两个宽为 $\frac{b}{2}$、长为 x 的矩形面积的和,如图 9,并把图形补充为边长为 $x + \frac{b}{2}$ 的大

正方形①,则

$$\left(x + \frac{b}{2}\right)^2 = x^2 + bx + \left(\frac{b}{2}\right)^2 = c + \left(\frac{b}{2}\right)^2$$

开方并移项,得

$$x = \frac{-b \pm \sqrt{b^2 + 4c}}{2}$$

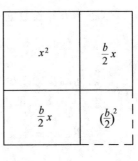

图 9

上述解一元二次方程的方法其实与配方法相差无几. 花拉子米用几何解法建立了解一元二次方程的一般方法 —— 配方法,为代数学的发展指明了方向. 从此,一元二次方程的解法作为代数的基本内容开始被人们所接受.

2.4 古印度的配方法与求根公式

数学史上,印度与中国交流较多,也受中国的影响,在数学上取得很大的成就. 古印度的数学家对一元二次方程做了里程碑式的工作. 公元 12 世纪,婆什迦罗在前人研究的基础上,结合花拉子米解方程的几何图形方法,获得了两种解方程 $ax^2 + bx + c = 0 (a \neq 0)$ 的方法.

方法一　原方程 $ax^2 + bx + c = 0$ 移项,得

$$ax^2 + bx = -c$$

方程两边同除以 a,再加上 $\left(\frac{b}{2a}\right)^2$,得

$$x^2 + \frac{b}{a}x + \left(\frac{b}{2a}\right)^2 = \left(\frac{b}{2a}\right)^2 - \frac{c}{a}$$

左边方程化为完全平方公式,得

$$\left(x + \frac{b}{2a}\right)^2 = \left(\frac{b}{2a}\right)^2 - \frac{c}{a}$$

开方后移项得

$$x = -\frac{b}{2} \pm \sqrt{\left(\frac{b}{2a}\right)^2 - \frac{c}{a}}$$

即 $x = \dfrac{-b \pm \sqrt{b^2 - 4ac}}{2a}$.

方法二　原方程 $ax^2 + bx + c = 0$ 移项,得 $ax^2 + bx = -c$,两边同时乘以 $4a$,并加上 b^2,得

---

① 徐品方,张红,宁锐. 中学数学简史[M]. 北京:科学出版社,2007.

$$4a^2x^2 + 4abx + b^2 = b^2 - 4ac$$

左边方程化为完全平方公式,得

$$(2ax + b)^2 = b^2 - 4ac$$

当 $b^2 - 4ac \geqslant 0$ 时,开方得 $2ax + b = \pm\sqrt{b^2 - 4ac}$,所以,得

$$x = \frac{-b \pm \sqrt{b^2 - 4ac}}{2a}$$

婆什迦罗的方法解决了二次项系数不为 1 的情况,并且方法二的优势在于避免了计算过程中将二次项系数化为 1 而出现分数的情况,降低了计算的难度[①]. 在这之前,其他数学家的解法都是针对特定的方程去求解,婆什迦罗最终给出一般方程通用的求根公式,给出了一元二次方程式的代数解法. 在数学史上,$x = \frac{-b \pm \sqrt{b^2 - 4ac}}{2a}$ 被称为"印度求根公式",婆什迦罗成为第一个承认一元二次方程有负数解的印度人.

3.哈里奥特的因式分解法

欧洲数学史到了近代中世纪时期有了很好的发展,特别是文艺复兴时期促进了欧洲数学的迅速发展. 哈里奥特的因式分解法是解一元二次方程另一种代数解法. 从历史上看,解二次方程有公式法,公元 9 世纪又发现了配方法,这两种方法已被人们所熟知和运用,而对于一元二次方程因式分解的求解方法却一直没有被发现. 直到 17 世纪,英国数学家哈里奥特(1560—1621),在其著作《实用分析术》中对方程 $ax^2 + bx + c = 0(a \neq 0)$ 求根提供了因式分解法:

对 $ax^2 + bx + c = 0(a \neq 0)$ 变为 $x^2 + \frac{b}{a}x + \frac{c}{a} = 0(a \neq 0)$,假如方程左边能分解为

$$(x - x_1)(x - x_2) = 0$$

于是得到 $x - x_1 = 0$ 或 $x - x_2 = 0$,则 x_1, x_2 是原方程的两个根. 哈里奥特的因式分解法,其实是针对方程 $x^2 + \frac{b}{a}x + \frac{c}{a} = 0(a \neq 0)$ 型,对左侧的整式化为两个因式的乘积,若积为零,则两因式中必有一个等于 0,从而求出方程的所有可能根. 这种方法简便,原理简捷,通俗易懂.

我国古代数学家赵爽、古代阿拉伯数学家花拉子米等的一元二次方程的几

---

① 刘铭,张红.HPM 视角下的一元二次方程求根公式教学设计[J]. 中学数学,2015(21).

何解法显得尤为巧妙和经典. 赵爽、花拉子米的几何解法,影响古印度数学家婆什迦罗的配方法,在前人的研究基础上获得方程的求根公式. 到了近代,英国数学家哈里奥特提出求解方程的因式分解法. 许多数学家们为方程求解方法做出杰出的贡献,并提供经典的求解案例,是体会数学文化的珍贵材料.

数学家们求解二次方程的方法中,几何解法成为古代数学家们解一元二次方程最常见的方法. 虽然从表面上看不同数学家构造的图形也不尽相同,但本质上却是一样的,都是通过构造正方形和矩形,然后再结合完全平方公式,最终得到方程的解. 但局限的是,因为 x 表示的是图形的边长,它只能是正数,因此方程只能得到正根. 到后来婆什迦罗求根公式的发现,完善了方程只有正根的缺陷,指出方程也存在负根.

古人解二次方程的思维很巧妙,充满了智慧. 在当时没有符号代数的背景下,为使方法更加直观明了,便用几何图形来代替烦琐的修辞代数. 在历史上,几何解法的影响超过代数方法. 需要更多地关注方程悠久的历史,体验数学家的智慧,传承数学中的经典,传承数学家执着的追求、解决问题的策略,以及他们勇于探索的精神. 研究方程的历史文化,不仅能够充分感受到方程的无穷魅力,了解方程与人们生活的关系,还能接受文化的感染和熏陶,将文化所承载的精神和思想植根于人们的心中. 不论时代如何变迁,只要人们善于发现和思考,总能从中汲取有益的思想营养.

第六节　二元一次方程组的精彩

二元一次方程组有着丰富的历史文化内涵,在古巴比伦、古印度、古埃及、古希腊和中国等国家地区的许多数学文献中都能查阅二元一次方程组及解法. 二元一次方程组是解决实际问题中的重要数学工具,它包含了很多数学思想. 随着时间的推移,方程的历史、文化在人类心中逐渐被忘记,二元一次方程组是如何发展到今天的历史也逐渐被人类忘记了,更不用谈及其中数学文化传承,所以,有必要关注一下二元一次方程组的历史,发掘其数学文化内涵,得到进一步数学文化熏陶和启发. 通过追溯历史文化,了解以前人们用方程组解决数学问题的历史过程,领略中国古代数学在方程及方程组方面的许多成果,感叹数学家的无穷智慧,同时,在学习了丰富的方程知识基础上,又经历了历史文化发展的过程,这是一个很棒的体验!

1.历史悠久的二元一次方程组

方程的历史极其悠久,其中二元一次方程组也有着灿烂的数学文化,悠久的历史.在古巴比伦、古埃及、中国等国家、地区,在公元前,甚至在公元前1800年时,就已有一元二次方程.

1.1 古巴比伦方程组

对古巴比伦文明和数学的了解,都来自泥板书.根据19世纪考古学家所挖掘出的泥板书,有约300块是关于纯数学内容的.约公元前两千年,在古巴比伦泥板书中,出现了有历史记载最早的二元一次方程.在VAT8389号泥板上有这样一个问题:

两块田地中一块每沙尔出产$\frac{2}{3}$西拉谷物,另一块每沙尔出产$\frac{1}{2}$西拉,第一块地的产量比第二块的多500西拉;两块地的面积总共为1 800沙尔,每块地是多大? 两个未知量,根据它们的数量之间的关系求解.设一块地面积是x沙尔,另一块地为y沙尔,现代的方程组为

$$\begin{cases} \frac{2}{3}x - \frac{1}{2}y = 500 \\ x + y = 1800 \end{cases}$$

再如问题:

已知两块地共1亩,第一块地亩产4担粮食,第二块地亩产3担粮食,第一块地的产量比第二块的产量多$1\frac{2}{3}$担,问:两块地的面积各为多少?

设第一块地的面积为x,第二块地的面积为y,两个未知数x和y满足二元一次方程组

$$\begin{cases} x + y = 1 \\ 4x - 3y = 1\frac{2}{3} \end{cases}$$

古巴比伦研究的二元问题为后面历史发展提供了铺垫.

1.2 古埃及的方程组

在尼罗河中下游的古埃及是数学古国,被人们认为是古希腊几何产生的最早国家之一,古埃及在代数方面有杰出成就,他们用僧侣文写成纸草书,目前仅存在两件纸草书,一件是《莱因德纸草书》,另一件是《莫斯科纸草书》,在这些纸草书中都记录了方程问题,古埃及人用试位法来解决一次方程问题.这些纸草书其中记载的除一元一次方程、简单的二次问题外,还有二元一次方程组,这对

研究当时的社会文明、生活水平、生产状况有深刻的意义.

1.3 古希腊的二元一次方程

在公元前 3 世纪的古希腊时期,就有了欧几里得著名的"骡子和驴问题",它就是关于一元二次方程问题:

骡子和驴驮着酒囊行走在路上,为酒囊重量所压迫,驴痛苦地抱怨着,听到驴的怨言,骡子给她出了这样一道题:"妈妈,你为何眼泪汪汪,满腹牢骚,抱怨的应该是我才对呀! 因为,如果你给我一袋酒,我负的重量就是你的 2 倍;若你从我这儿拿去一袋,则你我所负的重量刚好相等."请问他们所负的酒囊各有几袋?

设驴子原来所驮货物的袋数是 x,骡子原来所驮的货物袋数是 y,于是得到方程组

$$\begin{cases} 2(x-1) = y+1 \\ x+1 = y-1 \end{cases}$$

1.4 中国古代的方程组

公元 1 世纪的古中国,《九章算术》上记载着 8 道二元一次方程组应用题. 其中"合伙买猪"就是非常经典的问题:

几人合伙买猪,每人 100 钱则余 100 钱,每人出 90 钱,正好用完. 问多少个人? 一头猪多少钱?

总之,二元一次方程组出现的历史非常早,涉及的题材主要与生产、生活相关. 在公元前就有了这类方程组,这也的确出乎我们的想象,在当时情况下,计数水平相当低,没有如今的数学符号,全是用文字去说明,还真让人难以置信.

2. 经典的二元一次方程组

在人类历史上,二元一次方程组不仅出现得很早很早,而且还留下许多经典的案例,以及许多趣闻轶事,如今还在广泛流传,让人激动不已,心潮澎湃.

2.1 数学家与方程组

古希腊时期,伟大的数学家阿基米德,在数学上做出了卓越的贡献.阿基米德被誉为数学史上四个最伟大的数学家之一,传说曾用方程组解决现实中的问题,如今还在广泛传诵. 当时发生了这么一件用方程组解题的故事:

案例 1 叙拉古国王有一顶光彩夺目的金冠,它约重 12 磅,约合 5.44 kg,国王怀疑工匠在金冠中掺了银子,于是请阿基米德来检验.阿基米德先称出金冠的重 12 磅,然后分别称了一块重 12 磅的纯金和一块同样重量的纯银在水中的重量,发现金块减轻了 0.59 磅,银块减轻了 0.89 磅,最后又称出了金冠在水

84

中重量减轻了 0.66 磅,所以阿基米德断定金冠掺了银子,问这顶皇冠用了多少磅金,掺了多少磅银?

用方程组解题,设皇冠中有纯金 x 磅,纯银 y 磅,则有

$$\begin{cases} x + y = 12 \\ \dfrac{0.59}{12}x + \dfrac{0.89}{12}y = 0.66 \end{cases}$$

璀璨的历史文化在世界各处发光发热,如 13 世纪意大利数学家斐波那契和他的《计算之书》,15 世纪法国数学家休凯所著的《算术三部》,16 世纪德国数学家克拉维斯所写的《代数》等,都有方程组的问题,工作、学习、生活都成为方程组的题材.13 世纪的斐波那契《计算之书》提出了二次方程组,如:

案例 2 将 11 分成两部分,使其中一部分的 9 倍等于另一部分的 10 倍.

案例 3 若甲得乙之 7 第纳尔,则甲的钱是乙的 5 倍;若乙得甲之 5 第纳尔,则乙的钱是甲的 7 倍.问甲、乙各有多少钱? 设甲有 x 第纳尔,乙有 y 第纳尔,则

$$\begin{cases} x + 7 = 5(y - 7) \\ y + 5 = 7(x - 5) \end{cases}$$

15 世纪时,法国数学家休凯所著的《算术三部》中提出了二次方程组,如

案例 4 某人工作一天,得 7 比赞,怠工一天,扣 4 比赞.月末,他得 1 比赞.问此人工作几天,怠工几天?

设此人工作 x 天,怠工 y 天,有

$$\begin{cases} x + y = 30 \\ 7x - 4y = 1 \end{cases}$$

在克拉维斯(1608 年)的《代数》中关于二元一次方程组的例子:

案例 5 为了鼓励儿子学好算术,儿子每做对一道题,父亲给他 8 分钱;做错一道题,罚 5 分钱,做完 26 道题后,谁也不用给谁钱.问:儿子做对了几道题?

设做对了 x 道题,做错了 y 道题,则可得方程组

$$\begin{cases} x + y = 26 \\ 8x - 5y = 0 \end{cases}$$

2.2 《九章算术》与方程组

《九章算术》是我国经典的数学研究的成果,它代表当时古代中国数学发展的水平,是与欧几里得《几何原本》齐名的数学著作,影响极其广泛. 在《九章算术》中,有许多二元一次方程组的应用题,并提供非常先进的解法,类似于近代数学中的矩阵解法,对数学的发展有重大作用.《九章算术》的"方程"章中共计 18 道题目,其中关于二元一次方程组的有 8 道题.

案例 6 今有上禾七秉,损实一斗,益之下禾二秉,而实一十斗;下禾八秉,益实一斗与上禾二秉,而实一十斗.问上、下禾实一秉各几何?

这是《九章算术》中经典的"二禾问题".用通用的方法去解决,可设上禾每捆打谷 x 斗,下禾每捆打谷 y 斗,得方程组

$$\begin{cases} (7x-1)+2y=10 \\ 2x+(8y+1)=10 \end{cases}$$

案例 7 《九章算术》中的又一道名题:

今有善行者行一百步,不善行者行六十步,今不善行者先行一百步,善行者追之,问几何步及之?

意思是:走路快的人走 100 步时,走路慢的人只走 60 步.走路慢的人先走 100 步,走路快的人要走多少步才能追上? 这是关于二元一次方程组的问题,先设走路快的人走 x 步才能追上走路慢的人,此时走路慢的人走了 y 步,则可以列出两个方程组成一个方程组,有

$$\begin{cases} x:y=100:60 \\ x=y+100 \end{cases}$$

案例 8 今有善田一亩,价三百;恶田七亩,价五百,今并买一顷,价钱一万,问善、恶田各几何?

意思是,今有良田 1 亩,价值 300 钱;次田 7 亩,价值 500 钱.现共买 1 顷良、次田,用去 10 000 钱.问良、次田各是多少?

用现在方法去解决,可设善田 x 亩,次田 x 亩,于是有

$$\begin{cases} x+y=100 \\ 300x+\dfrac{500y}{7}=10\ 000 \end{cases}$$

案例 9 《九章算术》中的盈不足问题:

若干人共同出钱购物,若每人出 8 元,则多了 3 元;若每人出 7 元,则又少了 4 元,问共有几个人? 总价是多少?

用方程组处理,设共有 x 人,总价是 y 元,则得到方程组

$$\begin{cases} 8x=y+3 \\ 7x=y-4 \end{cases}$$

案例 10 5 头牛、2 只羊共值 10 两,2 头牛、5 只羊共值 8 两,问牛和羊的单价各为多少?

这也是《九章算术》常见的问题,用方程组去解决,则先设牛单价为 x 两,羊的单价为 y 两,依题有

$$\begin{cases} 5x + 2y = 10 \\ 2x + 5y = 8 \end{cases}$$

《九章算术》中处理的都是实现问题,要么生产问题,要么生活问题,要么交易问题,相当实用. 由此可见,当时中国古代生产水平、生活水平还不低,生产的产品有谷子,交易的对象有牛、羊、猪等.

2.3 古希腊与方程组

古希腊时期有不少学者和数学家在代数方面有卓越的成就. 希腊学者米特洛多鲁斯(5世纪)所编的《希腊选集》的算术问题,它记录了二元一次方程组的问题:

案例 11 甲对乙说:"如果你给我 10 迈纳(古希腊货币单位),那么我的钱将是你的 3 倍." 乙对甲说:"如果我从你那儿拿同样多的钱,那么我的钱将是你的 5 倍." 问甲、乙各有多少钱?

设甲有 x 迈纳,乙有 y 迈纳,依题有

$$\begin{cases} x + 10 = 3(y - 10) \\ 5(x - 10) = y + 10 \end{cases}$$

2.4 古印度与方程组

古代印度对数学领域研究上有杰出的成就,其中从公元七世纪起印度的代数有了很大的发展,除了一次方程、二次方程外,还研究了二元一次方程组.9世纪,印度数学家摩诃毗罗在《文集》中研究过方程组问题,如:

案例 12 9 个李子、7 个苹果共值 107,7 个李子,9 个苹果共值 110,问一个李子和一个苹果各值多少?

设 1 个李子值 x,1 个苹果值 y,它们满足二元一次方程组,得

$$\begin{cases} 9x + 7y = 107 \\ 7x + 9y = 110 \end{cases}$$

案例 13 有大小两种盛米的桶,已经知道 5 个大桶加上 1 个小桶可以盛 3 斛米,1 个大桶加上 5 个小桶可以盛 2 斛米,那么 1 个大桶、1 个小桶分别可以盛多少斛米?

设 1 个大桶盛 x 斛米,1 个小桶盛 y 斛米,则有

$$\begin{cases} 5x + y = 3 \\ x + 5y = 2 \end{cases}$$

2.5 用方程组解皇帝遇到的数学题

民间有这么一个传说:清朝康熙皇帝微服南巡,遇到两个公差和几个卖牛、马的伙计在争吵. 原来公差买牛、马,按讲好的价钱,买四匹马,六头牛,共四十

八两银子；买三匹马，五头牛，共三十八两银子，总共是八十六两银子，可是公差他们只给了八十两银子.康熙皇帝走上前主持公道，并且算出马每匹多少两，牛每头多少两.公差得知皇帝身份，跪地求饶.

康熙皇帝当时是用算法的方法算出来，用列方程的方法求出牛、马的价格的方法比较快，设每匹马的价钱为 x 两银子，每头牛的价钱为 y 两银子，则有

$$\begin{cases} 4x + 6y = 48 \\ 3x + 5y = 38 \end{cases}$$

解方程组即得牛、马的价格.

3.中国经典名著中的方程组

除了巨著《九章算术》，我国还有许多名著，如《孙子算经》《四元玉鉴》《直指算法统宗》等，都有非常有意思的历史名题，如"鸡兔同笼""贼人盗绢""僧分馒头""鱼肉价钱""二果问价"问题.方程组表现出来的形式多种多样，不仅仅是在数学领域上有重要作用，它还可以出现在古诗中，可以出现在精妙的诗歌中，乃至现代著作，灵活生动，无不体现出二元一次方程组的魅力所在.其中，诗歌中的二元一次方程组，语言通俗易懂、雅俗共赏，一扫纯数学的枯燥乏味，令人耳目一新.

3.1 经典名题

公元 4 世纪的《孙子算经》中家喻户晓，贼人盗绢、多人共车等名题引人注目，有故事、有情节、有挑战.

贼人盗绢：有贼盗丝绢，不知损失多少.只是听说，这些贼每人分 6 匹绢，则剩 6 匹绢，若贼每人分 7 匹绢，则剩下 7 匹.问多少贼人？多少绢匹？

多人共车：若 3 人一辆，则剩 2 辆；若 2 人一辆车，则剩 9 人因无车只能步行.问多少人？多少辆车？

特别是在《孙子算经》中还有道名题：

今有木，不知长短.引绳度之，余绳四尺五寸，屈绳量之，不足一尺，木长几何？

它的意思是：用绳子去量一根长木，绳子还剩余 4.5 尺，将绳子对折再量一根长木，长木还剩余 1 尺，问木长多少尺？可以设木长 x 尺，绳长 y 尺，得到一个二元一次方程组

$$\begin{cases} y - x = 4.5 \\ x - \dfrac{1}{2}y = 1 \end{cases}$$

3.2 诗歌与方程组

明代数学家程大位的《直指算法统宗》极为经典,书中的数学问题以诗歌的形式表述,押韵简捷,朗朗上口. 其中与二元一次方程组相关的经典名题有"寺内僧人""鱼肉价钱""武大郎卖饼"等,它用诗歌呈现出来,引人入胜.

寺内僧人:巍巍古寺在山林,不知寺内几多僧. 三百六十四只碗,看看用尽不差争. 三人共食一碗饭,四人共吃一碗羹. 请问先生明算者,算来寺内几多僧?

设有 x 只饭碗,y 只羹碗,可得二元一次方程组

$$\begin{cases} x + y = 364 \\ 3x = 4y \end{cases}$$

鱼肉价钱:老头提篮去赶集,一共花去七十七;满满装了一菜篮,十斤大肉三斤鱼;买好未曾问单价,只因回家心发急;道旁行人告诉他,九斤肉钱5斤鱼;有劳各位高材生,帮帮算算此难题.

设每斤肉 x 元,每斤鱼 y 元,可得二元一次方程组

$$\begin{cases} 10x + 3y = 77 \\ 9x = 5y \end{cases}$$

武大郎卖饼:武大郎卖饼串满街,甜咸炊饼销得快;甜三咸二两厘一,咸四甜二两厘二;各买一张甜咸饼,武大郎饼价该怎卖?

武大郎卖饼故事家喻户晓,诗歌表达朗朗上口. 设每张甜饼 x 厘,每张咸饼 y 厘,得

$$\begin{cases} 3x + 2y = 2.1 \\ 4y + 2x = 2.2 \end{cases}$$

从这些诗歌中,可以感受到数学文化的多样性,发现生活中处处都存在着数学. 从生活实际出发,细细品味蕴含在这些优美的诗歌中的方程思想,感受来自诗歌的数学美,方程的妙趣横生,它们都是用来欣赏、品味、领略的文化资源.

4. 解法巧妙

解二元一次方程组有多种方法,如代入消元法和加减消元法,其中中国古代的解法也是美妙绝伦.《九章算术》二禾问题:"今有上禾七秉,损实一斗,益之下禾二秉,而实一十斗;下禾八秉,益实一斗与上禾二秉,而实一十斗. 问上、下禾实一秉各几何?"

解法是设元,联立方程组,消元,化解. 设上禾每捆打谷 x 斗,下禾每捆打谷 y 斗,得方程组

$$\begin{cases} (7x-1)+2y=10 \\ 2x+(8y+1)=10 \end{cases} \quad \text{或移项} \quad \begin{cases} 7x+2y=10+1(\text{移损得益}) \\ 2x+8y=10-1(\text{移益得损}) \end{cases}$$

然后,采用遍乘直除算法,即增广矩阵化为对角矩阵的方式,得到方程组的解. 其实,这种方法是加减消元法的简化形式,只考虑系数、常数加减.

数学是历史发展的文化,其中蕴含了数学的曼妙高深,无数数学家们对数学执着追求的精神. 通过对二元一次方程组的历史文化研究,感知数学美妙的发展,而不仅仅是一个方程组的问题,更要深深体会其中的文化. 二元一次方程组的历史悠久,在很多国家都可以看到它的文献,凝聚了历史上的无数学者和数学家们的血汗和智慧. 从历史的角度看二元一次方程组,得到的不仅仅是二元一次方程组的发展史,还有更多无形的东西. 还要体会蕴含在趣味的诗词里的二元一次方程组,古今的二元一次方程组的经典名题等,通过历史文化的融入,不仅会理解数学历史,还了解到二元一次方程组在日常生活中的应用,让数学回归生活,运用二元一次方程组模型,不仅仅只是它的方程形式,还有更多的历史文化韵味在其中.

几何与推理：文化的魅力

第三章

　　几何中角、三角形、矩形、圆、圆的正多边形、立体图形都具有悠久的历史，丰富的文化内涵. 三角形全等、三角形相似中能悟到数学家的智慧，体验三角形的精彩，欣赏矩形的美，感受到圆的内接、外切正多边形的神秘感，从中领悟几何学家的睿智；这些都是两千年前古希腊几何进行逻辑推理的工具、依据，对几何命题进行演绎证明，得到完全可靠的几何知识. 难怪法国数学家达朗贝尔说，几何学是逻辑的实践基地，也不难理解帕斯卡、波尔察诺、罗素等大名鼎鼎数学家对几何学赞不绝口，乐此不疲.

第一节　角的重新认识

　　角的历史极其悠久. 数学文化是历史的沉淀，角所蕴含的文化是数学历史沉淀. 角折射人们对自然的数学认识，是数学发展的见证. 在历史的长河中，角作为基本的数学语言，是认识自然规律的模型，也是促进人类数学思考的工具. 它也被人类赋予极其丰富的文化内涵，以及发现非常实用的价值. 角从天体测量到时间、空间的划分，从角度制到弧度制，从无到有，人类发展的足迹始终伴随着角的发展历程. 探究角的历史，理解角的概念，欣赏角的经典名题，定能感受角所浸润的文化内涵，领略角所蕴含的人文精神.

91

1.角概念内涵的形成

角在数学中极其平常,却非常重要.上古时代,人们兴修水利,测量土地,修建房屋,都会面对各种几何图形,角的形状因此出现了.数学史上,角有多种属性,如角的形状特征、角的大小以及角的关系属性,由于较难阐述清楚角的本质属性,所以角的争议较多.因而,角的内涵成为人类每个发展时期思考的对象.

1.1 角的形状特征

角的质,即形状成为表述角的重要特征,也是人们对角的直观认识.亚里士多德认为弯曲的线构成角的形状,他的门生欧德姆斯指出,角源于线的折断、偏斜.若折的线形成"尖尖的、锋利的",则角被徐光启等译为锐角,若折的线形成的角几乎是平的,无刃、无尖,则是钝角,直角又称正角,这源于角正直的形态.相似的角、相等的角成为泰勒斯、亚里士多德对角的形态的进一步认识.欧几里得几何学中的平角、平面角、二面角等的形成也恰恰源于对角的形状的认识.

1.2 量即有大有小的角

欧几里得著有的《几何原本》又是通过大小关系去定义直角、钝角、锐角.当二直线相交得到的邻角彼此相等,这些角每一个被叫作直角.钝角是大于直角的角,锐角是小于直角的角.角的度量有大小比较,正好是角的量的关系的反映.

1.3 从关系上理解角

关系即两线间的关系.从构成角的线去认识角,由一射线绕着端点旋转而成的图形定义角,就是用线的关系去形成角的定义.欧几里得就是用两直线去定义角.还有平面上相遇,且不在同一直线上的两条线彼此之间的倾斜度,是通过关系定义的角,数学家认为相遇的两线可以是直线或曲线.《几何原本》对圆周角、圆心角、弦切角、对顶角、对角等都是由位置关系去定义角,还有一直线与两直线相交,形成同位角、内错角、同旁内角,从位置还定义外角、内角、周角、立体角、多面角.应当从角的大小(量)、形状和特征(质),以及关系(两线之间的关系)三个方面来定义角,达到完整地认识角.

2.普通的角,常规的工具

角极其普通,却是最基本的语言工具,也是最重要的概念.许多几何对象的认识,很多几何属性的表述离不开角的使用,利用角的关系去阐述几何命题.泰勒斯最早得到的五个定理中有四个与角相关,其中四个基本定理是:

对顶角相等;

92

半圆的圆周角是直角;

等腰三角形两底角相等;

若两三角形两角和一边对应相等则两三角形全等.

泰勒斯针对两相交直线形成的一对对顶角 $\angle 1$,$\angle 2$,如图1,它们都有同一个邻补角 $\angle 3$,即 $\angle 1 = 180° - \angle 3$,$\angle 2 = 180° - \angle 3$,因为与等量相等的两个量相等(公理),则 $\angle 1 = \angle 2$.这是历史上最早的证明,也是与角相关的最早的证明.

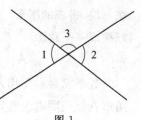

图 1

有关的角的特性还体现在各种几何图形的内角和、外角和中.泰勒斯发现并证明了三角形内角和定理,后来又有好多数学家提出许多精彩的内角和定理证明.

2.1 追忆泰勒斯,了解定理起源

泰勒斯采用的最基本方法拼图,了解发现三角形内角和定理的渊源.六个全等的三角形,利用它们动手拼图,讨论交流,可能得到的拼图结果,如图2.三角形的内角的顶点重合,并且顶角不重叠地拼在一块,拼成一周角 $360°$,三角形的每个顶角各出现两次,可能出现的结果,则

$$2\angle A + 2\angle B + 2\angle C = 360°$$

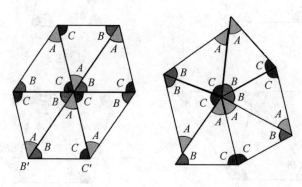

图 2

即

$$\angle A + \angle B + \angle C = 180°$$

于是,有了三角形内角和定理.

2.2 挑战泰勒斯,掌握内角和定理

泰勒斯(图3)用六个全等的三角形拼图发现内角和定理,实在是太多了,解释三角形内角和为 $180°$,泰勒斯用三个同样的三角形拼图,照样完成任务.原来,图2左侧图去掉上面一半,剩下部分表明,三块同样的三角形照样拼得三个

内角的和为 $180°$. 一语惊醒梦中人，幡然醒悟，用三个全等三角形拼图，拼成的图无外乎就是这四种情形，如图 $4,5,6,7$，三角形的内角顶点重合，并且顶角不重叠地拼在一块，拼成的图形. 三角形的每个项角各出现一次，刚好摆成一平角 $180°$，所以

图 3

$$\angle A + \angle B + \angle C = 180°$$

数学家泰勒斯用六个全等的三角形去拼图说明，发现只要用三个全等的三角形就能说明内角和定理！

观察图 $4,5,6,7$，尤其是拼出的图 $5,6,7$，图形中有角相等，并且还是内错角，由此得到平行线. 图 $5,6,7$ 提示，过点 A 作辅助线 DE 平行 BC，利用内错角相等，从而把角 B,C 移到上面而构成一个平角，不难得到三角形的内角和定理.

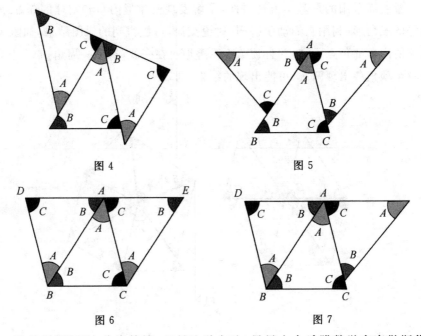

图 4

图 5

图 6

图 7

这种拼图证法，非常简捷，只是这种方法，最早由古希腊数学家泰勒斯作辅助线得到的方法. 由三个全等的三角形去拼图进行数学创新，且进一步发现证明三角形内角和定理的辅助线，开阔眼界，丰富三角形内角和的内涵.

2.3 提高难度，继续挑战

泰勒斯用三块全等三角形去解读三角形内角和定理，其实，少年时代数学家帕斯卡用一块三角形也能解读内角和定理，想法新颖，激发思考，培养数学思

维,达到对内角和定理的深刻理解、掌握. 拼图是没办法的,但帕斯卡通过折一折三角形纸片,有了定理的创新证明:

方法 1:三角形,把上面的角沿虚线横折,使它的点落到底边上,再将剩下的两个角横折过来,使三个角正好拼在一起,这三个角组成了一个平角,所以得出结论:三角形的内角和是 180°,如图 8.

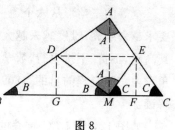

图 8

方法 2:作三角形三个内角的角平分线,交于一点 O;将三角形三个顶点对准交点 O 折叠,如图 9;折叠来得到三个角分别是 $\angle A,\angle B,\angle C$,还有三个空白部分,正是三个角 $\angle A,\angle B,\angle C$ 的对顶角,大小正等于 $\angle A,\angle B,\angle C$. 则有 $2\angle A,2\angle B,2\angle C$ 刚好围成一个周角,即 $2\angle A+2\angle B+2\angle C=360°$,于是

$$\angle A+\angle B+\angle C=180°$$

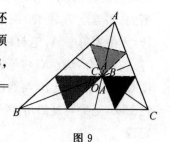

图 9

帕斯卡(1623—1662),如图 10,点子相当多. 在 12 岁时,找到这些奇妙的方法非常令人吃惊. 他独自巧妙拼图获得内角和定理时,父亲得知后大吃一惊,不能毁弃一个天才,当即解除不让读《几何原本》等任何数学书籍的禁令,也不顾因阅读数学会让帕斯卡变得更赢弱的禁忌. 这样,有了后来法国大名鼎鼎的数学家、物理学家帕斯卡.

图 10

在古希腊时期,也得到如下巧妙的做法:取 $\triangle ABC$ 两边 AB,AC 中点 D,E,如图 11,过中点 D,E 作第三边垂线,并沿垂线剪下,得两个三角形,把这两个三角形依图形补上,得一正方形. 三角形的三个内角刚好拼成一平角. 于是

$$\angle A+\angle B+\angle C=180°$$

说明,三角形的内角和等于 180°.

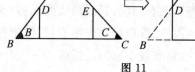

图 11

剪三角形将三个内角拼成一平角,方法仍然巧妙,开阔视野,能增强联想、

直观想象,培养创新思维.

2.4 提波特挑战帕斯卡

全等的三角形从六个、三个、一个,均可在拼、折中解读三角形内角和定理,要求越来越高,难度越来越大,可解决问题的方案越发精彩.人类的数学思维极其高超,不折、不拼也行,数学家提波特做到了,旋转一支笔,从容地达到解读三角形内角和定理的目的.1809 年,德国数学家提波特(1775—1832)给出精彩的解读:

如图 12,将与 *BC* 重叠的笔尖指向点 *C*,绕点 *B* 逆时针旋转,大小为角 *B*,笔与线段 *BA* 重合,再平移笔尖,到与点 *A* 重合,绕笔尖点 *A* 将笔依逆时针旋转,大小为角度 *A*,笔与线段 *AC* 重合,再平移,笔尖与点 *C* 重合,绕点 *C* 将笔逆时针方向旋转,大小为角度 *C*,笔尖指向点 *B*,与线段 *CB* 重叠,此时,笔尖已转

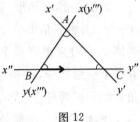

图 12

过 180°,笔尖转过的角度恰好是三角形三个内角的和.这样,说明三角形内角和定理.

这是利用旋转的方法证明了三角形内角和定理.

三角形内角和定理的发现、解释,方法巧妙,精彩纷呈.回忆数学家精彩的发现、巧妙的思想、经典的定理,体验数学的巧妙,感受文化的魅力,恐怕一辈子难以忘怀,一定会留下许多美好的回忆,同时也深刻地理解知识.同时在探究过程中体验发现的乐趣,提升推理能力,增强学好数学的信心.学习采用探究方式,经历观察、猜想、实验、反思等数学活动,体验三角形内角和定理知识的形成过程,探索与发现,多角度和多样化地解决内角和的问题,从而实现知识的自我建构,掌握科学研究的方法,形成追求真相的探索精神.

3.历史悠久的三等分角

尺规作图起源于公元前六世纪至公元前四世纪,指的是只使用圆规和直尺来作图,而直尺没有刻度,只能画线段,圆规只能画圆弧(弧).尺规作图条件简单,但极具挑战性.虽说尺规作图不易,但千百年来依旧吸引无数人为其痴迷沉醉.古今中外,众多数学家为之折腰的三大几何尺规作图问题之一:三等分任意角,至今是当今尺规作图者的爱好.

"三等分角"的问题是历史上古希腊三大几何尺规作图难题之一:在平面上任给一个 $\angle BAC$,如图 13,要求只准用直尺和圆规把 $\angle BAC$ 三等分,使得 $\angle BAD = \angle DAE = \angle EAC$.

历经两千多年,"三等分角"尺规作图问题最终被证明是不可能完成任务.1830年,十九岁的法国数学家伽罗华已证明:仅用无刻度的直尺和圆规这两个工具来三等分一个任意角是不可能的,这个结论是非常肯定的.伽罗华的工作标志着这个古老的难题、两千年的困惑、两千年的奋斗,终于降下了最后的帷幕!

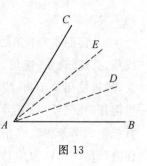

图 13

在探讨"三等分角"尺规作图问题历史过程中,在不少人徒劳"探索"中提供放宽条件下三等分任意角的精彩方案.

如将无刻度的直尺改为带有长度刻度的尺子,著名数学家阿基米德曾使用有标识长度刻度的直尺、圆规将任意角三等分:

如图 14,设所要三等分的角是$\angle MCN$,直尺的尺端为O,再找一点P;以C为圆心,OP为半径作半圆交给定角的两边CM,CN于A,B两点,移动直尺,使直尺上的点O在AC的延长线上移动,点P在圆周上移动.当直尺正好通过点B时,连OPB,由$OP = PC =$

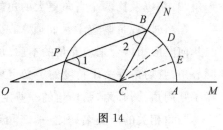

图 14

CB,可得$\angle AOB = \dfrac{1}{2}\angle 1 = \dfrac{1}{2}\angle 2$,过点$C$作$OB$的平行线$CE$,再作$\angle BCE$的平分线,则有$\angle AOB = \dfrac{1}{3}\angle MCN$,即$CE$,$CD$为$\angle MCN$的三等分线.

在上图中,CE这条线是存在的,但是只准用无刻度的尺规作图时,CE是找不到的,这就是尺规作图的特色之处.允许使用有刻度的直尺时,三等分任意角的尺规作图是多么简单,规定使用无刻度的直尺,尺规作图变得如此之难.有无刻度之差,有天壤之别.看似荒谬,实则合情合理,让人情不自禁为之着迷,为之赞叹.于是,有人利用阿基米德这一原理,制作三分角器和复合圆规,为了纪念阿基米德,就称为阿基米德三分角器和复合圆规.

4.《几何原本》中角的"特殊地位"

希腊的民主城邦制度为学术研究提供了自由的环境,在那里古希腊人创立思辨哲学,发展和积累了丰富的自然科学和数学知识.因而几何学在古希腊获得巨大发展,甚至,柏拉图学园门口写着:"不懂几何学者不得入内".最突出的成果是,公元前300年左右,欧几里得撰写的名著《几何原本》,它标志古希腊几何学发展的水平.

《几何原本》中角的地位除了点、线外应当是角,欧几里得定义平面角、直线角、直角、锐角、钝角,提出"凡直角都相等""平行公设"后,借助于公理和定义,通过使用关于角、线等的五个公设及五条定理,推导了大量数学定理.欧几里得在《几何原本》第 1 章中对角的定义是:"平面角是在一平面内但不在一条直线上的两条相交线相互的倾斜度,当包含角的两条线都是直线时,这个角叫作直线角".他认为角是"在可直可曲的两条线间的部分",而且在《几何原本》第 1 章中的命题(第 9,23,42,44,45)中,他还特意指明命题中的角是直线角.欧几里得定义角时,隐含了两个似乎相互矛盾的存在.其一,他认为角是由具有特殊性质的两条线构成的;其二,他认为角是两线间的一个区域.这引发了人们对平角,0°角以及比两个直角更大的角的研究与争论.

在当时,古希腊数学家们通常在几何中对角的本质进行研究,也就是将角与几何图形相结合来研究角的本质.例如:当角与圆相结合,就产生了圆周角、圆心角、弦切角等关于角度的定义定理.欧几里得在《几何原本》的第 3 章就阐述了圆周角、圆心角、弦切角的一些定理.

与角相关的历史名题之一,三角形内角和定理.它由古希腊七贤之一的泰勒斯通过拼图而被发现.毕达哥拉斯学派在此基础上发现了许多几何定理,如"两直线平行,内错角相等"及其逆定理.反过来,为毕达哥拉斯学派证明三角形内角和定理提供证明的思路.毕达哥拉斯利用平行线性质,用以下方法证明三角形内角和定理.

如图 15,过三角形 △ABC 的顶点 A 作 BC 的平行线,利用两对内错角相等,得

$$\angle BAC + \angle B + \angle C = \angle BAC + \angle 1 + \angle 2 = 180°$$

公元前 3 世纪,欧几里得也证明了内角和定理,收录在《几何原本》中:如图 16,过点 B 作 AE 的平行线 BD,则 $\angle EBD = \angle E$,$\angle CBD = \angle A$.故得 $\angle A + \angle E + \angle ABE$ 是一个平角.

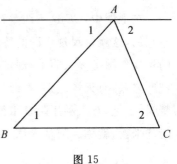

图 15

《几何原本》中全等三角形的性质定理、判定定理,以及三角形相似的性质定理、判定定理,好多都与角相关.如,全等三角形的对应角相等,相似三角形的对应角相等,判定三角形全等,相似等,很多定理的证明离不开对应角,如泰勒斯提出的"两角及其夹边对应相等的两个三角形全等",即通常所说的"角边角"(ASA)定理.尽管不知道泰勒斯如何证明三角形全等的角边角定理.欧几里得用"反证法"对"等角夹边"和"等角对边"两

种情况证明，但过程烦琐. 又如《几何原本》三
角形全等的"边角边"(SAS) 定理：有两条边及
夹角相等的两个三角形全等.

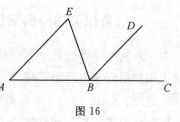

图 16

三角形中等边对等角，反过来亦然，三角形
中等角对等边. 还有，《几何原本》中对于三角
形的一个外角与内角关系：三角形的外角等于
与它不相邻的两内角之和. 所以，角在三角形等几何图形中通过各种关系体现
出的重要作用及其丰富的内涵.

"任何三角形皆为等腰三角形"是源于《数学游戏与欣赏》一书中提出的悖
论. 角平分线成为证明的一个重要因素. 命题肯定是
错误的，但给出的证明似乎"无懈可击"：

设 $\triangle ABC$ 是任一个三角形，作 BC 的中垂线 DO
与 $\angle BAC$ 的角平分线 AO 相交于点 O，从点 O 分别作
AB,AC 垂线，垂足为 E,F，连 OB,OC，若 OD 与 OA
相交于三角形内，如图 17，则有

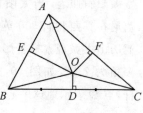

图 17

$$\triangle AOE \cong \triangle AOF, \triangle ODB \cong \triangle ODC$$
$$\triangle OBE \cong \triangle OCF$$

所以

$$AE = AF, BE = CF$$
$$AB = AE + BE = AF + CF = AC$$

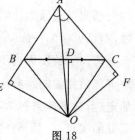

若 OD 与 OA 相交于三角形外，如图 18，同理，也
有 $AE = AF, BE = CF$，于是 $AB = AC$.

无论哪种情况，都可以证明任意三角形都是等
腰三角形.

图 18

初看两个图形，还真看不出有什么错误，也找不
出错误产生的原因. 但利用尺规作图，得图 19，立即可
以发现其中的错误，$\angle A$ 的角平分线与 BC 边上的中
垂线相交于外面，并且 AB,AC 中长的截一线段，短的
补一线段. 所以，尺规作图非常重要，只有作图标准，
符合规定，通过逻辑演绎证明才能得到正确可靠的数
学定理. 这一悖论给几何研究学习开了个玩笑，提了
个醒.

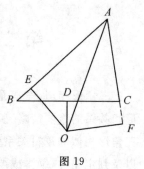

图 19

5. 与角相关的经典案例

测量地球周长是个古老难题,几何学家埃拉托塞尼创造性运用了角的内涵,解决了这一难题.公元前 240 年,古希腊数学家埃拉托塞尼就利用了弧长与圆心角的关系,巧妙地计算出了地球的周长.埃拉托塞尼观察到,每年夏至日正午 12 点,阳光直射塞尼城一口枯井的底部,与此同时,处在同一子午线的亚历山大城太阳斜照着.当太阳直射塞尼城时,埃拉托塞尼在其西北面 500 英里(约804.65 千米)处亚历山大城观察标杆影子,测到光线与标杆的夹角为 7.2°,如图 20,A 表示井底,B 表示旗

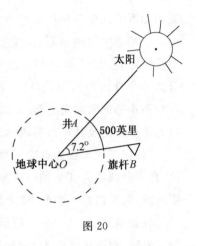

图 20

杆,点 O 表示地球中心,则 $\overset{\frown}{AB} = 500$ 英里,$\angle AOB = 7.2°$. 设地球周长为 C,则 $\dfrac{C}{500} = \dfrac{360}{7.2}$,$C = 25\,000$ 英里,即地球的周长为 40 232.5 千米.这与后来精确测得地球平均周长 40 030.3 千米,误差极低.埃拉托塞尼巧妙地使用角与圆心角间的关系测量地球周长的方法,妙不可言,令人佩服.角在几何的探索中展现其巧妙,不可思议的一面.

几何学的发展离不开角.在漫长的发展演变路上,数学家们发现与验证了许多与角相关的经典定理,如正弦定理、余弦定理等等.这些在初等几何中常见的定理,却不像当初学习的那样来得如此简单.它们是无数的数学家呕心沥血研究的成果,也是经过时间锤炼后的宝贵财富,这些定理定义传承着丰富的数学文化,而不是简单的几何知识.

第二节　全等、相似里的智慧

三角形相似、全等是平面几何中两个重要的思想方法,也是研究两个三角形间关系的重要策略.所以《几何原本》中,欧几里得尽其所能,把三角形全等、三角形相似的逻辑关系整理得条理分明,思维缜密,把三角形全等、相似的属性以及判定条件,编排成严密的逻辑体系.所以,达朗贝尔说,几何是逻辑的实践基地.当然,从熟悉的几何中可以体验到数学的真理,欣赏到思维的严谨,感受

到语言的简捷.与之相关的各种实际问题的处理,三角形全等、相似又提供强大工具,以及行之有效的策略,这些又为后人提供经典案例.

1.历史悠久的三角形全等、相似

三角形全等、相似是初等几何中的重要内容,也是处理许多问题的重要工具.全等、相似三角形最早可以追溯到古埃及和古巴比伦文明.两千多年来,无论是理论还是实践方面,全等、相似三角形都发挥着其重大作用.理论上,全等、相似三角形是平面几何的基础,它是数学家证明平面几何定理的有力工具.在经典的欧几里得《几何原本》的第1卷就有了三角形全等、相似的判定定理,可见三角形全等、相似对于几何公理体系的重要.

在欧几里得之前,几何学中的知识多是零碎的、片断性的,公理与公理间、证明与证明间并没有较强的联系.欧几里得着手对当时的几何知识作了系统总结,著作了《几何原本》,使几何学第一次实现了公理化和系统化.两千余年来,所有初等几何教科书以及一切有关初等的论著,都以《几何原本》作为依据.在此书里,欧几里得建立了人类历史上第一座宏伟的演绎推理大厦,利用很少的自明公理、定义,推演出四百余个命题,将人类的理性之美展现到了极致.

《几何原本》分为13卷,包括5条公理、5条公设、119个定义和465个命题,而关于全等三角形的三个判定定理则分别在第一卷的命题Ⅰ.4(边角边相等)、命题Ⅰ.8(边边边相等)和命题Ⅰ.26(角边角相等).另外,命题Ⅰ.4的全等定理高频率地应用在从卷1开始的各卷中;命题Ⅰ.8被利用在本卷从下一命题开始的几个命题中,在卷3,4,11,13中也多次被利用;而命题Ⅰ.26则应用在命题Ⅰ.34和卷3,4,11,12,13的部分命题中.《几何原本》是从少量"自明的"定义、公理出发,利用逻辑推理的方法,推演出整个几何体系.全等三角形是平面几何的基础,它穿插于整个几何体系当中,覆盖面大,连贯性强而广泛.欧几里得在《几何原本》的第1卷命题4就开始了全等三角形的判定定理,可见该知识对于几何体系的重要性.另外,全等三角形判定定理的多次应用恰恰也表明了全等三角形在几何研究中的举足轻重、不可替代的地位.

如"边边边"定理:三边对应相等的两个三角形全等,简称"边边边"或"SSS".该定理与其余的四条不同,它并未涉及角的关系.同时,这条定理也说明了三角形具有稳定性的原因.古希腊哲学家斐罗(公元前20年—公元40年)证明的思路:

移动$\triangle A'B'C'$,使$B'C'$与对应边BC重合,且使顶点A和A'分别位于重合边的两侧,联结AA',则得到$\triangle AA'B$和$\triangle AA'C$这两个等腰三角形,如图1,再利用"边角边"定理,即可得证.斐罗是用了拼合法和等腰三角形的性质去证明,还应用了命题 I.4,与欧几里得的方法相比,斐罗的方法更加简单明了,更让人容易理解.

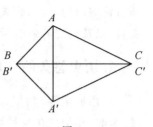

图 1

《几何原本》有一个定理:等腰三角形两底角相等.这一性质就是《几何原本》中的命题 I.5,这一命题被称为"庞斯命题".

中世纪的大学生采用《几何原本》作为课本.由于几何水平较低,绝大多数学生总是会卡在第1卷第5个命题 I.5,觉得这道证明题很难理解,久攻不下.所以,师生们把这道命题称为"驴桥定理"."驴桥"是直译,最早源自欧洲中世纪,翻译过来即是"Bridge of Asses",意指"笨蛋的难关",同时,它的另一层含义是指该图的下半部分很像一座简单的桥.

命题 I.5 等腰三角形的两底角相等,将腰延长,与底边形成的两个补角亦相等.

已知:如图2,△ABC 中,AB=AC,作 AB 的延长线 BD,AC 的延长线 CE(公设 I.2).

求证:∠ABC=∠ACB,∠CBD=∠BCE.

证明:因为

$$AB=AC,\angle BAC=\angle CAB,BC=CB$$

所以

$$\triangle ABC\cong\triangle ACB$$

所以

$$\angle ABC=\angle ACB$$

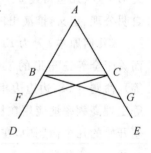

图 2

BD 上任取点 F,AE 上截取线段 AG,使 AG=AF,联结 FC,GB.

因为

$$AF=AG,AB=AC,\angle CAF=\angle BAG$$

所以

$$\triangle CAF\cong\triangle BAG,CF=BG,\angle AFC=\angle AGB$$

又因为

$$AB=AC,AF=AG$$

所以

$$BF=CG$$

所以 △BFC≌△CGB,所以 ∠FBC=∠GCB.

两次证明三角形全等,就当时来说,这的确不容易.

2.全等、相似的经典应用

整个几何学的发展最初是建立在古人的生产生活当中,由于丈量土地或者是其他一些需要,慢慢发现了一些几何学的规律和定律,最后在漫长的历史发展过程中形成学科.古人对全等三角形的认识来源于测量,最早可以追溯到古埃及和古巴比伦文明.对"全等三角形"相关历史的考察,发现很多较远距离、较大长度的实际测量问题与三角形全等的判定密切相关.例如,史上著名的泰勒斯测量轮船到海岸的距离,八路军炸毁碉堡等案例,都是三角形全等的经典运用.从古至今,建房、架桥、航行、军事等领域都少不了全等三角形的帮忙.数学文化博大精深,历史源远流长,了解全等三角形的历史文化内涵,感受其历史文化价值,有助于对三角形全等这奇妙的图形的理解,同时也体会到数学的神奇.

2.1 三角形全等的经典应用

泰勒斯(公元前625年—公元前547年),古希腊时期思想家、科学家、哲学家,出生于爱奥尼亚的米利都城,创建了古希腊最早的哲学学派,也称为米利都学派,即爱奥尼亚学派.他游历埃及,跟当地祭师学习,利用日影来测量金字塔的高度,准确地预测了一次日食.由史料的记载,泰勒斯用全等三角形的判定定理"ASA"测量船与海岸间的距离,应用三角形全等去求距离还是第一人.

公元前6世纪,泰勒斯这样测轮船到海岸的距离:如图3,在海边灯塔或高丘上进行测量,直立一根可以原地转动的竖竿EF(垂直于地面),在其上一点A处连接一个可以绕A转动并固定在任意位置上的横杆.先转动横杆,使其指向船的位置B,再转动竖竿EF,使横杆对准岸上的某一点C,然后测量D,C的距离,即得D,B的距离[①].

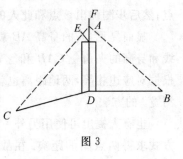

图 3

然而,法国数学史家坦纳里却认为泰勒斯应该是用这样的方法来测量轮船到海岸的距离:如图4,E为轮船所在的位置,在岸上找一点A,作线段AC垂直于AB,取AC的中点D,过C作AC的垂线CE,并使B,D,E三点共线.根据"角边角"定理,可以求出CE,即为所求距离.

---

① 王进敬,汪晓勤.运用数学史的"全等三角形应用"教学[J].中学教研(数学),2012(11):46-49.

虽然后来的罗马土地丈量员普遍采用此方法来测量土地,但是,这种方法仍存在着不足之处:当船离海岸很远的时候,岸边可能没有足够的地方来供我们测量.

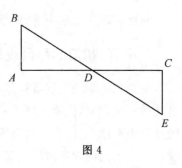

图 4

另外,历史上有这样一个故事:拿破仑军队在行军途中被一条湍急的河流所阻,这就需要架桥,架桥就要知道河的宽度.一名随军工程师用上述泰勒斯方法迅速测得河宽,因而受到拿破仑的嘉奖和重视①.

测量河宽、池塘两点间的距离,旗杆的高度,两建筑物间的距离等都可使用三角形全等的方式,间接测得.历史上,也有经典的"碉堡距离"问题,它巧妙地运用了三角形全等的判定定理.

一位经历过抗日战争的老人回忆了一个发生在抗日战争期间的故事:为了炸毁与我军阵地隔河相望的敌人碉堡,需要测量我军阵地与敌人碉堡之间的距离,当大家为没有测量工具而苦恼时,一位聪明的战士想出了一个巧妙的办法:八路军战士在我军阵地,先利用军帽使自己的视线正好落在敌人的碉堡的位置上,如图5,保持身体姿势不动,转过身来,同样顺着帽檐看到我方岸上的一

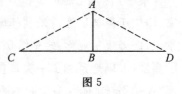

图 5

点;然后步测测出该点和此人的距离,就是我军阵地与敌人碉堡的距离.

显而易见,人的身高 AB 就是一条公共边,由于帽子的形态没有改变,则视线和身高的夹角 $\angle CAB$ 和 $\angle DAB$ 相等,所以这两个直角三角形全等(ASA).根据对应边相等,两地距离也就可以求出.其实,这个方法正是泰勒斯"帽子定河宽"的方法.

也有人提出可使用另外一种三角形全等的方式求得两点间的距离.在战场上,想炮击敌人,却没法确定敌我距离.一番苦想后灵感来了,他站在点 A,调整帽檐,刚好看到敌阵地 B,再往自己阵地后退到 C,退到刚好通过帽檐能看到自己刚才的位置点 A,如图6,测量 AC,即得 AB 为敌我距离②.

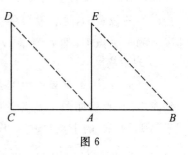

图 6

① 汪晓勤,王甲.全等三角形的应用:从历史到课堂[J].中学数学教学参考,2008(10).
② 王进敬,汪晓勤.运用数学史的"全等三角形应用"教学[J].中学教研(数学),2012(11).

中小学数学的历史文化

全等三角形是初等几何的重要内容,是处理几何问题的有力工具.两千多年来,无论在理论上还是实践上,全等三角形历史悠久,内涵丰富,价值重大,成了连接各方面的桥梁,是数学历史长河中的一大瑰宝.

全等三角形在《几何原本》中的位置(卷1)和高频率的应用(从卷1到卷13),表明了全等三角形在几何原本中的举足轻重的地位,同时也表明了在几何学中全等三角形有着承上启下的作用和覆盖面大的特征.

2.2 相似三角形的经典应用

从历史上看,相似三角形的出现也具有很深远的历史了.大约公元前20世纪,在古巴比伦的泥板文献中就已经出现相似三角形的应用,他们已经可以运用相似三角形之对应边成比例的知识进行测量.这是在文献中发现的最早出现相似三角形时间,也就是说根据目前的史料发现,相似三角形来源于大约公元前20世纪的古巴比伦.

案例1　测量高度

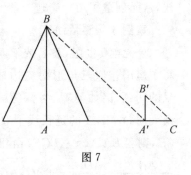

公元前6世纪,古希腊几何学鼻祖泰勒斯在古埃及游历时,利用了相似三角形的知识测量出了金字塔的高度;公元前3世纪,古希腊数学家欧几里得的著名著作《光学》中,也利用相似三角形的知识来测量了塔高.他们所借助的就是相似三角形的对应边成比例的性质.将他们的案例转化为几何图形,如图7,设 AB 为塔高,$A'B'$ 为人的身高,AA' 为塔影长,$A'C$ 为身影长,则 $\triangle ABA' \backsim \triangle A'B'C$.由相似三角形对应边成比例,有 $\dfrac{AB}{A'B'} = \dfrac{AA'}{A'C}$,

图7

$A'B',AA',A'C$ 为已知条件,则可求得塔高 AB 的高度.

案例2　保证共线

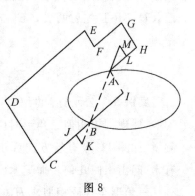

公元前6世纪,古希腊工程师欧帕里诺斯在古希腊第八大岛屿萨默斯岛上修建了一条供水萨默斯隧道,如图8.隧道长1 036米,横截面宽和高各为1.8米,笔直地穿过了小山,当时为了节约时间,欧帕里诺斯让工程队从小山的两边同时开始挖掘,在山体里面会合.在没有任何现代测量的仪器的时代,他的解决方法是:要在两个入口 A 与 B 之间修建一条隧道,

图8

从点 B 出发任意作一条线段 BC，过点 C 作 BC 的垂线 CD，接着依次作垂线 DE,EF,FG,GH，直至接近点 A. 这样，在每一条线段的一个端点处可以看到另一个端点. 在最后一条垂线 GH 上取点 H，使得 AH 垂直于 GH，设 AI 为 BC 的垂线，I 为垂足，则有

$$AI = CD - EF - GH, BI = DE + FG - BC - AH$$

然后，线段 BC 和 AH 上分别取点 J 和 L，过点 J 和 L 分别作 BC 和 AH 的垂线，在两条垂线分别取点 K 和点 M，使得 $\dfrac{JK}{BJ} = \dfrac{ML}{AL} = \dfrac{AI}{BI}$，则有 $\text{Rt}\triangle BJK$，$\text{Rt}\triangle BIA$，$\text{Rt}\triangle ALM$ 为一组两两相似的三角形，所以得到点 M,A,B,K 四点共线. 故只需保证在挖掘的过程中，工人能始终看到点 M,K 处的标志物即可. 欧帕里诺斯是巧妙地利用了相似三角形"三边成比例的两个三角形相似"的判定定理和"对应角相等"的性质定理等，保证了四点共线，从而创造了历史奇迹.

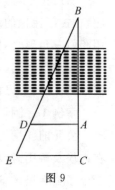

图 9

案例 3 测量河宽

公元前1世纪，著名数学家海伦在《屈光学》一书中，撰写了运用相似三角形对应边成比例的性质进行远距离测量的问题，诸如河宽、谷深等. 如图 9，A,B 两点之间有一条大河，在 B,A 的延长线上取一点 C，作 BC 的垂线 AD，CE，则 $\triangle BAD \backsim \triangle BCE$. 由相似三角形对应边成比例，有 $\dfrac{AB}{AB + AC} = \dfrac{AD}{CE}$，已知 AC,AD,CE，则可求得河宽 AB.

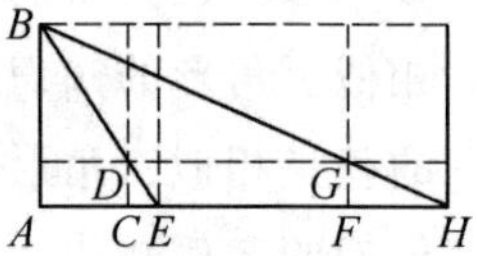

图 10

案例 4 西汉时期，《周髀算经》中，记载古人利用相似三角形的性质中的对应边成比例的原理，测日影的方法计算太阳与地面之间的高度. 如图 10，其中 B 是日，AH 是地平面，CD,GF 是先后两表，CE 和 FH 是日影. 具体的计算公式是

$$日高 = \frac{表高 \times 表距}{影差} + 表高$$

案例 5 公元前1世纪中叶，《九章算术》中第九部分——勾股，展现利用相似三角形对应边成比例的性质进行远距离测量. 如图 11，今有邑方二百步，各开中门. 出东门一十五步有木. 问出南门几何步而见木？

三角形全等或相似成为体验数几何推理的重要内容，也

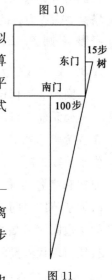

图 11

106

是学习建立几何模型解决处理现实问题的有效工具，同时也是培养数学逻辑思维的重要载体，对于体验几何魅力，增进数学思维有重要作用．不难理解，"几何是逻辑的实践基地"所蕴含的深刻内涵．

第三节　　精彩的直角三角形

直角三角形不仅是人类精神文明的产物，闪耀人类智慧的光芒，而且也充分地体现了数学家为追求真理孜孜以求乃至奋不顾身的精神，以及对美和善的追求．勾股定理是数学文化十分重要的内容，是世界第一定理．勾股定理是蕴涵数学文化中光彩夺目的明珠，供人欣赏而千古不衰．勾股定理既简单又重要，正是因为它迷人的魅力，千百年来，人们孜孜不倦地研究它，才使得它成了证明方法最多的一个数学定理．其中一位叫 E·S.卢米斯在他的《毕达哥拉斯定理》的第二版中收集了这个定理的 370 多种证明方法．世界数学史上，勾股定理有着悠久的历史，中国、古巴比伦、古希腊、埃及和印度等，都有着不同的记载．勾股定理的证明更是体现了人类高超的智慧．在数学的发展史上，勾股定理画上厚重的一笔．几千年来研究不断，使得勾股定理不断发展，这里面既有著名数学家，也有数学爱好者，有普通老百姓，也有权贵政要，这使得勾股定理的文化内涵不断丰富．

1. 东方的商高定理

勾股定理，又名商高定理．"勾广三，股修四，经隅五"，这十分珍贵的文字是关于勾股定理最早的记载，这也是勾股定理的一个特别的例子，由西周初年的商高提出．在我国，最早出现在古老经典著作《周髀算经》中，卷上之一记载：昔者周公问于商高曰："窃闻乎大夫善数也，请问昔者包牺立周天历度．夫天不阶而升，地不可得尺寸而度，请问数安从出？"商高曰："数之法，出于圆方，圆出于方，方出于矩，矩出于九九八十一．故折矩，以为勾广三，股修四，径隅五．即方之，外半其一矩，环而共盘，得成三四五．两矩共长二十有五，是谓积矩．故禹之所以治天下者，此数之所生也．"《周髀算经》成书于两汉时期，记载的是西周的科学文化．这段话出自商高之口，因此有人主张把勾股定理叫作商高定理．这是勾股定理的一个特例，也是勾股定理在中国的最早记载．周公是约公元前1100 年的人，而夏禹治水是公元前 21 世纪的事，这说明勾股定理在中国的起源是非常久远的，也体现了中国古人高超的智慧．

在《周髀算经》卷上第二章记载：昔者荣方问于陈子曰：今者窃闻夫子之道，知日之高大，光之所照，一日所行，远近之数，人所望见，四极之穷，…… 若求邪至日者，以日下为勾，日高为股，勾股各自乘，并而开方除之，得邪至日，从髀所旁至日所十万里．这段话说明中国已掌握了一般性的勾股定理．《周髀算经》中提出了勾股定理，并没有对其如西方进行逻辑证明，勾股定理仍是我国古代数学的重要内容．

《九章算术》以前已经有了勾股定理，但主要是应用于天文方面．《九章算术》中勾股定理已经用得很广泛，在"勾股"章一开始就讲了勾股定理及其变形："勾股术曰：勾股各自乘，并而开方除之，即弦．又股自乘，以减弦自乘，其余开方除之，即勾．又勾自乘，以减弦自乘，其余开方除之，即股"．

《九章算术》勾股章除了勾股定理及其变形的三个题以及涉及勾股容方、容圆各一题以外，其余十九个题全是应用问题．其中记载于印度古代约公元600年的数学家婆什迦罗第一部著作《〈阿耶波多历算书〉注释》中的"莲花问题"，除了数据与《九章算术》的"葭生中央问题"不同，其余完全相同，但要比中国《九章算术》晚了近四百年．

1.1 赵爽与勾股定理

赵爽又名婴，字君卿，约生于公元182年（东汉末至三国时期），吴国人．赵爽在给《周髀算经》作图加注，给出了严格的证明．他是我国证明勾股定理的第一人．

赵爽对勾股定理给出精彩而易懂的证明．赵爽在'勾股圆方图'中写道：勾股各自乘，并之为玄实．开方除之，即玄．案玄图有可以勾股相乘为朱实二，倍之为朱实四．以勾股之差自相乘为中黄实．加差实亦成玄实．赵爽对勾股定理给出一个漂亮易懂的证明，如图1，可以看出正方形 $ABCD$ 的面积 c^2 被剖分为4个"朱实"和一个"黄实"，即

$$c^2 = (\frac{1}{2}ab) \times 4 + (b-a)^2$$
$$= 2ab + b^2 - 2ab + a^2$$
$$= a^2 + b^2$$

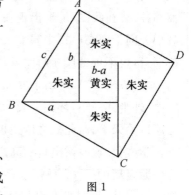

图1

以赵爽的"弦图"，用几何图形的截、割、拼、补，来证明直角三角形三边关系．无字证明，成了初等几何中最精彩、最著名的证明，对于丰富我国的数学文化有着重大的意义与价值．正因如此，后人给这个证明的评价：这

108

几乎是一篇无字论文,构思之巧妙,推理之严格,证明之简捷,令千载后人为之叫绝.2002 年 8 月,第 24 届国际数学家大会在北京召开,其大会的会标,是根据赵爽的弦图,经过艺术加工的"弦图".这也说明中国古代的数学成就以及国际数学家大会对无字证明的敬重.

1.2 刘徽与勾股定理

刘徽,三国时代魏国数学家,于 263 年为数学名著《九章算术》作注释,在卷 9"勾股"的勾股术:"勾股各自乘,并而开方除之,即弦"下写道:"勾自乘为朱方,股自乘为青方,令出入相补,各从其类,因就其余不动也,合成弦方之幂、开方除之,即弦也".由此可知,刘徽是用某种图形,借助拼补的方法(出入相补)来证明勾股定理的.可惜刘徽的图已失传,后人补绘了多种图形,如图 2,来推测刘徽的证明:以"勾"与"股"为边作正方形,并分别涂上红黑二色,那么,勾与股的平方分别可解释为上述两个正方形的面积.将这两块面积之和与弦为边的正方形面积相比较,令共同的部分不动,然后"以盈补虚","出入相补",即知它们彼此相等,因而勾股术正确.用数学的语言表示(如图 3)

弦方＝正方形 $ADEC$ 面积＝Ⅰ$(BGEC)$＋Ⅱ(CKL)＋Ⅲ$(ABLK)$＋
　　　Ⅳ(ADF)＋Ⅴ(DGF)

勾方＝正方形 $ABLJ$ 面积＝Ⅲ$(ABLK)$＋Ⅵ(AKJ)

股方＝正方形 $BHIC$ 面积＝Ⅰ$(BGEC)$＋Ⅶ(GHE)＋Ⅷ(EIC)

已知 Ⅵ＝Ⅴ,Ⅶ＝Ⅱ,Ⅷ＝Ⅳ,得弦方等于勾方与股方之和,勾股术成立.

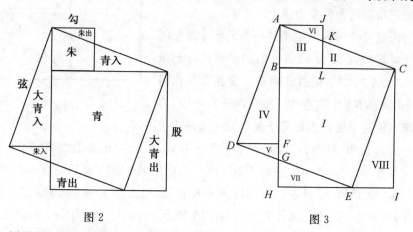

图 2　　　　　　　　　　　图 3

刘徽的证明不需要任何的数字符号和文字,更不需进行运算,隐含在图中的勾股定理便清晰地呈现,整个证明单靠移动几块图形而得出.刘徽创立的"出入相补原理"的办法,体现了"以形证数,形数结合"的思想方法,在数学史上具有独特的贡献和地位.正是刘徽杰出贡献,2002 年,中国邮电部发行刘徽纪念邮票,这代表数学家刘徽已被我国公认为古今最杰出的文化名人之一.

除了中国及古希腊发现勾股定理外,其他民族也各有各的不同记载.根据最新出土的泥板,古巴比伦比别的文明古国早1000多年就有勾股定理的详细证明,从泥板中可以发现有30组勾股数的一些图形,只是没有发现勾股定理的文字记载.公元前5世纪,印度数学中给出的关于祭坛的有关规律也暗含了该定理的存在.约公元前2000年,古埃及的"拉绳者"已能解决丈量、建造直角问题.勾股定理的历史文化渊源久远.

2. 西方的勾股定理

德国天文学家开普勒曾说过:"几何学有两大宝藏,一个是勾股定理(毕达哥拉斯定理),一个是黄金分割.前者有如珠玉,后者堪称黄金." 在西方国家勾股定理被称作"毕达哥拉斯定理",大家相信它是古希腊数学家毕达哥拉斯最先发现的.公元前2世纪,希腊一位学者阿波罗多罗斯(公元前140年前后)用诗句写了一本书《希腊编年史》(Chronicle),其中提到,毕达哥拉斯为了庆祝他发现了勾股定理,宰了一百头牛来做祭神,因此勾股定理又被称为百牛定理.

传说毕达哥拉斯学派因铺地砖而发现勾股定理.如图4,用直角三角形是比较常见的.△ABC 的直角边上的两个正方形结合起来恰好是斜边上的正方形.受此启发,自然会联想到直角三角形这种关系也成立.

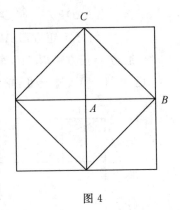

图 4

用逻辑证明这个定理的是公元前6世纪的毕达哥拉斯,但是毕达哥拉斯的证明没有记录下来.最早的文字记载证明是出现在欧几里得的《几何原本》中定理47:在直角三角形中,直角所对的边上的正方形等于夹角直角边两边上的正方形的和,即证 BC 上的正方形等于 BA,AC 上的正方形之和.

如图5,过 A 作 AL 平行于 BD 或 CE,联结 AD,FC.易得,△ABD 全等于△FBC.矩形 BL 面积等于△ADB 面积的两倍.正方形 GFBA 面积是△FBC 的两倍,故矩形 BL 面积等于正方形 GFBA 面积.

类似地,正方形 ACKH 面积等于矩形 LC 面积.

因此,正方形 BDEC 面积等于两正方形 GFBA,HACK 面积之和.

公元前四世纪,欧几里得就给出逻辑证明,是纯粹几何图形间面积关系的证明,证明是严格的.他利用五个公理、五个公设、五个概念通过演绎推理,逻辑地证明如勾股定理等 465 个数学命题,令人信服,不可怀疑,而成为科学的楷模.勾股定理的证明也成为现存文献中较早文字证明之一.

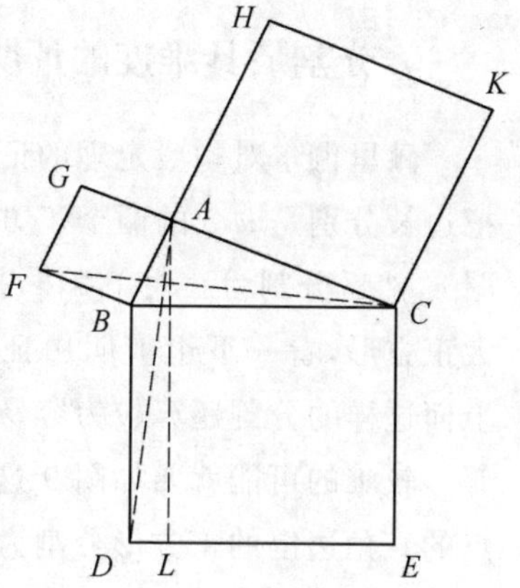

3.勾股定理的总统证明

勾股定理的证明不仅是过去数学家喜欢工作,也是数学爱好者乐于思考的事情.这些爱好者当中职务最高的当属美国第二十任总统伽菲尔德,茶余饭后,喜欢思考勾股定理的证明,还真的提出别具一格的证明方法.四边形 $ABCD$ 由两个全等的直角三角形与一个等腰直角三角形组成,如图 6,于是

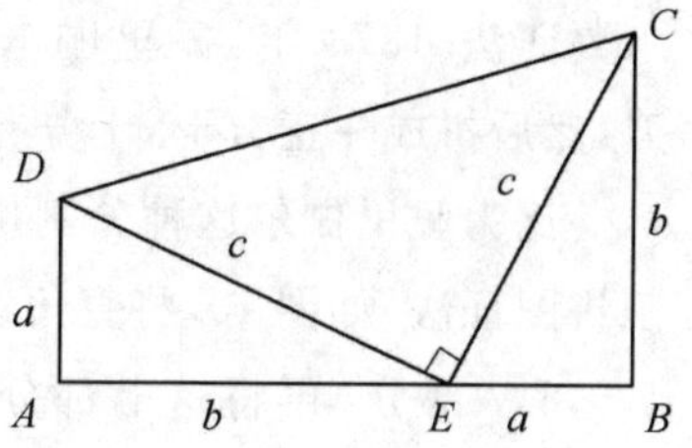

图 5

$$四边形\ ABCD\ 面积 = \frac{1}{2}(2ab + c^2)$$

由梯形面积公式有

$$四边形\ ABCD\ 面积 = \frac{1}{2}(a + b)^2$$
$$= \frac{1}{2}(a^2 + 2ab + b^2)$$

图 6

因而有

$$a^2 + b^2 = c^2$$

4.最具创意的勾股定理证明

勾股定理是天下第一定理,自然它的解读、证明非常受关注,而且证明的方式也最多,其中之一最具创意的方法,看一眼就明白了.将放在圆盘上的直角三角形及边上三个正方形做成立体的,有点厚度,但厚薄均匀,该直角三角形是实的,三边上的正方形却是空心的,且相互联通,将朝下的充满蓝

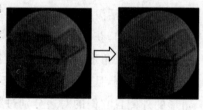

图 7

色液体的两直角边上正方形旋转朝上,里面液体将会流入斜边上的正方形内,如图 7.这说明,直角三角形两直角边上正方形面积之和等于斜边上正方形面积.

5.分割最具难度的证明

佩里伽尔对勾股定理的证明乐此不疲. 他把边长分别是 a,b 的两个正方形放在一块, 如图 8, 然后分割为三块 1, 2, 3, 拼成右边这一个大正方形, 看一下也就明白证明定理的过程. 上面这样的分割还算较为容易的.

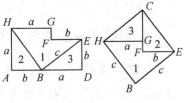

图 8

较难的可能就要如图 9 这种分割, 把长一点的直角边上的正方形分割为 2, 3, 4, 5 部分, 然后将 1, 2, 3, 4, 5, 共五个部分拼成直角三角形斜边为边的正方形. 于是, 也无字证明勾股定理. 这种分割拼图证法称为佩里伽尔的水翼证法. 1873 年, 佩里伽尔很有创意地将股上正方形两刀, 然后拼成一正方形, 十分有意思.

比为佩里伽尔这种分割拼图证法更难的要数韦伯的分割拼图证法. 如图 10, 将直角边上的两正方形分割成 1, 2, 3, 4, 5, 6, 7 部分, 再将这七部分依图拼成以斜边为边的正方形, 这相当复杂. 这种分割拼图法出自 18 岁德国高中生之手, 更是让人钦佩不已. 真是自古英雄出少年.

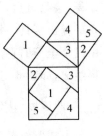

图 9

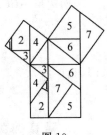

图 10

6.勾股定理的类推

类比, 相关事物之间的某些相似关系的迁移, 是自然界与人类社会内部互相联系的一种反映. 类比推理是一种很自由的, 生动活泼的思维方式, 它帮助不少科学家继往开来, 推陈出新, 找到自己的研究方向, 获得完美的结果. 类比勾股定理, 发现如下有趣的推理.

以任意三角形的每一边为边各作一个平行四边形, 第一个平行四边形位于三角形的内侧, 且其两个顶点位于三角形之外, 另外两个平行四边形位于该三角形的外侧且它们的对边分别过第一个平行四边形的两个顶点, 则第一个平行四边形的面积恰好等于另外两个平行四边形的面积之和. 这是勾股定理的另外一种形式的推广, 它是由古希腊数学家帕普斯收录在他的著作《数学汇编》第四卷之中, 故称帕普斯定理. 用数学语言表示帕普斯定理: 如图 11, 设三角形 ABC 为任意三角形, 平行四边形 $AEDB$ 和 $ACFG$ 是在边 AB 和 AC 上向外作的任意平行四边形, 延长两条外边 DE 与 FG 相交于 H, 联结 HA, 在边 BC 上向外作 $BL \parallel HA \parallel CM$, 且 $BL = HA = CM$, 即四边形 $BLMC$ 也是平行四边形，则有 $S_{四边形BLMC} = S_{四边形AEDB} + S_{四边形ACFG}$. 该结论在两个方面对勾股定理作了推广，一是三角形是任意三角形，二是在三角形边上作的是任意平行四边形. 假如该三角形是直角三角形，在边上向外作的又是正方形，则就是勾股定理.

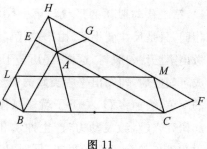

图 11

　　勾股定理是数学中的一个基本定理，是几何中的明珠. 勾股定理的推广非常多，如图 12，长方体过同一顶点的三条棱长的平方和等于该长方体的一条对角线的平方，即 $CD^2 + BC^2 + CC'^2 = A'C^2$. 上述的结论很简单，但让勾股定理由平面内的定理跃入空间，成为空间欧氏几何的一个基础性定理.

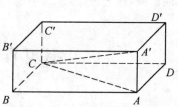

图 12

　　直三棱锥富勒哈堡定理（面积的勾股定理）. 如图 13，若四面体 $ABCD$ 中，三面角 $A - BCD$ 为直三面角（即 AC, AD, AB 两两垂直），则

$$S_{\triangle ABC}^2 + S_{\triangle ABD}^2 + S_{\triangle ACD}^2 = S_{\triangle BCD}^2$$

这是一个很出色的类比. B·里茨曼认为这个公式是 1662 年由富勒堡首先发现的. 它把平面直角三角形类比到空间含有一个直三面角的四面体，把平面中线段长与空间中三角形面积相比，推出一个全新的定理.

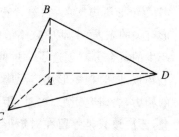

图 13

7. 勾股树

　　英国数学家罗素说过："数学，如果正确看待它，则不但拥有真理，而且还有至高的美，这是一种雕塑式的冷而严肃的美. 这种美既不迎合人类之天性的微弱的方面，也不具有绘画或音乐的那种华丽的装饰，而是一种纯净而崇高的美，以致足以达到一种只有伟大的艺术才能显现的那种完美的境地." 勾股树就完美体现这一点.

　　以 Rt$\triangle ABC$ 的三边为边长分别作 3 个正方形，其中两直角边上的正方形面积之和等于斜边上的正方形的面积，构成一个基本的"勾股树"，也叫第一代勾股树. 接着让图中的两个小正方形的顶部各自做出一幅新的勾股树，如图

14,第二代勾股树的形状与第一代勾股树完全相同,只是尺寸变小了. 由第二代勾股树又可以做出第三代勾股树,这样,经历若干次迭代就形成了勾股树,勾勒出一幅美妙的图形,配以适当的颜色,绚丽多彩,一下子就能抓住注意力,引起研究兴趣,激发动力,产生冲动和激情. 在这过程不仅领会了迭代思想,同时又欣赏到了美丽图案,促进思维,思考问题,感受内在美.

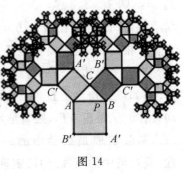

图 14

第四节　美妙无比的矩形

意大利数学家、物理学家、天文学家、哲学家伽利略曾经说过:"数学是上帝用来书写宇宙的文字,数学语言是世界的语言,世界是一本以数学语言写成的书." 矩形历史悠久,它蕴含着丰富的内涵,在很古老的年代,人们就创造和矩形有关的东西,生活中数不清的东西都有矩形的身影. 达·芬奇通过黄金矩形产生的黄金分割创造了举世闻名的绘画,通过对矩形的切割产生迷住无数人的七巧板,同时把矩形还广泛应用于生活. 更有无数的数学家不惜倾注自己毕生的精力,去研究矩形. 可见,矩形是一个很有文化内涵和充满人文精神的研究对象,不应该只是停留在对矩形最初步的认识. 对矩形在经典资源中、名著中、矩形的经典运用和矩形美的欣赏展开研究,要展示矩形更多的文化内涵,体会更多关于矩形的数学文化.

1. 经典资源中的矩形

在经典的资源中有着矩形的身影. 中国古代很早就出现了矩形,历史悠久的矩形蕴含很多经典的历史文化. 受人追捧的七巧板也是矩形(正方形)分割而成. 还有著名几何问题化圆为方,数学家达·芬奇和开普勒巧妙的借助矩形化圆为方,六个矩形合成的长方体更是魅力无穷.

1.1 中国古代的矩形

矩形的历史悠久,中国历史上矩形很早就出现了,且应用非常广泛. 矩形造物最早出现在什么时候无法考究,但有史记载,在河姆渡出土的陶器上有明显的平行线和不太规则的正方形,它的年代可追溯到公元前 5000 年至公元前 7000 年,可见矩形在人类历史上的出现有多早. 中国古代很多文物都采用了矩

114

中小学数学的历史文化

形作为主要的几何图案,在西安半坡出土的彩陶上的几何图案也有长方形.周代的青铜器中的长方形特别多,方鼎、方鬲、方瓶等等,它们的开口都是长方形.并且,周代青铜器上的花纹也有方形纹,如颚候簋,充分显示了古代劳动人民的智慧.在郎家庄出土的文物上也有正方形、矩形等几何图形,如图1,还有中国传统的方形建筑等.这表明,人类已经有了正方形,矩形等知识概念.

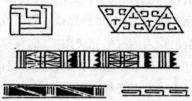

郎家庄出土漆器的几何图案

图1

随着越来越多的矩形造物,人们的智慧开始倾注于矩形的研究.早在春秋战国时期的许多史料就表明,当时已经提出并解决了长方形、梯形等图形的面积问题.可见,矩形蕴含着丰富的文化沉淀.

1.2 七巧板拼矩形

矩形形状的事物丰富多彩,其中矩形形状的七巧板特别巧妙好玩.七巧板的完整图案是一个正方形,后来经过多次改良也出现过长和宽比例是 4∶5 的长方形七巧板.矩形分割出的七块板有无穷的魅力,如图 2.18 世纪,七巧板

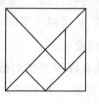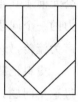

图2

由中国传到国外,许多外国人通宵达旦地玩起了七巧板,并把它叫作"唐图",就是"来自中国的拼图".美国作家埃德加·爱伦皮特竟然用象牙专门做了一个七巧板.李约瑟曾经说过七巧板是"东方最古老的消遣品"之一,到现在英国剑桥大学的图书馆还珍藏着一部《七巧新谱》.拿破仑在流放的时候,也玩七巧板用来消遣.

七巧板之所以闻名于世,经久不衰,奥妙无穷,是因为在制作的过程中对正方形进行了巧妙的分割,如图 3.在《好玩的数学》丛书中对七巧板的奇妙总结了三点:一,在边长关系上,如果正方形的边长设为1,则七巧板其他组块的边长只有 $1,\sqrt{2},2,2\sqrt{2}$;二,在角度关系上,七巧板七块组块的内角都是 45° 的整倍数,即它的所有组块的内角形成 1∶2∶3 的简单关系;三,在面积关系

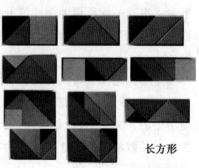

长方形

图3

上,七块组块的面积之间的比例是 1:2:4:8. 美学常识告诉我们,杂乱无章不能产生美,简单而有规律才能形成美. 七巧板正是因为这样简单而有规律才创造出令人惊叹的完美图案. 简简单单的七巧板其实蕴含很多数学问题,有很多都是经过数学家艰苦的探索才得以解决的.

通过七巧板的拼凑能创造出千变万化的图案,其中也不乏各种各样不同比例的矩形. 用不同的组块可以拼成不同的矩形,矩形在七巧板的研究上精彩纷呈.

现在很多人把七巧板用于数学欣赏、数学思维上,可调节气氛,吸引注意力,七巧板成为游戏的重要工具.

1.3 古希腊的化圆为方

矩形曾让数学家看到解决化圆为方的希望. 倍立方体,化圆为方以及三等分角称为古希腊尺规作图三大著名问题. 根据史料记载,这些问题都是来自于公元前 430 年前后,也就是希腊几何学高速发展时期. 据说化圆为方是最有魅力的一个问题,是尺规作图的经典问题. 它在公元前 5 世纪后半叶的雅典,已经广为流传,妇孺皆知.

史料记载有许许多多的数学家研究过这个问题,安蒂丰曾经考虑用内接正多边形去靠近圆的面积,再化圆为方,与我国刘徽、祖冲之的做法相似,但最终也没能实现. 文艺复兴时期的意大利著名艺术家达·芬奇想到一个利用矩形为中介的妙招来解决化圆为方这一几何问题:把一个高为底面半径一半的圆柱在

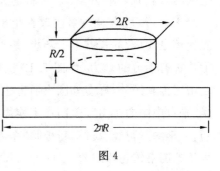

图 4

平面上滚动一周所得的侧面展开图是一个矩形,如图 4,这样的矩形面积与圆柱底面圆面积相等,矩形化成等面积的正方形就容易解决了从而实现化圆为方.

矩形在达·芬奇的化圆为方的方法中起到了中介的作用,把圆转化成矩形,矩形再转化成等面积的正方形,从而完成化圆为方. 但是 π 是一个无理数,矩形中的长为 $2\pi R$,业已证明,在尺规作图的限制下,无法实现化圆为方,但依然能感受数学家们痴迷于化圆为方,努力探索数学问题的热情,为矩形的文化内涵增添亮丽的一笔.

1.4 开普勒的化圆为方

熟知的圆面积公式,也包含着德国的天文学家开普勒利用化圆为方的思

中小学数学的历史文化

想:把圆转化成矩形,根据矩形的面积计算得到圆的面积公式.

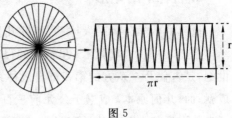

图 5

开普勒想到模仿切西瓜的方法,如图 5 的左图,把圆分成无数个微小扇形,并把它们像如图 5 的右图相互镶嵌在一起,当微小扇形足够小时,镶嵌在一起的图形就近似一个矩形,矩形的宽近似于圆的半径 R,矩形的长近似于半圆的弧长 πR,那么圆的面积就近似等于矩形的面积 πR^2,从而得到了圆的面积公式 $A = R \times \pi R = \pi R^2$.

开普勒通过对圆的分割和拼凑,他的思路是把圆分割成小扇形,然后拼成矩形,从而得到圆的面积公式.他将自己创造的这种求圆面积的新方法,发表在《葡萄酒桶的立体几何》一书中,他为求圆的面积公式进行精彩的解读.

1.5 经典长方体的面

长方体由六个矩形面构成一个立体图形.长方体是经典的立体图形,从考古的文物可以发现大量的长方体,如徐州古汉墓的石砖,西安古城墙的青砖,都是长方体.方方正正的长方体一直深受人们的热爱,虽然其貌不扬,朴素无华,但饱含着精彩的故事,挑战人类思维.

如世纪谜题"蜘蛛和苍蝇",就是利用长方体这一模型,其中一面上的蜘蛛去对面捕捉苍蝇,最后问题转化为矩形对角线长度的问题.

在一个 $30 \times 12 \times 12$ 英尺的长方体的房间里,如图 6,一只蜘蛛在一面墙的中间离天花板 1 英尺的地方,苍蝇则在对面墙的中间离地板 1 英尺的地方.蜘蛛要想捉住对面墙壁的苍蝇,它的最短距离可以是多少? 这个问题如果单单看立体图形可能没有头绪,把长方体的六个面展开,问题好像就简单得多了.展开的长方体是由六个矩形面构成的,如图 7,连接两点之间的线段就是最短距离,构造矩形,所求距离就是矩形的对角线,从而求出最短距离.

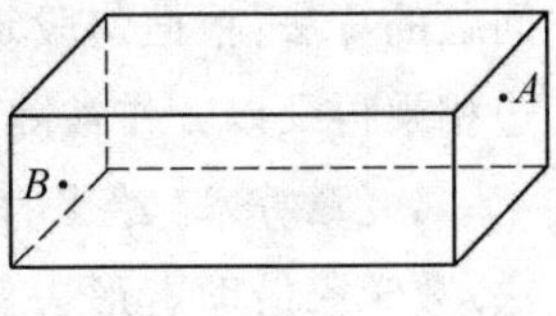

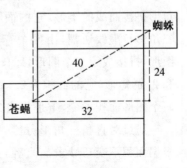

图 6

图 7

后面有研究者把此问题推广到圆锥、圆台、棱锥、棱台中,提出种种挑战思维的有趣问题.

2. 名著中的矩形

世界的数学分为两大体系:即欧几里得在《几何原本》里所创立的逻辑演绎体系,和中国《九章算术》里创立的程序算法体系.《九章算术》成书于公元1世纪,是古代乃至东方的第一部自成体系的数学著作,代表了东方数学的最高成就;而《几何原本》成书于公元前三百年左右,它的逻辑演绎范式,几乎决定了自他以后整个西方数学和科学的发展方向.在这两本地位如此深远的著作中,记载着包括矩形在内的数学成就.

2.1 《九章算术》中的矩形

在《九章算术》的第一卷"方田"中,就有记载."方田术曰:广从相乘得积步"."广"为矩形的宽,"从"为矩形的长,如图8,"方田"意为方形田地的计算问题,"积步"就是以边长为单位的面积的平方步数,即长(步)×宽(步).例如:今有田广十二步,从十四步.问为田几何?答

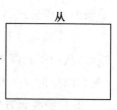

图 8

曰:一百六十八步.根据公式,十二步乘以十四步便是一百六十八步,这就是《九章算术》中对矩形面积的计算方法的记载,可见矩形的历史悠久.

第九卷"勾股"卷第16题:今有勾八步,股一十五步.问勾中容圆径几何?答曰:六步.意思就是说:有一个直角三角形,短直角边长8步,长直角边长15步.问这个直角三角形能容纳的圆形直径是多少.《九章算术》给出了解决这个问题的算法:根据勾股定理得斜边长,两条直角边和斜边相加作除数,两条直角边相乘再乘以2作被除数.被除数除以除数所得就是直径的长度.

《九章算术》给出直角三角形求内接圆直径的方法.数学家借助矩形去解释这个算法,通俗易懂.如图9,第二个图形是由四个全等的第一个图形直角三角形拼接而成的矩形,它的面积表示为$2ab$,把直角三角形按虚线切割,由四个直角三角形分割的三类图形,拼接成第三个图形,即长和宽分别是$a+b+c$和$2r$的矩形,它的面积为$2r(a+b+c)$的矩形.由于两个图形面积不变,于是等式$2ab=2r(a+b+c)$.

通过对直角三角形分割,重新拼图,得到矩形.根据面积不变巧妙出直径,矩形扮演不可或缺的角色.

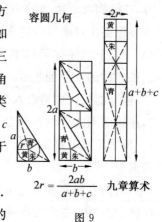

$$2r = \frac{2ab}{a+b+c}$$ 九章算术

图 9

118

2.2《几何原本》中的矩形

《几何原本》中有大量的有关矩形的描述，矩形的定义、矩形的性质等等.

如《几何原本》的第二卷"几何与代数"中记载着许多与矩形有关的命题.

例如第一卷的命题 Ⅰ.47：在直角三角形中，以斜边为边的正方形面积等于以两直角边为边的正方形面积之和（两直角边的平方和等于斜边的平方）.证明中把斜边上的正方形分割成两个矩形，两个矩形的面积分别与两直角边为边长的正方形面积相等，证明勾股定理.

如图 10，三角形 ABC 是直角三角形，$\angle BAC$ 是直角.以三角形三边为边长分别作正方形，过点 A 作垂线垂直于 DE 于点 L，连接 CF，BK，AD，AE.

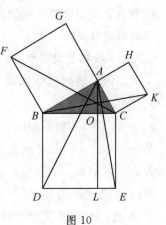

图 10

因为 $BF = AB$，$\angle FBC = \angle ABD$，$BC = BD$，所以三角形 $FBC \cong$ 三角形 ABD.又因为三角形 FBC 和正方形 $ABFG$ 同底同高，所以三角形 FBC 的面积等于正方形 $ABFG$ 的一半.同理得三角形 ABD 的面积等于矩形 $BDLO$ 的一半，所以正方形 $ABFG$ 的面积等于矩形 $BDLO$ 的面积.同理正方形 $ACKH$ 的面积等于矩形 $CELO$ 的面积.所以正方形 $ABFG$ 和正方形 $ACKH$ 的面积和等于正方形 $BDEC$ 的面积.

即 $AB^2 + AC^2 = BC^2$，就证明了勾股定理.

又如《几何原本》第二卷的命题 Ⅱ.2：一条线段被任意分成两部分，这两部分与原线段为边所构成的矩形面积之和，等于以原线段为边所构成的正方形的面积.也就是说，以 AB，AC 为边构成的矩形与以 AB，BC 为边构成的矩形的面积和等于以 AB 为边长的正方形面积.文中如图 11，设线段 AB 被任意点 C 切割，过 C 作 CF 平行且相等于 AD 和 BE，那么正方形 $ADEB$ 等于矩形 $ADFC$ 加

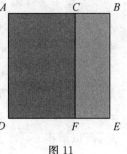

图 11

矩形 $BEFC$.因为 AD 等于 AB，BE 等于 AB，所以 $ADEB$ 是 AB 上的正方形，$ADFC$ 是以 AB，AC 为边长的矩形，$CFEB$ 是以 AB，BC 为边长的矩形.所以就证明了命题.

《几何原本》中通过构造矩形或者对矩形进行必要的分割，并比较矩形之间的关系进行演绎推理，证明命题，丰厚了矩形的内涵，并为矩形增添了人文特色，丰富人类思维.

3. 矩形的经典运用

古往今来,数学家不断地探究数学,不断地揭开数学一层层神秘的面纱.其中矩形作为工具、模型在数学发展历程中发挥重要作用,许多问题都借用了矩形得以解决.因此,矩形成为数学家进行研究的有力工具.

3.1 一元二次方程的解法

从一元二次方程的历史解法可以窥视矩形的重要作用,并通过历史的沉淀逐渐演变为如今的求根公式.古代数学家用矩形精彩地演绎着求解一元二次方程的根的故事.

(1) 我国赵爽的解法

三国时期的数学家赵爽在他的书中《勾股圆方图注》写到求解 $x^2+2x-35=0$ 的方法:由上式得 $x(x+2)=35$,构造如图 12 所示的正方形,它的面积是 $(x+2+x)^2$,接着他把这个正方形分割成四个全等的长方形和一个边长为 2 的正方形,那么就有正方形的面积表示为 $4x(x+2)+2^2$.因为 $x(x+2)=35$,就有等量关系 $4x(x+2)+2^2=144=(x+x+2)^2$,解得 $x=5$.通过把正方形分割成四个矩形和一个小正方形的形式,求出一元二次方程的根.

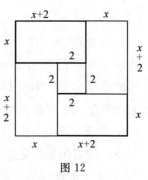

图 12

(2) 阿拉伯数学家花拉子米的解法

花拉子米在解 $x^2-2x-35=0$ 时,首先构造边长为 x 的正方形,然后在正方形里面减去两个长和宽分别是 x 和 1 的长方形,由于两个长方形重叠,相当于多减了边长为 1 的正方形,补回边长为 1 的正方形就是边长为 $x-1$ 的正方形的面积,如图 13.所以有 $x^2-2x+1=(x-1)^2$,即 $(x-1)^2=x^2-2x+1=36$,所以解得 $x=7$.花拉子米用减法的形式,从正方形中切割矩形,求出一元二次方程的根.

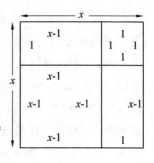

图 13

如果通过机械的操作和符号演算会让知识索然无味和难以掌握.通过两位数学家利用构造矩形的方法解一元二次方程,可以形象生动地看到求解的过程,也看到了求根公式形成的痕迹,感受矩形历史悠久的数学文化.

3.2 勾股定理的证明

对于勾股定理的证明,从古至今,已经记载的有 400 多种,其中也有好多种和矩形有关的几何直观方法.

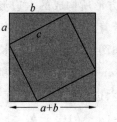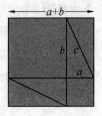

印度数学家阿耶波多(公元 466 年)通过构造正方形,切割正方形变成四个全等的直角三角形,如图 14,直角边分别为 a 和 b,和一个边长为 c 的正方形. 通过对切割的图形进行重组,把两个全等的三角形拼成一个矩形,如第二个图形所示. 因为第一和第二个图形都是边长

图 14

为 $a+b$ 的正方形,所以第一个图形除掉四个直角三角形和第二个正方形除掉两个小矩形的面积应该是相等的,也就是第一个图形以 c 为边长的正方形的面积等于第二个图形中以 b 为边长的正方形和以 a 为边长的正方形的面积和,所以有代数式 $a^2+b^2=c^2$,也就证明了勾股定理.

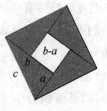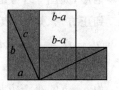

中国最早记载证明勾股定理的是 3 世纪数学家赵爽. 如图 15,第一个图形边长为 c 的正方形,把它切割成四个直角三角形和一个边长为 $b-a$ 的小正方形,把四个直角三角形拼成两个矩形,重新拼凑成第二个图形,面积表示为

图 15

$$4 \times \frac{1}{2}ab + (b-a)^2$$

因为重新拼凑的图形面积不变,所以有

$$4 \times \frac{1}{2}ab + (b-a)^2 = c^2$$

即 $a^2+b^2=c^2$,勾股定理成立.

通过和矩形有关的几何直观来证明勾股定理,凸显矩形丰富的文化内涵和重要作用.

3.3 乘法公式的解释

矩形还可以应用在乘法公式的解释上. 乘法公式在数学思维中发挥很重要的作用,在数学运算中,熟练运用能够快速解题,发挥重要作用. 利用矩形能精彩地解读乘法公式,并提供了很好的几何背景.

(1) 平方差公式

$$a^2 - b^2 = (a+b)(a-b)$$

一个边长为 a 的正方形里面切割一个边长为 b 的正方形所构成的六边形的面积是 a^2-b^2，沿着虚线切割六边形，并重新拼接图形，如图 16，图 17 得到长和宽分别是 $a+b$ 和 $a-b$ 的矩形，重新拼凑成矩形与原来的六边形面积不变，有等量关系

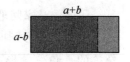

图 16

$$a^2 - b^2 = (a+b)(a-b)$$

通过切割，拼成矩形，就能一目了然看到平方差公式的样子.

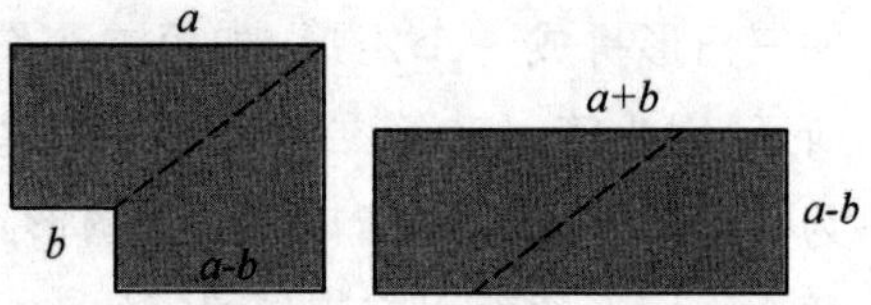

(2) 完全平方公式与正方形

构造边长为 $a+b$ 的正方形，对正方形的内部进行分割，得到一大一小两正方形和两个全等的矩形，如图 18，考虑正方形整体有 $(a+b)^2$，将正方形分割得到正方形、矩形，其面积和为 $a^2+2ab+b^2$，因面积不变，则 $(a+b)^2 = a^2+2ab+b^2$.

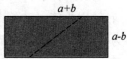

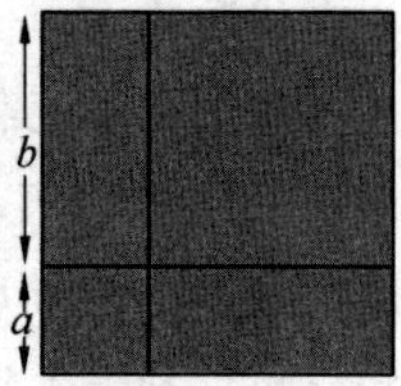

图 17

构造边长为 a 的正方形，对正方形的内部分割出一边长为 $a-b$ 的小正方形，则其面积为 $(a-b)^2$，其实，边长为 a 的正方形分割得到，两个小正方形和两个全等的矩形，一个正方形边长为 b，一个正方形边长为 $a-b$，如图 19. 考虑其面积关系，立即有 $(a-b)^2 = a^2-2ab+b^2$.

图 18

无论 $(a+b)^2$ 还是 $(a-b)^2$，都是通过分割正方形，得到矩形和小正方形. 综上就是通过图形分割分解，分别求矩形等图形面积，比较图形的面积得到完全平方公式.

图说一体，不证自明. 通过对几何图形的切割和拼凑成

图 19

矩形，或者在矩形中进行适当地分割，就可以直观地解释乘法公式. 这些借助矩形来解释乘法公式的例子，往往暗示着古代数学家在数学研究发现时最初巧妙的研究思路.

4. 矩形美的欣赏

如果常用一双善于发现的眼睛去观察这个世界，会发现这个世界并不缺少美. 看似方方正正的矩形，也能创造出美丽的风景. 人们用智慧创造出视觉最美

的矩形，并广泛运用于生活.

4.1 黄金矩形

如果矩形的定义和性质是缝制一件单调的素色衣服，黄金矩形就好比在这件没图案的衣服上绣上美丽的花朵，起到锦上添花的作用. 矩形看似只有四条边，但是不同的长和宽却能为美创造条件. 1525 年德国数学家丢勒(1471—1528) 制定了充分吸收黄金分割几何意义的比例法则，他认为在所有矩形中，短边与长边之比为 0.618 的矩形最

表 1

最美矩形		
矩形	长边×短边	短边：长边
1	8×5	0.625
2	13×8	0.615
3	21×13	0.619
4	34×21	0.618

为美观. 为了证实这一点，德国心理学家费希纳在 19 世纪中叶举办一次展览，在矩形展览上展出了一批特别制作的矩形，让参观者投票选出自己心目中最美的矩形，结果有 4 种矩形被选为最美矩形. 令人惊讶的是这 4 种矩形的长和宽的比值都接近于 0.618，这样的矩形恰好为"黄金矩形". 黄金矩形造型协调均衡、优美和谐，所以更容易吸引大部分参观者的眼球.

图 20

黄金矩形在生活中应用广泛，在雕塑、建筑、绘画等方面都能看到黄金矩形的身影. 如图 20，《断臂维纳斯》是一尊希腊神话中，代表爱与美的女神维纳斯的大理石雕塑，它的上半身和下半身比值接近 0.618，符合黄金比例. 黄金矩形还可以使建筑物的比例协调、美观大方；位于希腊的著名古迹"巴特农神殿"就是应用黄金矩形的一个早期建筑的例子，它被公认为现存古代建筑中最具均衡美感的伟大杰作；在绘画方面，达·芬奇的《维特鲁威人》符合黄金矩形；《蒙娜丽莎》中蒙娜丽莎的脸也符合这一比例. 黄金矩形揭示着矩形的丰富文化价值.

4.2 完美矩形

笛卡儿说过：美不在某一特殊部分的闪烁，而在所有部分总体看起来，彼此之间有一种恰到好处的适中和协调. 完美矩形很好地诠释了笛卡儿说的. 对于矩形的分割问题，一个矩形能被分割成若干个正方形，我们就称它为"完美矩

形"或"完全长方形". 如果一个矩形能被分成 n 个正方形,那就叫这个矩形为 n 阶完美矩形,如图 21 所示,即为 9 阶完美矩形和 10 阶完美矩形. 虽然这样的完美矩形存在不多,但依然美妙绝伦,让人更加珍惜.

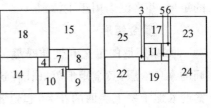

图 21

4.3 黄金矩形及螺线

歌德曾说过:"大自然有一种螺旋的倾向 ."他所说的螺旋的倾向,竟也因矩形产生.如图 22,数学家在黄金矩形内截一个正方形,剩下依然是黄金矩形,像这样再分割一次正方形,得到更小的一个黄金矩形,将得到的正方形作四分之一圆弧,就会得到一个平滑的曲线,叫作黄金螺线.如此圆润饱满的黄金螺线竟是对黄金矩形的分割而来,实在是美不胜收.

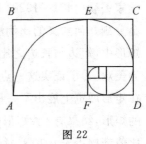

图 22

矩形是一个历史悠久的知识点,很多经典资源中都运用到矩形,中国考古发现矩形的身影追溯到公元前几千年前,七巧板、化方为圆、长方体等都和矩形有关;数学史书中数学家们更是呕心沥血地研究矩形相关的数学问题,并巧妙地利用矩形解决很多其他的数学知识;与此同时,也能深深地感受到矩形的美,黄金矩形、完美矩形和矩形的完美螺线应用于生活,感受矩形带来的数学美,丰富生活的乐趣.矩形知识点就好比是矩形的目录,被认识到的矩形知识的轮廓,是矩形的冰山一角,它还有丰富的内涵,生动的趣闻轶事和深刻的思想观念等着研究者去发现、挖掘,并且在处理问题时作为语言、模型、方法更值得去探索、运用.矩形的数学文化源远流长,文化的品位体验醇香润厚.通过矩形中蕴含的历史文化研究,对矩形有了更深刻的认识,对数学思想有了更深的了解,对数学家的不懈追求有了全新的感受,对数学家的研究成果有了全方位的理解.矩形中蕴含的人文精神激励后人前赴后继,弘扬数学精神,传承数学文化.

第五节   神秘的圆与多边形

一直以来,圆与正多边形及其应用是数学中的重要课题,也是数学研究的重要工具,历史悠久,并吸引着无数古今中外的数学家探索其奥秘.圆与正多边形有着丰富的文化内涵,有数学家们的深入探索,折射出数学家的高超智慧,也体现不同的历史时期、不同的文明古国,都有共同的数学认识和数学工具.所以了解圆与正多边形中蕴含的数学文化,丰富圆与正多边形的文化体验,领略古今中外数学家们深邃的思想与巧妙的方法,传承数学文化,提升数学素养,对增强创新能力、促进社会文明、科学进步都具有重要意义.

1.《几何原本》中的圆与正多边形

《几何原本》是古希腊数学家欧几里得的经典之作,在几何学发展史中,起着举足轻重的地位,极大地推动科学发展.《几何原本》中的几何部分被称为欧几里得几何学,简称为欧氏几何.《几何原本》的第四卷中,大篇幅的讨论圆的内接与外切正多边形的性质以及尺规作图问题.其中主要研究的最深入的是圆与正四边形、正五边形及正六边形的内切与外切的相关命题的证明与性质.如今的新课标教科书的圆与正多边形的课程内容都源自于欧几里得著写的《几何原本》,这足以说明了《几何原本》对数学教育研究的发展与数学研究的重要地位.

1.1 圆的内接正多边形

圆的内接正多边形与正多边形的外接圆是圆与正多边形的重要内容,在古希腊时期就已经受到相当重视,许多性质被发现、证明.

命题 1 给定一个圆可以作一个内接正方形.

命题 2 给定一个圆可以作一个内接正四边形.

命题 3 在一个圆里,可以作一个内接正五边形.

反之同时,给定一个圆,可以作一个它的外切正五边形.

命题 4 给定一个圆,可以作一个内接正十五边形.

1.2 正多边形的内切圆

圆的外切正多边形与正多边形的内切圆也是圆与正多边形中的重要内容,在古希腊时期就已经受到重视.古希腊时期数学家发现,并证明圆的外切正多边形,以及正多边形的内切圆的许多性质.

命题 5 给定一个正四边形可以作一个内切圆.

命题 6 给定一个正方形可以作一个内切圆.

2. 正多边形与圆周率

利用圆与正多边形最早可追溯到古希腊,最晚可追溯到韦达与阿尔·卡西时期,阿基米德、刘徽与祖冲之等知名数学家为了保障估算圆周率 π 的值的精确度,将圆与正多边形的边数不断增加,用逼近方法、割圆术等巧妙方法,至今津津乐道,传为美谈.

2.1 古巴比伦人与圆周率

圆周率最早可追溯到古巴比伦时期.一块出土于 1936 年的黏土块上记载,在古巴比伦时期(公元前 1900 年－公元前 1600 年),古巴比伦人相信六边形的周界为 0.573 6(以底数 60 计,亦即 $\frac{96}{100}=\frac{24}{25}$)乘以它的外接圆的周界 $\frac{24}{25}\pi$. 由此得出最古老的圆周率的近似值:π(古巴比伦)$=\frac{25}{8}=3.125$. 如今看来,古巴比伦人的做法相当粗糙,缺乏严谨性,但不失为求圆周率 π 的重要思路.

2.2 穷竭法与圆周率

公元前 3 世纪,古希腊数学家阿基米德利用穷竭法,找到了多级逼近的方法来获得精确度较高的 π 值.

阿基米德先画了直径为 1 的圆并在圆周上画了六个点等分圆周,然后画出圆的内接正六边形,圆的内接正六边形的周长,显然这个周长的值就接近 π 但又小于 π 的真实值.如图1,阿基米德又对六个分点作为切点画了圆的外切正六边形,计算这个圆的外切正六边形的周长,得到了一个接近于 π 但又大于 π 的近似值,他根据这两个值去确定 π 的精确值应该在 3.00 ～ 3.47 之间.

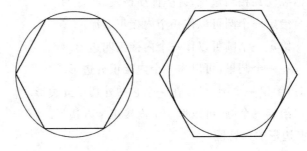

图 1　阿基米德用圆内接与外切正多边形周长估算圆的周长

接着,阿基米德作圆的内接与外切正十二边形,这两个正多边形的周长又将 π 的真实值缩小到 3.10 ～ 3.22 间.阿基米德再画圆的内接与外切正二十四边形、正四十八边形和正九十六边形,阿基米德将 π 的范围缩小到 $3\frac{10}{71}$ ～ $3\frac{11}{71}$ 之间,即 3.140 8 ～ 3.142 9,保留小数点后 4 位,它的值应该是 3.141 6.这种利用正多边形割圆求圆周率 π 的方法,在阿基米德《圆的度量》详细记载.

阿基米德在《圆的度量》中,利用圆的内接和外切多边形面积之差得出结论:如果一个三角形的高与一个圆相等,该三角形的底又与该圆的周长相等,则

中小学数学的历史文化

这个三角形与这个圆的面积也相等.因为三角形的面积公式是 $\frac{1}{2} \times$ 底 $\times$ 高,所以他得出圆的面积应该等于 $\frac{1}{2} \times r \times 2\pi r$,即圆的面积公式 $A = \pi r^2$.

阿基米德还在《论球和圆柱》一书中利用穷竭法,得出命题:只要边数足够多,圆外切正多边形的面积与内接正多边形的面积之差可以任意小.

2.3 割圆术与圆周率

从先秦时期开始,中国古代一直是用"周三径一"(即圆周周长与直径的比率为三比一)的数值进行有关圆的计算,但往往产生很大误差.正如刘徽所说,用"周三径一"计算的圆周长,实际上是圆内接正六边形的周长,不是圆的周长.东汉的张衡认为应从圆的外切正方形着手计算得到圆周率的近似值.这个值必然比"周三径一"要好多了,但刘徽认为,这样计算估计的圆周长必然要大于实际的圆周长,精确度仍然相当低.刘徽用"割圆术"求圆周率近似值,创新大胆,论证严密.

刘徽提出了"割之弥细,所失弥少,割之又割,以至于不可割,则与圆合体,而无所失矣"的割圆思想.刘徽认为,可考虑圆内接正六边形的周长,或把每段弧再等分,做圆内接正十二边形,再继续分割,做圆内接正二十四边形,那么这个正二十四边形的周长必然又比正十二边形的周长更接近圆周长.把圆周分割得越细,误差就越少,其内接正多边形的周长就越接近圆周长.如此不断地分割下去,圆内接正多边形的周长就与圆周长没有什么差异.

按照这种思路,刘徽把圆内接正多边形一直分割,得到正 3 072 边形,由此求得圆周率为 3.14 和 3.141 6 两个近似值.这个结果是当时圆周率计算的最精确的数据.刘徽对"割圆术"新方法非常自信,把它推广到有关圆形计算的各个方面,影响汉代以来的数学发展.刘徽创立的"割圆术"方法对中国古代数学发展的重大贡献,历史是永远不会忘记的.

1610 年德国数学家柯伦用正 2^{62} 边形将圆周率计算到小数点后 35 位.1630 年格林贝尔格利用改进的方法计算到小数点后 39 位,这成了割圆术计算圆周率的最好结果.分析方法发明后逐渐取代了割圆术,但割圆术作为计算圆周率最早的科学方法一直为人们所称道,传颂留传.

2.4 祖冲之与圆周率的计算

割圆术在圆周率计算史上曾长期使用.公元 460 年,南朝的祖冲之利用刘徽的割圆术,把 π 值算到小数点后第七位 3.141 592 6,属当时世界首次.祖冲之精确到小数点后 7 位的 π 值(约 5 世纪下半叶),给出不足近似值 3.141 592 6 和过剩近似值 3.141 592 7,还得到两个近似分数值,即密率 $\frac{355}{113}$ 和约率 $\frac{22}{7}$. 其中的密率,在西方直到 1573 年才由德国人奥托得到,1625 年发表于荷兰工程师安托尼斯的著作中,欧洲称之为安托尼斯率.

祖冲之还找到了 π 在两个分数间,即 $\frac{22}{7}$ 和 $\frac{355}{113}$ 间,用分数来代替 π,极大地简化了计算,这种思想比西方也早一千多年.

祖冲之的圆周率,保持了一千多年的世界纪录.1596 年,才由荷兰数学家卢道夫打破了.他把 π 值推到小数点后第 15 位小数,最后推到第 35 位.为了纪念他这项成就,在他的墓碑上,刻上

3.141 592 653 589 793 238 462 643 383 279 502 88

这个数,并被称为"卢道夫数".

2.5 韦达与圆周率

韦达也喜欢等分圆周,构造圆的内接正多边形.韦达在其《数学辩驳论集》提出了七等分圆周的方法,由此得出圆的内接正七边形.通过构造圆的内接正 $6 \cdot 2^{16} = 393\ 216$ 边形,他将 π 的值准确地估计到小数点后第九位

3.141 592 653

韦达分析了计算圆的内接 $6 \cdot 2^n$ 边形无穷序列,通过考察序列中相邻的两个多边形周长的比率,首次得到圆周率 π 的精确表达值

$$\pi = \frac{2}{\left(\sqrt{\frac{1}{2}}\right) \cdot \left[\sqrt{\frac{1}{2} + \frac{1}{2}\sqrt{\frac{1}{2}}}\right] \cdot \left[\sqrt{\frac{1}{2} + \sqrt{\frac{1}{2} + \frac{1}{2}\sqrt{\frac{1}{2}}}}\right] \cdots}$$

2.6 阿尔·卡西与圆周率

阿基米德的穷竭法在西方影响深远.阿尔·卡西改进阿基米德的穷竭法,计算圆内接正 $3 \cdot 2^{28} = 805\ 306\ 368$ 边形的周长.如图 2,他使用了三角形的计算方法,及有效计算平方根的技巧,利用圆的内接正多边形的边和弦之间的关系,将 π 的值计算到了小数点后 16 位,并开启了了解圆内接直角三角形的新时代.

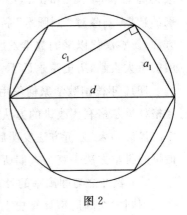

图 2

由内接正 $3 \cdot 2^n$ 边形的一条边(a_n),与它垂直的弦 c_n 以及圆的直径($d = 2r$),可以构成一个直角三角形,阿尔·卡西得到关系式

$$a_n = \sqrt{(2r)^2 - {c_n}^2}$$

同时他推算出公式 $c_n = \sqrt{2(2r + c_{n-1})}$.

这样就可以从弦 c_{n-1} 的长度推算出具有两倍边的正多边形的弦 c_n 的长度.

受阿基米德穷竭法的影响,18 个世纪后的数学家们通过不断地增加圆的内接与外切的正多边形的边数,把圆周率 π 精确到小数点后 35 位.

3. 数学家与圆的正多边形的故事

从古到今,一直以来数学都充满着无数的奥秘,有着独一无二的美,被誉为"智慧的火花".古今中外的数学家们与圆的正多边形之间的故事更为有趣.

3.1 达·芬奇与化圆为方

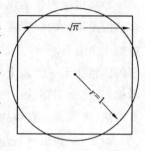

化圆为方、三等分角与倍立方体并称古希腊三大几何作图问题.其中,化圆为方就是,如图 3,给定一个圆,要求用圆规和直尺画出一个面积与圆相等的正方形.即是,利用圆内接或外切正多边形,求圆周率近似值的方法,其原理是当正多边形的边数增加时,它的边长和逐渐逼近圆周.早在公元前 5 世纪,古希腊学者安蒂丰为了研究化圆为方问题就设计一种方法:先

图 3

画一个圆内接正四边形,以此为基础画一个圆内接正八边形,再逐次加倍其边数,得到正十六边形、正三十二边形等等,直至正多边形的边长小到恰与它们各自所在的圆周部分重合,他认为就可以完成化圆为方问题.从古希腊到现在,人们不断挑战化圆为方问题.后来人们才证明了这个问题是不可能解的.因为化圆为方相当于做出圆周率 π 的平方根.

也有人要点小聪明,独辟蹊径.聪明人达·芬奇就想出一个很简单的办法:假设圆半径为 r,造一个半径为 r,高度为 $\frac{r}{2}$ 的圆柱体,它的侧面面积恰好就是 $(\pi r)^2$.把圆柱体滚上一周就得到一个矩形,这个矩形就能化为正方形.当然,这种方法不符合尺规作图的要求.

3.2 阿基米德与正七边形

利用尺规作图去作圆内接正七边形,阿基米德发现,要解决尺规作正七边形必须求解三次方程,它的一个根不能用平方根式表示.

阿基米德通过研究发现,他可以用复杂的方法画出正七边形.令人惊异的是,2 000 年之前,阿基米德何以知道,这样画出的图就一定是正七边形.这就引人深思了.

3.3 高斯与正十七边形

正十七边形的尺规作图是从欧几里得以来悬而未决的问题,被称为古希腊几何尺规作图的四大难题之一.直到1796年,德国19岁的高斯用自己的超人智慧解决了正十七边形的尺规作图.

1796年的一天,德国哥廷根大学的学生高斯,一个既有数学天赋又有语言天赋的19岁青年,晚饭后,把导师单独每天例行布置的前两道数学题,在两个小时内顺利做完了.第三道题:只用圆规和直尺作正十七边形.

面对第三题他感到非常吃力.为此绞尽脑汁,困难激起了斗志.第二天,他对导师说:您布置的第三道题,我竟做了整整一个通宵,辜负了您的栽培……

导师接过学生的作业一看,当即惊呆了.他用颤抖的声音对青年说:这是你自己做出来的吗?青年有些疑惑地看着导师,回答道:是我做的.但是,我花了整整一个通宵.导师请他坐下,取出圆规和直尺,在书桌上铺开纸,让他当着自己的面再作出一个正十七边形.青年很快做出了一个正十七边形.导师激动地对他说:你知不知道?你解开了一桩有两千多年历史的数学悬案!阿基米德没有解决,牛顿也没有解决,你竟然一个晚上就解出来了,你是一个真正的天才!

原来,导师也一直想解开这道难题.那天,他因为失误,才将写有这道题目的纸条交给了学生.每当这位青年回忆起这一幕时,他总是说:"如果有人告诉我,这是一道有两千多年历史的数学难题,我可能永远也没有信心将它解出来".这位青年就是数学王子高斯.导师的高度评价,使高斯终身投入数学,当然也造就数学史上最伟大的数学家之一.

高斯用代数的方法解决了正十七边形尺规作图的问题.他也视此为生平得意之作,还交代要把正十七边形刻在他的墓碑上,但后来他的墓碑上并没有刻上十七边形,而是十七角星,因为刻碑的雕刻家认为,正十七边形和圆太像了,大家一定分辨不出来.高斯正十七边形尺规作图的手稿现仍存在哥廷根大学图书馆里.

高斯进一步探究,较好地解决了尺规可作多边形的问题.1801年,高斯得到结论并证明:能尺规作图的正多边形,其边数与费马数有关,如果 k 是费马数,那么就可以用直尺和圆规将圆周 k 等分.高斯本人就是根据这个定理作出了正十七边形,解决了两千年来悬而未决的难题.

第六节　立体图形的悠久历史

从世界诞生那一刻起,立体图形就一直存在着,成为人类观察、模仿、学习研究的对象.宇宙中的一个个美丽的天体都概括为最美丽的立体图形 —— 球体.而地球更是孕育着、滋养着无数生命.立体图形始终伴随着人类,无论悲欢离合、阴晴圆缺.人类生活中,立体图形随处可见,人类接触它,使用它,逐渐为之着迷,慢慢地欣赏它们独特的美,改造它,研究它,发现了许多性质,有了很多了解.在研究的时间长河中,人类对立体图形的研究已硕果累累.

1. 历史悠久的立体

文物的考察,是研究历史的重要方法.从已出土的文物进行考古发现,人类立体图形观念的萌芽,可以远远地追溯到旧石器时代(距今约 300 万年 — 距今约 1 万年).据已有的考古资料记载,旧石器时代,人类为了方便采集和狩猎,已经能将石头、象牙等东西打制成需要的形状,不断进行改良,在长期的使用、改造中,逐渐有了立体图形观念意识.如表1,旧石器时代纯手工打制出来的石器跟现

表 1 旧石器时代文物中的立体图形

锥体			
柱体			—
球体			

在所熟知的柱体、锥体、球体等差异不大,这意味着立体图形形状的意识已逐渐清晰.古埃及、古巴比伦、中国的文字记载,更能说明,人类不仅能认识立体图形,制作立体图形,而且还能计算立体图形表面积及体积的公式.

1.1 古埃及、古巴比伦经典的立体图形

古埃及和古巴比伦是古代的两大文明古国,其对立体的认识及表面积、体积的计算取得很大成就.考古资料明确表明,古巴比伦有了计算棱柱、直楔形体、正四棱台等立体的体积公式.

据现有资料,古巴比伦流传下来的只有体积公式,没有推导过程,这激发后人猜测、揣摩.图1为直楔形体.学者罗伯森依据资料断定古巴比伦早已掌握直棱柱的体积公式,能把直楔形体分割为一个直三棱柱和一个直四棱锥.古巴比伦人有给出它的体积公式

131

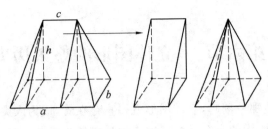

图 1

$$V = \frac{1}{3}bh\left(a + \frac{1}{2}c\right)$$

如图 2,古巴比伦人也给出正四棱台的体积公式

$$V = \left[\left(\frac{b+a}{2}\right)^2 + \frac{1}{3}\left(\frac{b-a}{2}\right)^2\right]h$$

古埃及的学者认为,柱体的体积等于底面积乘以高,也有圆锥、棱锥、棱台、半球等图形的体积公式.古埃及《莱因德纸草书》中的 41 ~ 47

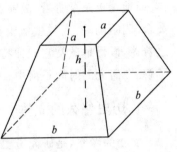

图 2

题都是体积的计算,其中,41 题给出了求底面圆的直径是 9,高是 10 的圆柱形容积公式,即将直径减去它的 1/9 之后再平方求出圆的面积(相当于将 π 取近似值 3.160 49),再乘以高即可.在 44 题中则给出了求长方形谷仓,即长方体的容积公式:长乘以宽再乘高.距今 4 000 年的古埃及普遍使用体积公式计算,真的了不起! 被著名数学史家贝尔称之为"最伟大的金字塔"的古埃及金字塔是正四棱锥,庄严、壮观、雄伟,是七大建筑奇迹之一.金字塔是古埃及灿烂文化的见证,是数学家智慧的结晶.其中胡夫金字塔,建于约公元前 2700 年,塔高 146.5 米,其底面是正方形,四个斜面都是等腰三角形,是最大的、最神秘、最具有研究意义的建筑,它的存在真是人间奇迹.

1.2 古希腊经典的立体图形

历史上,古希腊留下许多经典的立体图形的趣闻轶事,如球、立方体、正多面体等,且与许多著名数学家有关.《柏拉图》书中记载了一个刻骨铭心的神话:当年,古希腊提洛斯鼠疫疯狂,似乎有人获得神的谕示,立方体的神坛加倍方可消灾.这就是约公元前 400 年著名的立方倍积问题,即提洛斯问题:求作一个立方体,使其体积是已知立方体体积的二倍.众人束手无策时,请教了哲学家柏拉图.柏拉图却说,神的真正旨意不在于神坛的加倍,而在于让古希腊人因忽视几何而羞愧.

早期的毕达哥拉斯学派学者发现正四面体、正六面体、正十二面体,后来毕达哥拉斯又发现了正八面体、正二十面体.柏拉图学派的泰阿泰德(公元前 415 年－公元前 369 年)证明了世界上仅有这五种正多面体.约 900 年后,这五个正多面体被柏拉图学院称为"柏拉图体".

数学家很早认为,球是最完美的立体图形.阿基米德(公元前 287 年－公元前 212 年),对球进行研究,想方设法求球的体积.首先,用比较法猜测球的体积公式,如图 3,用穷竭法证明球的体积公式: $V_{球体} = \frac{4}{3}\pi r^3$.他认为,自己一生最大成就就是发现、证明结论: $V_{正圆柱体} : V_{内接球体} = 3 : 2$.因而,要求朋友在他的墓碑雕刻一个内接正圆柱体的球体.其实,阿基米德还发现、证明"球体面积是其大圆面积的 4 倍".许多成果都记载《论球和圆柱》一书中.公元 4 世纪时,帕普斯记载了过去的命题:表面积相等的所有立体中,以球的面积为最大.

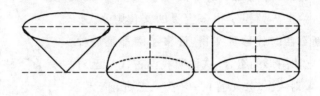

图 3

阿基米德的《论多面体》中记载到许多特殊的多面体,它由两种或两种以上正多边形围成.它也可由五种正多边形通过截角、扭转得到.阿基米德证明,这种多面体共有 13 种,因此又称阿基米德体.难怪伟大的法国启蒙思想家伏尔泰曾这样评价,实用的数学中需要丰富的想象力,而阿基米德的头脑较之荷马有更丰富的想象力.

圆锥也是古希腊时期数学家非常熟悉的立体图形.数学家门奈赫莫斯(公元前 4 世纪)利用圆锥体研究圆锥曲线,利用垂直于圆锥母线的平面分别去截直角圆锥、钝角圆锥、锐角圆锥,如图 4,分别得到双曲线、抛物线、椭圆,即被门奈莫斯命名为"直角圆锥截线""钝角圆锥截线""锐角圆锥截线"的三种截线.

图 4

数学家阿波罗尼的《圆锥曲线论》中也认为,如图 5,用平面去截双圆锥得到三种曲线:椭圆、抛物线、双曲线,圆锥曲线获得是源于圆锥这一立体图形.

十九世纪,有个著名的丹德林双球实验,如图 6,两个大小球在圆锥内部,其中,小球在平面 π 的上方,大球在平面 π 下方,且双球与平面 π 和圆锥均相切,若圆锥的母线与圆锥的夹角小于平面 π 与圆锥轴的夹角,则平面 π 与圆锥的交线为椭圆.有了椭圆的第二个定义:平面上到两点的距离之和为定值的点的轨迹是椭圆.

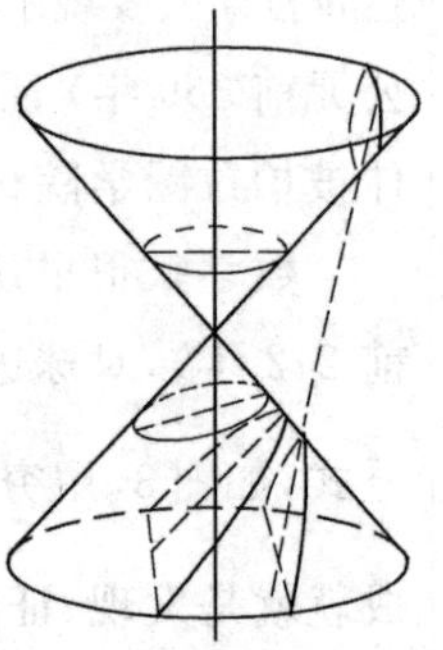

大约 1635 年,笛卡儿最早已发现凸多面体之间面数 (F)、棱数(E)、顶点数(V)之间存在有关系.1750 年欧拉也发现了三者间的关系 $V-E+F=2$,两年后发表,这个公式就被称为"欧拉公式".

图 5

1.3 中国经典的立体图形

作为四大文明古国之一的中国,上下数千年的文化历史源远流长,给世界留下了很多宝贵的文化财富.彩陶,是我国新石器时代珍贵文物.许多彩陶都是一种或多种基本立体图形的组合.这说明我国古代早已对立体图形有深刻认识.公元前 6170 年 — 公元前 5370 年,最早的大地湾彩陶,公元前 4800 年 — 公元前 4300 年的仰韶文化彩陶,公元前 3900 年前后庙底沟类型的彩陶,公元前 2650 年 — 公元前 2350 年马家窑文化的彩陶,之后,半山类型的彩陶文化、齐家文化彩陶、四壩文化彩陶、辛店文化彩陶,相继进入鼎胜时期,它们无一不生动刻画立体图形的简捷、优美.

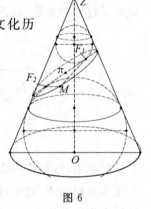

图 6

历史悠久的彩陶是中国史前时期先民立体思维和艺术创作相结合的产品.彩陶的立体形状以及其彩绘图案以几何条纹为主,图案丰富多彩,每一件彩陶向我们展示数学家立体几何造诣、灿烂的数学文化,而且从几何体中能追寻到中国立体几何发展踪迹.如图 7,涡纹双耳四系彩陶,它的上方是一个圆台的设计,最多的几何图案是圆和三角形.如图 8 的圆圈纹四蟹耳罐,是圆台、圆柱的结合,还有它们的创造是非常艰难的.如图 9 的圆圈网纹壶,丰满的罐身、柔美的立体曲线美不胜收.1945 年后,考古学家在四川巫山发现了大溪彩陶,种类丰富,线条更为精美,如彩陶筒形瓶,如图 10,它是做工工整的、中规中矩的圆台.这些也已说明,早时人类对立体几何已有极其深刻的认识.

中小学数学的历史文化

图 7　　　　　　图 8　　　　　　图 9　　　　　　图 10

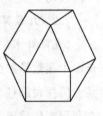

　　更令人震惊的是,中国在古代就制造出类似于阿基米德体的水晶珠 —— 公元前 500— 公元前 400 年淄博郎家庄的工艺品,如图 11,它的每个面都是正多边形,并由六个全等的正方形和八个全等的三角形构成,具有很高的工艺水平和几何水平. 这说明人类不仅对多边形已有了深刻的认识,而且对立体图形的认识也非同一般.

图 11

　　中国的建筑历史悠久,都有许多立体几何元素,应用极其广泛. 圆柱形的围屋在许多地方都能见到,如图 12,福建龙岩的圆形建筑就是最好的历史文物,是世界上神奇的山区民居建筑.

图 12

2. 经典名著中的立体图形

　　对于立体图形的研究,人类从未停止过,甚至为此付出毕生的心血,保存下来的数学名著也为数不少,已成为人们细细研读的精品,也正是通过数学经典,人类才得以慢慢地揭开立体图形的神秘面纱,加深对立体图形的认识,促进立体图形研究.

2.1《几何原本》中的立体图形

　　《几何原本》,一部具有划时代意义的几何专著,大约成书于公元前 300 年,是由亚历山大前期的第一个大数学家欧几里得所写的,是用公理方法建立起演绎体系的最早典范. 欧几里得的《几何原本》里不只是一个人的劳动成果,它还累积了几百年来人类对几何的研究成果,并加以系统的分类、比较,揭示了几何间的内在联系,形成严密的几何系统. 全书共 13 卷,其中的第十一、十二、十三卷是专门讨论立体图形的.

　　《几何原本》第十一卷,有 28 个定义,39 个命题. 其中有球的定义、多面体的定义、有长方体的定义、圆柱、圆锥的定义,还有立方体的定义、棱柱的定义.

　　《几何原本》第十二卷,有 18 个命题,尤其是一个三棱柱可以分成三个体积相等的三棱锥,如图13,等底等高的棱锥是棱柱体积的三分之一;一个圆锥是等底等高的圆柱体积的三分之一;球体积之比等于它们直径的三次比 …… 都是历史悠久、经典名题.另外,《几何原本》第十三卷,还专门讨论了正多面体的尺规作图.

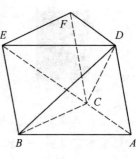

图 13

2.2《九章算术》中的立体图形

《九章算术》作为东方的第一部的数学专著,汇聚众多中国数学家的心血,其中"商功"篇共有28道题,是专门探讨圆柱、圆台、正四棱锥、正圆锥等十余种各种立体图形体积的计算,在我国古代建筑工程及计算中发挥了重要作用.这些经典的立体几何题值得去细细回味,去感受,从中体验我国古代人们的几何思想与智慧.

第九题有关于圆柱的体积计算公式,第十题是关于正四面棱台的体积计算公式,十二题是关于正四棱锥的体积计算公式,还有对一般的四棱锥(阳马)也有体积计算公式.第十五题:今有阳马,广五尺,袤七尺,高八尺.问积几何?答曰:九十三尺少半尺.术曰:广袤相乘,以高乘之,三而一.译文:现在有底面为矩形,一条棱垂直于底面的四棱锥,它的底边边长、宽都为5尺,长7尺,高8尺,问它的体积是多少?

答:它的体积是 $93\frac{1}{3}$ 立方尺.算法:底面边长乘以宽,再乘以高,除以3.如图14,设宽为 b,长为 a,高为 h,则所求体积为

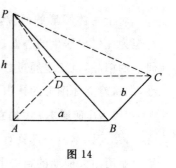

图 14

$$\frac{1}{3}\times 底面积 \times 高 = \frac{1}{3}abh = \frac{5尺 \times 7尺 \times 8尺}{3}$$

$$= 93\frac{1}{3} 立方尺$$

经验证,古今解法结果一致,再次验证了人们已有了用"底面积乘以高,再乘以 $\frac{1}{3}$"求棱锥的体积的方法.

对于圆台的体积公式,如图15,书中有,"术曰:上、下周相乘,又各自乘,并之,以高乘之,三十六而一."则圆台的体积为

$$V = \frac{1}{36}(c_1 c_2 + c_1^2 + c_2^2) h$$

书中许多立体体积数值不太准确,其实只是 π 的取值上存在误差,计算体

积的公式不存在错误，如书中的"城、垣、堤、沟、堑、渠""刍薨""刍童、曲池、盘池、冥谷"等体积计算公式皆是可靠的．这些例子已足以证明在两千多年前中国对很多立方图形的体积计算方法都已基本掌握，并在生活中广泛运用．这真的令人感叹中国古代人的智慧以及在数学领域所取得的巨大成就．

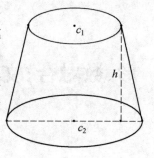

图 15

形、数融合：文化的创新

数学学习与研究，若仅用文字、数字，难免枯燥，让人望而却步，若仅用图形，又难以刻画细微之处．图形是视觉化，是欣赏的对象；代数是思考的媒介，是聆听的语言．几何图形永远无法十分精确，但提供了无限的想象与涟漪；代数式子很难有浪漫的联想，但提供了缜密的解释，因此几何与代数的互补性足以刻画科学的现象与性质．"没有几何的代数是瞎子，没有代数的几何是聋子"．弧度制是刻画圆周角的巧妙语言，余弦定理是通过三角形研究边角关系的神器．坐标系的演绎发展，是划时代的成就，通过坐标系利用方程去深刻研究曲线，特别是椭圆，以及曲线切线的斜率，反过来，利用曲线、切线等图形揭示方程、斜率等曲线特征．正如华罗庚所说：数缺形时少直觉，形少数时难入微．

第一节　坐标几何的演绎

坐标几何的产生在数学史上具有划时代的意义．18世纪法国数学家拉格朗日说：只要代数与几何分道扬镳，他们的进展就会缓慢，应用就会狭窄；但是当这两门学科结成伴侣时，他们就会互相吸取新鲜活动，从那时以后，就会以快速的步伐走向完善．坐标、坐标系是解析几何的基础．坐标的出现，使"点"与"数"直接挂钩，几何与代数可以相互转换．坐标系历史悠久，内容丰富．从笛卡儿、费马建立的倾斜坐标系，到平面直角坐标系，又进一步发展到极坐标系，甚至推广到空间直角坐标系．这里蕴含着由古到今不仅有坐标的思想，还有大量数学家对坐标系的研究做出的贡献．坐标思想也为研究高等数学提供了思路．随着人们对数学文化的了解，对坐标几何的广泛应用，越来越多的教育者进一步传播坐标系的数学文化，传承数学精神．因此，探讨坐标系的历史文化具有十分重要的意义．

1. 坐标几何的形成

平面上引进"坐标"的概念是解析几何的基本思想，借助这种坐标是把平面上的点与有序数对(x,y)之间建立起一一对应关系．坐标几何，也称为解析几何，是借助于坐标系，用代数方法研究几何对象间的关系和性质的几何学科．

1.1 坐标系的萌芽

新石器鼎盛时期，祖先伏羲氏创造了"两仪与四象"．它们的形成，经历了7 000年甚至更长的历史．哲学家李耳（老子）曾给予这样的说法："道生一"．孔子曾问道于老子，孔子又把这个思想注进了易经《系辞》之中．《系辞》说："一阴一阳之谓道"．由此看出，老子说的"一"不是数码"一"，而是具有一阴一阳的性质．因此这个"一"的样式应该是这样的：

如图1，中间是阴阳的分界点，自然是无极了．显然老子说的"一"，易经中的无极、两仪有了数轴的雏形．老子说："是以圣人抱一为天下式"．也就是：圣人把数轴当成普天之下的公式．

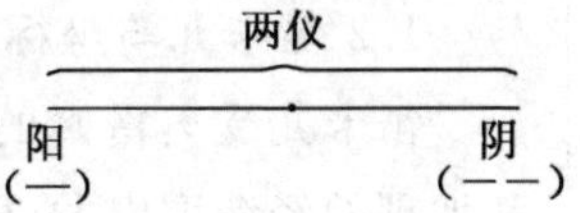

图1

四象是指直角坐标分成的四个象限，如图2，由两条坐标的两仪方式形成平面直角坐标，老子说的"一生二"也就是这个意思．也就是说：纵横数轴构成直角坐标系，形成了平面四象．

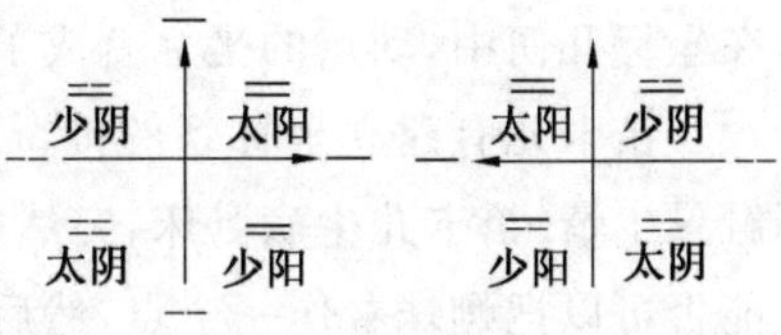

图2

中国古代已有坐标的萌芽，点的位置用坐标系方法去确定，也利用数字1，2发明了黄道的坐标系，用它来确定了夜空中星座的位置．坐标思想最早起源于天文地理学，用于解决人们的实际问题．公元前4世纪，天文学家石申用坐标方法绘制恒星方位表，记录了一百多颗恒星的方位．

据说亚里士多德是第一个发明了确定在地球表面位置的方法，他发现越接近赤道越热，越靠近北极越冷，于是他按照南北方位划分五个气候区域，并称划分的线为纬线．后来，托勒密在《地理学》一书中补充提出：绘制地图除了纬度也需要经度．为了把地球平面化，他还设计了扇形的经纬度．这些都标志着坐标思想早已出现.

公元前 200 年左右,古希腊阿波罗尼在讨论圆锥曲线的某些性质时,往往选择圆锥曲线的直径作为一条参照线,以圆锥曲线在直径的一端处的切线作为另一条参照线,两条参照线即相当于今天所说的"坐标轴"(不一定垂直).虽然当时没有命名坐标一词,但这两条参照线相当于建立了一种"坐标",可以看成是"坐标"的萌芽.希帕塔斯(公元前 190 年－公元前 125 年)用坐标来表示地面上的点的位置,达到解决地理、天文学中的位置问题.

14 世纪法国数学家,奥雷姆也提出一种坐标几何,用两个坐标来确定点的位置,用水平线上的点表示时间,称为经度;而所对应的速度则用纵线表示,称之为纬度.图像则表示随时间 t(经度)而变化的变量 x(纬度).经线与纬线把连续的运动与几何图示联系起来,画出相关图形,如图 3.在这里,奥雷姆借助

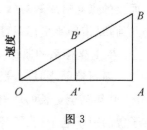

图 3

了经度、纬度这两个地理学术语来描述一种图表,相当于横坐标和纵坐标.这是从天文地理坐标向近代坐标几何学的过渡.

1.2 笛卡儿与坐标系

笛卡儿受奥雷姆的经纬度的影响,采用坐标方法.从自古已有的正确天文和地理的经纬度出发,引入坐标概念,采用数对表示点的坐标方法,给出点在坐标系中的坐标 (x,y),建立平面上点和实数对 (x,y) 的对应关系.笛卡儿在《几何学》中,最早是为运动着的点建立坐标,开创了几何和代数挂钩的坐标几何.在坐标几何中,动点的坐标就成了变数,这是数学第一次引进变数.

笛卡儿有建立坐标系的传奇故事.有人说,笛卡儿的坐标系建立源于他的触景生情.笛卡儿生病卧床,突然发现有一只蜘蛛在屋顶上左右爬行,他心想:能否可以把蜘蛛看作一个点,然后用一组数来确定它的位置,于是把问题转化为能否把"点"和"数"联系起来.屋顶与两面相邻的墙之间有两条相交线,把屋顶上的墙角作为起点,把相交的两条线作为两条数轴,那么屋顶上任意一点的位置,都可以在这两条数轴上找到有顺序的两个数来表示.反过来,任意给一组两个有顺序的数,例如 1,2,也可以用平面上的一个点 P 来表示.点与虫、形与数、静与动,均孕育着坐标系.于是,在蜘蛛的启示下,笛卡儿有了坐标的思想和方法.笛卡儿在他的回忆录说:"一天晚上的极大兴奋,发现了不可思议的科学基础,第二天开始懂得这惊人发现的基本原理".

笛卡儿认为曲线是点的轨迹,当点与坐标系下的数对 (x,y) 对应后,曲线方程 $f(x,y)=0$ 中所有的解 (x,y) 对应坐标系许许多多的点,不同的解对应不

同的点,这些点的轨迹便形成 $f(x,y)=0$ 的曲线.于是函数与曲线相互对应,几何问题可化为代数问题,再化为方程问题,即解的问题,这也就是笛卡儿所指数学中的"万能方法".这是思想上的一次划时代的重大变革.

笛卡儿将成果收集于他的哲学著作《几何学》的附录,并于 1637 年发表.书中内容是关于坐标几何的思想,这是笛卡儿坐标系的发端.于是,这附录也奠定了笛卡儿成为解析几何创始人.笛卡儿指出:每一对有序实数,即坐标(x,y)都对应平面上唯一的一个点;反之,平面上每一点都有唯一的一个坐标(x,y)与之对应.有了这种坐标思想,笛卡儿进一步考虑二元方程 $f(x,y)=0$ 的性质,满足这个方程的 x,y 值有无穷多个,x 值变化时 y 值随之变化,反之亦然,x 和 y 的不同数值在平面上所确定的许多不同的点将形成一条曲线.这样一个代数方程就可以通过几何直观的方法去处理.

在《几何学》的第三卷中,笛卡儿又给出了直角坐标系的实例.在第三卷的后半部分,笛卡儿利用坐标几何的工具,解决了高次方程的作图问题,还提出了一系列新颖的想法,如:曲线的次数与坐标轴的选择无关;坐标轴的选取应使曲线方程尽量简单等等.总之,笛卡儿在《几何学》中利用坐标系充分发挥了代数学的强大威力,改变了古希腊以来过分依赖几何学的局面.

1.3 费马与斜坐标系建立

与笛卡儿不同的是:费马的工作出发点是竭力恢复失传的阿波罗尼的著作《论平面轨迹》.费马不仅建立了平面斜坐标系,还提出并使用了坐标的概念,同时也使用平面直角坐标系.

费马的一般方法是坐标法,把平面上的点和一对未知数联系起来.如图 4,具体的方法是:取一条水平的直线作为轴,并在直线上确定一点 O 为原点,取两个字母 x,y 来确定,x 表示从原点 O 沿轴线到点 X 的距离,y 表示从 X 到 Y 的距离,XY 与轴线相交成固定的角,由 x,y 就能确定平面上点 Y 的位置,于是平面上每一点的位置都可以用两个字母 x,y 来确定.任意给定点的坐标,称为 x 和 y,也就是如今所称的横坐标与纵坐标.只没有出现 y 轴,也不用负数.

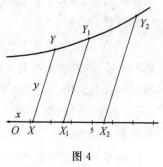

图 4

当变线段 XY 的端点 X 沿直线 OX 方向移动到 X_1,X_2 时,变线段 XY 的另一端点运动便形成一直线或曲线的轨迹.对此,费马自己认为:x,y 是方程中的两个未知量,它们移动会得到的一条轨迹,其中一个未知量的一端画出了一条直线或曲线.这种做法蕴涵着变量思想的坐标方法.美国数学史家波耶称费马的说法是"数学史上最重要的论断之一"!

后来,费马又列举了一些在他的坐标系中关于 x 和 y 的特殊类型的方程,并说明它们所表示的曲线.例如,若 $x^2=1+y^2$,则相应的轨迹为双曲线.费马清晰地阐明他的坐标系的原理:只要在最后方程里出现两个未知量,就得到一条轨迹,这两个量之一就描绘出一条直线或曲线.直线的种类只有一种,而曲线的类则是无限的,有圆、抛物线、椭圆等等.

费马提出并使用了坐标的概念,并通过解析坐标系,定义了如下曲线,用现代的符号说明就是:

直线:$d(a=x)=by$;

圆:$b^2-x^2=y^2$;

抛物线:$x^2=ay,y^2=ax$;

双曲线:$xy=a^2$ 或 $x^2+b^2=ay^2$;

等.

对于费马建立的坐标几何,虽然具有创造性,但是还不够成熟.这主要表现在他对纵坐标、横坐标忽视,这恰恰在坐标几何中又是非常重要的.

1.4 坐标系的完善

笛卡儿和费马工作的共同之处是都没有负坐标,也没有 y 轴,他们的坐标都是"斜坐标".直角坐标系,也叫作笛卡儿直角坐标系.1649 年,范·斯柯登为笛卡儿的《几何学》写了一篇介绍性的评论,这一工作对宣传和改进坐标几何起了积极的作用.之后,约翰·瓦利斯(John Wallis)在《论圆锥曲线》一书中有意识地引进负的纵、横坐标,使笛卡儿坐标几何扩大到整个平面,这有力地助进坐标思想的传播.

1692 年莱布尼兹首先创立"坐标"一词,后来又在 1694 年偶尔使用"纵坐标"一词.18 世纪上半叶,沃尔夫等人的著作中出现"横坐标"一词.笛卡儿和费马的坐标几何中只给出了横轴,纵轴没有明白给出,这种方法一直沿用到 18 世纪.直到 1750 年,第一次正式使用 y(纵)轴的是瑞士人克拉梅所著的《代数曲线的解析引论》.

笛卡儿最初所使用的坐标系,两个坐标轴不一定是直角,而且 y 轴也没有明显地出现.后来越来越多的人使用的"坐标""坐标系""横坐标""纵坐标"等述评,丰富坐标几何内容.虽然笛卡儿当初的坐标系不完善,但是笛卡儿却迈出了最关键的第一步,具有决定性意义.

直角坐标系的创建,在代数和几何上架起了一座桥梁.它使几何概念得以用代数的方法来描述,几何图形可以通过代数形式来表达,这样便可将先进的

142

代数方法应用于几何学的研究.

2. 数学家与极坐标

极坐标系完全不同于直角坐标系，它不用两条坐标轴，而是用角度和距离表示平面上的点．极坐标系也不是空穴来风．阿基米德螺线就对极坐标系有重大启示．平面内沿动射线 OP 以等速率运动的点 P，同时，OP 又以等角速度绕点 O 依逆时针旋转，于是得到阿基米德螺线，如图 5．长度 OP 加上旋转的角度就能确定点 P 的位置．极坐标法的获得对一些几何轨迹问题和描图问题处理上更为简单、方便.

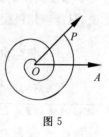

图 5

2.1 牛顿与极坐标

牛顿的《流数法与无穷级数》一书，约 1671 年写成．他是第一个用极坐标系表示平面上的任何一点．书中包括了坐标几何的许多应用，还包括了其他与极坐标有关的思想．他用一个固定点和通过此点的一个直线作标准，与现在的极坐标系非常相似.

2.2 雅各布·伯努利与极坐标

1691 年，雅各布·伯努利在《教师学报》上发表了一篇关于极坐标的文章．伯努利引入了极坐标系，正式使用定点和从定点引出的一条射线，定点称为极点，射线称为极轴．他也是极坐标的发明者，他不用两条坐标轴，而是用一个角 θ 和一个距离 r 来确定平面

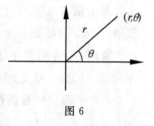

图 6

上的点，其坐标为 (r,θ)，如图 6．伯努利还通过极坐标系对曲线的曲率半径进行了研究.

2.3 其他数学家与极坐标

1729 年，德国的赫尔曼不仅正式宣布了极坐标的普遍可用，而且应用极坐标去研究曲线，并建立了平面直角坐标系和极坐标系的互换公式．他这方面的工作似乎不太为人所知，以致后来人们多引用欧拉乃至更晚的意大利数学家丰塔纳（1735－1803）的著作．欧拉在《无穷分析引论》（1748 年）中也扩充了极坐标的使用范围并且明确地使用三角函数的记号，他那个时候的极坐标系实际上就是现代的极坐标系．丰塔纳也曾在 1763 年给出极坐标的曲率半径公式.

在极坐标中，x 被 $\rho\cos\theta$ 代替，y 被 $\rho\sin\theta$ 代替，于是 $\rho^2 = x^2 + y^2$．极坐标系是一个二维坐标系统．该坐标系统中的点由一个夹角和一段相对中心点——极点的距离来表示．极坐标系的应用领域十分广泛，包括数学、物理、工程、航海

以及机器人领域.在两点间的关系用夹角和距离很容易表示时,极坐标系便显得尤为有用;而在平面直角坐标系中,这样的关系就只能使用三角函数来表示.对于很多类型的曲线,极坐标方程是最简单的表达形式,甚至对于某些曲线来说,只能够用极坐标表示.

3. 三维空间与坐标系

三维空间的坐标系建立也是一个自然而然的过程.早期有个三维空间及象限的萌芽,后又有平面坐标系的自然类推,于是自然得到两个变量对应平面坐标系,三个变量对应三维的空间坐标系.追溯历史,体验文化,必然会找到空间坐标系形成、建立的历史痕迹.

3.1 三维坐标系的萌芽

前面已经提到,在新石器鼎盛时期,祖先伏羲氏创造了"两仪与四象",其实在那时候已经出现了空间坐标的思想.伏羲也提出了"八卦",古代所提出的"八卦"与我们今天所熟知的八卦图并不一样,伏羲八卦包括卦数(图7)和卦符.

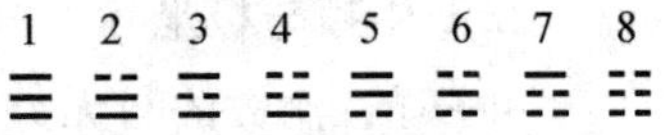

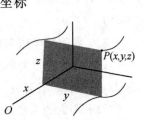

图7

老子说:"道生一,一生二,二生三,三生万物".把三条数轴 x,y,z 组成直角坐标系,如图8,由此可以形象地组成八个象限,可容纳整个宇宙.老子"三生万物"是八卦的最佳注解.可见,三维空间坐标系思想早已萌芽.

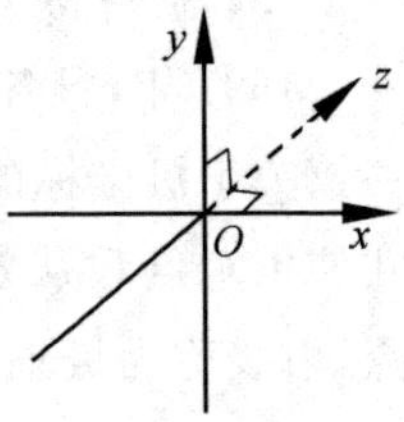

图8

3.2 平面坐标系类推

从17世纪中叶开始,把坐标几何推广到三维空间是坐标系发展的一个重要部分.笛卡儿和费马都曾有三维坐标几何的思想.笛卡儿在《几何学》第二卷中指出,一个点在三维空间中作规则运动时可以产生曲线,他在曲线上的一点处作线段垂直于两个互相垂直的两个平面,如图9.

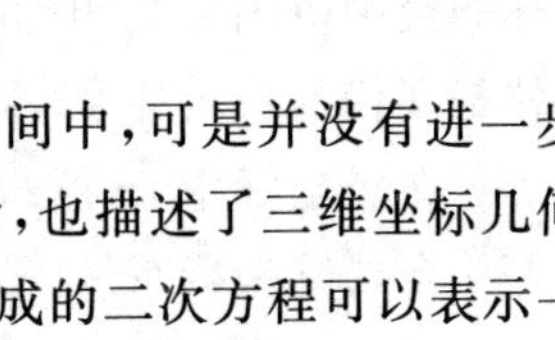

而在第二卷的靠前一部分里,笛卡儿进一步指出:一个含有三个未知数且这三个未知数定出轨迹上的一点 C,那么方程所代表的 C 的轨迹是一个平面、球面或曲面.他显然领会到他的方法可以推广到三维空间中,可是并没有进一步推广.在1643年的信中,费马吸收了笛卡儿的思想后,也描述了三维坐标几何的思想,但他只是简单地提到了三个未知数 x,y,z 组成的二次方程可以表示一个曲面.笛卡儿和费马都没有进一步去考虑这种推广.

图9

144

1679 年，拉伊尔在《圆锥截线新论》一书中，对三维坐标几何做了较为特殊的讨论，利用三个坐标表示空间中的点 P，如图 10，从而写出曲面的方程。直到 1715 年，约翰·伯努利才首次引入空间直角坐标系。

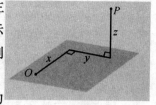

图 10

三维空间的关键就是坐标系思想。二维平面上的点可以和有序实数对 (x, y) 之间建立一一对应关系，但在三维空间中，仅仅用两个数还不能够确定三维空间点的具体位置，所以需要三个数来确定空间点的位置，并且把空间坐标的形式记为 (x, y, z)。也就是说，三维空间上的点也可以和有序实数组 (x, y, z) 之间建立起一一对应关系，如图 11。

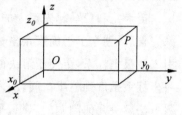

图 11

在三维空间中，关于 x, y, z 的一个方程通常定义为一条曲线。如，$x^2 + y^2 + z^2 = 1$ 表示点 (x, y, z) 离原点的距离总和等于一个单位长度，即以原点为圆心的一个单位球面。

4. 数学家与坐标变换

坐标变换的研究从二维空间、三维空间开始，最后推广到 n 维空间。在二维空间中，费马已经领会到坐标轴可以进行平移或旋转。他的方法是以椭圆的长轴 PP' 所在直线为 x 轴，以椭圆在点 P 的切线为 y 轴，并设 $PP' = d$，通径（即正焦弦）为 p，如图 12，推得椭圆方程为 $y^2 = px - \dfrac{p}{d} x^2$。

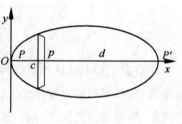

图 12

费马通过坐标轴的平移和旋转来化简方程。例如，通过坐标平移，把方程 $xy + a^2 = bx + cy$，化成双曲线 $xy = k^2$；又通过坐标轴的旋转，化方程 $a^2 - 2x^2 = 2xy + y^2$ 为椭圆方程 $b^2 - x^2 = ky^2$。费马自豪地宣称，用他的新方法能重新推出阿波罗尼《圆锥曲线论》的所有结论。不过，他并没有给出坐标变换的一般法则。

1748 年，欧拉也发现了三维空间中坐标系的变换，引进了从 xyz 坐标系到 $x'y'z'$ 坐标系的变换。

$$x = x_0 + x'(\cos \omega \cos \varphi - \cos \theta \sin \omega \sin \varphi) -$$

$$y'(\cos \omega \sin \varphi + \cos \theta \sin \omega \sin \varphi) + z' \sin \theta \sin \varphi$$
$$y = y_0 + x'(\sin \omega \cos \varphi + \cos \theta \cos \omega \sin \varphi) -$$
$$y'(\sin \omega \sin \varphi - \cos \theta \cos \omega \sin \varphi) - z' \sin \theta \sin \varphi$$
$$z = z_0 + x' \sin \theta \sin \varphi + y' \sin \theta \cos \varphi + z' \cos \theta$$

用来简化二次方程 $ax^2 + by^2 + cz^2 + dxy + exz + fyz + gx + hy + kz = l$，欧拉指出这种坐标变换不影响曲线方程.

笛卡儿和费马起先建立的是斜坐标系，没有 y 轴，没有负坐标，经大量数学家完善后，创立了平面直角坐标系，直到今天一直被我们沿用.进一步发展后，引入了极坐标系，更便于解决曲线问题.前面的坐标系都是在平面上讨论，后来将坐标系推广到三维空间，引入了空间直角坐标系.在坐标系中，最重要的是代数方法解决几何问题的思想，平面上的点可以和有序数对之间建立一一对应关系，空间上的点也可以和有序组之间建立一一对应关系，依次类推，可以提出高维空间理念，这是现代数学中非常重要的思想方法.笛卡儿、费马开辟的坐标几何学，从根本上改变了数学的面貌，使数学跨入崭新的时代，即从常量数学进入变量数学的时代，大大促进了数学的发展.

第二节　椭圆方程的经典[①]

对数学知识点认识的深浅、宽窄、厚薄，还有对数学知识点间的关联程度、密疏，以及对知识点蕴涵的人文性的体验多寡，都直接决定学科知识，影响数学理解.椭圆的历史文化体验，感受知识的人文意义，感受概念间巧妙关联，领略数学方法的作用，促进经验知识的生动具体，从而品味到椭圆是人类文化传承的媒介以及文化结晶，形成内涵丰富、知情意有机融合的椭圆的文化图式结构.增强数学知识的人文体验，感受数学方法的价值，强化知识间的关联.

1.丰富的椭圆经验知识

经验知识是研究学习的起点.客观知识离不开个人知识，客观知识要变为个体知识，首要需要获得丰富的经验知识.人类对椭圆经验知识就相当丰富.古希腊人有直观的椭圆经验，截圆锥得椭圆，椭圆知识开始逐渐丰富.伽利略认

① 张映姜.梳理历史文化，丰富数学知识[J].教育研究与评论,2018(5).

为,行星依椭圆进行运行,行星的椭圆运动模型很好地诠释了天体运动规律.又如,人类把可塑的圆进行合理地压缩,于是得到椭圆,如图1.事实上,生活中也大量存在着椭圆的痕迹,比如斜射阳光下球影的边界呈现出椭圆形状,圆柱形斜截面的边界是椭圆形状,装着有色液体的圆柱水瓶倾斜时水面所呈现的椭圆图形.生活中椭圆表象直观、具体,感受生动直观,印象清晰深刻,岁月难以磨灭.

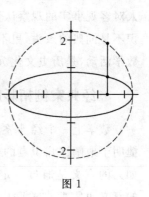

图 1

2.还原知识的人文特性

知识要接地气,有人气,才会容易被感受到其价值.知识是历史沉淀的结果,是文化的载体,是智慧的结晶,总会打上人活动的烙印,展现数学家的思维故事.有关数学知识是有故事的,也饶有趣味的,同样也是美妙的.提到某个知识,就应与其相关的不同国籍、不同时代的数学家所对应的故事发生联系,联想到数学在发明、发现、获得知识过程中的点滴故事,以及所经历的艰难困苦.如圆锥的斜截面表现了椭圆这一陈述性知识中蕴涵着丰富的人文性,从中可以联想到,古希腊数学家对椭圆所做的深入研究,如欧几里得发现,不只是圆锥,连圆柱的斜截面也是椭圆;稍后的

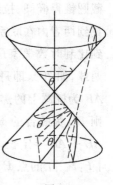

图 2

数学家阿波罗尼也发现,θ 为锐角的平面截圆锥得到椭圆,如图2,当 θ 为直角、锐角时,其截面则是抛物线和双曲线.公元前数学家已有如此发现,令人肃然起敬!

数学家得到椭圆的方式也多种多样.数学家哈桑、蒙特利用拉线作图得到椭圆,提出概念.如图3,固定一条定长的细绳两端点 A,B,细绳上动点 P 的轨迹就是椭圆.16世纪的意大利数学家蒙特,称定点 A,B 为椭圆的焦点,$PA + PB =$ 定长.椭圆定义为,到两焦点的距离之和为定长的点的轨迹.由此联想到数学家哈桑、蒙特天才的发现,精辟的点子,独到的想法,令人拍案叫绝!

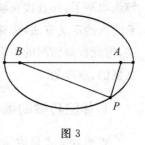

图 3

古代数学家所截的圆锥的椭圆截面、哈桑与蒙特拉线作图的椭圆无不体现

人对客观事实的观察认识,叙述、展现知识的意义与价值.不难领会,事实性知识不是词典的条头,更不是天外来客,它是有丰富文化内涵的,是来自于人类的数学活动,是历史文化沉淀的精华.

3.经典案例精彩解读知识

数学上一个经典案例往往是精彩解读知识,简捷明了地阐述知识点的各种关系,胜过千言万语.正如人的意义是通过一定的社会关系得到体现,知识的意义也需要在关联中才能充分被正确认识、被深入解读.知识点间的关联通常是数学家研究思考的结果,是解读知识的最好策略.丹德林双球是解读斜截圆锥得椭圆、拉线作图的椭圆间关系的经典模型.

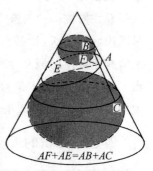

图 4

找到两者内在联系,深层次认识概念,生动地解读椭圆,从丹德林双球中可体验到比利时数学家丹德林高超的智慧.1822 年,丹德林通过圆锥内的大小不一的两球,如图 4,即丹德林双球模型去进行生动、深入的解读.圆上任取点 A,AE,AF 为椭圆上的焦半径,同时过点 A 作圆锥的母线,与两球分别相切于点 B,C,则 BC 为圆台的母线长,则 $AB = AF$,$AC = AE$ 发现等量关系:$AF + AE = AB + AC =$ 定长 BC.在平面内,到两个焦点 F_1,F_2 的距离之和等于常数(大于 $|F_1F_2|$)的点 P 的椭圆轨迹.设定长 $BC = 2a$,则点 P 满足等式

$$|PF_1| + |PF_2| = 2a$$

服务于解析几何的椭圆的轨迹定义与截线定义之间是相互独立的,连接两者的唯一桥梁就是丹德林双球.要认识椭圆的本质,截线定义是不可替代的,而联系两种定义时,丹德林双球同样也是不可替代的.丹德林双球策略把两者的鸿沟填平了,并直接在圆锥上导出椭圆的焦半径.法国数学家洛必达抛弃了古希腊人的定义方法,将椭圆定义为平面上到两点距离之和等于常数的动点的轨迹,据此推导椭圆的方程.没有数学的历史文化,数学的理解就是不完整的,是枯燥的、冰冷的.

4.体验巧妙的数学方法

思想方法才是数学的精髓.数学与其说是知识,倒不如说是思想方法.思想方法的载体是数学知识.如椭圆,蕴涵丰富的历史文化,尤其是思想方法.笛卡儿、费马运用解析法研究给出椭圆方程,出现许多可喜的成果.十七世纪,法国著名数学家费马依据古希腊已获得的椭圆基本性质,证明、并确定方程 $a^2 -$

$x^2 = ky^2 (k > 0, k \neq 1)$ 表示的曲线是椭圆，并记载在名著《平面与立体轨迹引论》中.

椭圆方程的研究探讨如火如荼. 十九世纪，许多解析几何教材中已经提出许多方法，并化简、证明了椭圆方程，如美国数学家柯芬在其《圆锥曲线与解析几何基础》中，直接利用椭圆基本性质来推导椭圆方程，并给出椭圆方程：$a^2 y^2 + b^2 x^2 = a^2 b^2$. 通常用的均为两次平方法. 当然还有更简捷、更实用的洛必达的和差术. 数学家洛必达对椭圆及其标准方程深有研

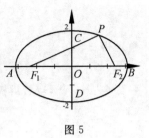

图 5

究，并创造性提出和差术的巧妙方法，简化方程的推导过程，得到椭圆的标准方程. 洛必达依据椭圆定义推导方程：平面上到两定点距离之和等于常数的动点的轨迹. 洛必达推导的过程是：如图 5，设长轴 $|AB| = 2a$，短轴 $|CD| = 2b$，焦距 $|F_1 F_2| = 2c$，在椭圆上任取一点 $P(x, y)$，由定义有

$$|PF_1| + |PF_2| = 2a$$

可设

$$|PF_1| = a + z, |PF_2| = a - z$$

利用两点之间距离公式，有

$$|PF_1|^2 = (a + z)^2 = (x + c)^2 + y^2 \tag{1}$$

$$|PF_2|^2 = (a - z)^2 = (x - c)^2 + y^2 \tag{2}$$

(1) $-$ (2) 得 $4az = 4cx$，故得

$$z = \frac{cx}{a} \tag{3}$$

把 (3) 代入 (1) 得

$$a^2 + 2cx + \frac{c^2 x^2}{a^2} = x^2 + 2cx + c^2 + y^2$$

令 $a^2 - c^2 = b^2$，于是得椭圆方程

$$y^2 = \frac{b^2}{a^2}(a^2 - x^2)$$

此方程与椭圆标准方程没有差异，只是形式不同.

另外，还有赖特的精彩的平方差法. 十九世纪，英国数学家赖特利用平方差法推导出椭圆的标准方程. 设 $|PF_1| = r_1, |PF_2| = r_2$，如上图 5，由定义

$$r_1 + r_2 = 2a, r_1^2 = (x + c)^2 + y^2, r_2^2 = (x + c)^2 + y^2$$

两式相减，得 $r_1^2 - r_2^2 = 4cx$，由 $r_1 + r_2 = 2a$ 得，$r_1 - r_2 = \frac{2cx}{a}$，于是

$$r_1 = a + \frac{cx}{a}, r_2 = a - \frac{cx}{a}$$

$$\left(a + \frac{cx}{a}\right)^2 = (x + c)^2 + y^2$$

整理得

$$(a^2 - c^2)x^2 + a^2 y^2 = a^2(a^2 - c^2)$$

令 $a^2 - c^2 = b^2$,得椭圆的标准方程

$$\frac{x^2}{a^2} + \frac{y^2}{b^2} = 1$$

两次平方法、洛必达的和差术、赖特的平方差法等处理椭圆的方法是精彩的,所推出的方程是简捷的. 经典的案例精彩地推导椭圆方程,解读知识,有丰富的数学思想、巧妙的数学方法,以及别出心裁的处理技巧,给人耳目一新,激发探究的欲望.

对数学知识的认识不能仅仅是目录条目,也不能仅仅是解题证明,更不能仅仅是概念定理法则的堆砌,它应当是充分浸润着数学历史文化、散发着人文精神的载体,是数学历史中活的"化石",是承载着人类智慧、包涵着数学追求的经典"文物古迹". 数学的历史文化至少是数学本身不可分割的一部分,它是可以促进对数学知识的理解,特别重要的是,它能增强对数学的理解完整性. 没有经典案例的知识是空洞的,是没有说服力的. 历史是时间的累积,文化是历史的沉淀,文化体现出来的是人类的爱好、思想方法以及作为. 正如椭圆不只是概念定义、标准方程及解题应用,更多的是,古希腊数学家斜截圆锥(柱)得椭圆截面、哈桑拉线得椭圆,以及丹德林双球关联椭圆的两个定义,从中感受椭圆的悠久历史,体验椭圆的无穷魅力. 融入文化能感受到椭圆蕴涵的人文魅力,以及所带来的愉悦与快乐,从中赞叹人类高超的数学智慧.

第三节　曲线与方程的深刻

曲线的历史极其悠久,开始是纯几何曲线,而后笛卡儿、费马建立坐标系,开始曲线方程的研究. 曲线方程不只是方程的研究. 曲线方程经历了漫长的岁月,通过众多数学家的努力,利用纯几何方法和代数方法去探讨,才有了如今的曲线及其方程的研究领域. "仅只是一条曲线,以表示棉花价格的方式画出来的曲线,把耳朵可能听到的一切描述成最为复杂的音乐演奏的效果 …… 我认为这是数学力量的一个极好的证明"(开尔文勋爵). 古时候,世界各地最早发现的

150

曲线有圆. 古希腊数学家利用平面截圆锥等方法得到各种圆锥曲线. 研究三等分角、倍立方问题, 发现了割圆曲线, 等等. 发现曲线最多的、历史最悠久的要数古希腊数学家. 曲线研究历史悠久, 经典案例众多, 趣闻轶事比比皆是. 曲线及其方程独特的文化内涵, 如心脏线、等角螺线, 沉淀着人类文化, 展现数学家的智慧. 在历史长河中, 这些曲线都浸润着数学家的心血, 体现了数学家的智慧, 讲述了数学家的故事, 赋予了数学家的人文精神.

1. 意外的割圆曲线

古希腊时代, 为了解决三等分角及化圆为方问题, 研究发现了割圆曲线.

希腊的希庇亚斯在设法三等分角时发明一种新曲线称为割圆曲线, 可惜是这种曲线也不符合尺规作图得到圆的要求. 古希腊数学家为了解决三等分任意角问题而绞尽脑汁, 居然创新出割圆曲线. 这也是曲线发展史上的一大奇葩.

割圆曲线是这样形成的: 让 AB 顺时针方向以匀速绕点 A 转到 AD 位置, 同时让 BC 平行移动以匀速下降到 AD 处, 当 AB 转到 AD', 同时 BC 移至 $B'C'$, AD' 与 $B'C'$ 之交点 E' 即为割圆曲线上的点, E' 之轨迹即为割圆曲线, 其终点 G, 须用割圆曲线上的点的极限来确定 ($AB \perp AD$).

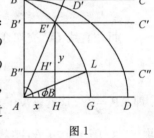

如图 1, 割圆曲线在直角坐标中的方程的导出: 设 AB 转到 AD 所需总时间为 T, 由假定 BC 移至 AD 所需时间也是 T, 而设 AD' 转到 AD, $B'C'$ 移至 AD 都相同之时间 t. 用此割圆曲线, 可以三等分任意角, 令 ϕ 是待分的角, 把 y 三等分, 使 $E'H' = 2H'H$, 过 H' 作 $B''C'' /\!/ AD$ 与割圆曲线交于 L, 联结 A,L 则

图 1

$$\angle LAD = \frac{\phi}{3}$$

2. 副产品的蔓叶线

蔓叶线也是很经典的曲线, 历史悠久, 趣味无穷. 尽管不可能解决立方体积尺规作图问题, 但蔓叶线是解决倍立方问题, 而创造出的经典曲线. 不应让人们两千多年花在这个问题上的心血白流, 于是得到了许多有价值的副产品, 其中蔓叶线的发现就是对数学家苦苦思索、辛勤劳动的一种补偿.

蔓叶线的做法是: 设有一个直径为 $OA = a$ 的圆, 过 A 作切线. 自点 O 引射线交圆于 Q、交切线于 P, 在 OP 上截取 $OR = PQ$. 当 P 在直线 l 上变动时, 点 R 的轨迹, 就是蔓叶线.

若以 O 为原点，OA 为 x 轴，过 O 的切线为 y 轴建立平面直角坐标系，就难以写出蔓叶线的方程。如图 2，自 R 向 x 轴引垂线得垂足 M，则 $MO=x,RM=y$。因为

$$OR = PQ = AP\sin\theta = OA\tan\theta\sin\theta = a\tan\theta\sin\theta$$

即得

$$\sqrt{x^2+y^2} = a \cdot \frac{y}{x} \cdot \frac{y}{\sqrt{x^2+y^2}} \tag{1}$$

整理后得

$$x^2+y^2 = \frac{ay^2}{x}$$

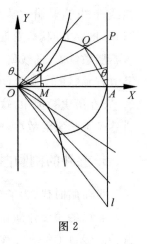

图 2

也可写成

$$\frac{x^3}{y^3} = \frac{a-x}{y} \tag{2}$$

如果得到了 $a=1$ 时的蔓叶线。在 y 轴上取 $OB=2$，作直线 AB 与蔓叶线交于 C，则有

$$\frac{1-x}{y} = \frac{AD}{DC} = \frac{AO}{OB} = \frac{1}{2} \tag{3}$$

再作直线 OC 交切线 l 于 P，由 (2)(3) 得

$$AP^3 = \left(\frac{AP}{OA}\right)^3 = \frac{y^3}{x^3} = \frac{y}{1-x} = 2$$

即 $AP = \sqrt[3]{2}$。这就解决了立方倍积问题。

3. 历史悠久的摆线

小圆圆心沿大的定圆周转动，同时小圆绕自己的圆心自转就得到了托勒密外摆线。摆线的一个特殊性质：摆线的渐伸线还是摆线，即摆线的渐屈线还是摆线，这一对摆线称为共轭摆线（惠更斯定理）。摆线也是经典的曲线。公元前二世纪，托勒密构造的宇宙系，宇宙是以地球为中心，每个航星围绕地球旋转，同时自己也进行旋转，于是形成外摆线，并称之为外摆线或旋轮线。

4. 直观生动的蚌线

尼科梅德斯蚌线是经典曲线，是由尼科梅德斯（公元前 225 年）所作形如蚌状的曲线。已知平面上的一条直线 L 及直线外的一点 P，过点 P 作与直线 L 相交的射线，在每条射线上，以直线 L 为界截取长度为 a 的线段，除点 P 外的所有

152

端点所形成的曲线称为蚌线，如图3，其中 a 大于点 P 到 l 的距离.

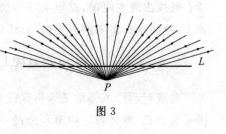

图3

尼科梅德斯蚌线也是尼科梅德斯在解决古希腊三等分角的尺规作图题时的成果.三等分锐角 $\angle P$ 的方法是：作直角三角形 APB，$AP \perp AB$，延长 AB，以点 P 和直线 AB 为界作一条蚌线，在直线外截得的固定长度为 $2PB$.过点 B 作 AB 的垂线交蚌线于点 C，连接 CP，则 $\angle APC$ 为 $\angle APB$ 的三分之一，如图4.

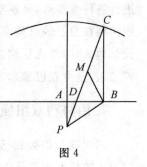

图4

设 PC 和 AB 交于点 D.作直角三角形 BCD 斜边的中线 BM ，M 为 CD 边的中点，则 $MC = MB$，由此得 $\angle MCB = \angle MBC$. 由于蚌线的固定长为 $2PB$，即 $CD = 2PB$，则 $PB = \dfrac{1}{2}CD = MC = MB$，因此 $\angle BMD = \angle BPD$. 但 $\angle BMD$ 是三角形 BMC 的外角，则 $\angle BMD = \angle MCB + \angle MBC = 2\angle MCB$，而 $\angle APC = \angle MCB$（内错角），故

$$\angle APB = \angle APC + \angle BPD = \angle APC + \angle BMD$$
$$= \angle APC + 2\angle MCB = 3\angle APC$$

曲线是古希腊数学家研究的重要主题，数学家获得了许许多多的曲线，尤其解决三大尺规作图问题时提供了经典的、别具一格的方案.古希腊数学家对大量的轨迹问题进行研究分类.公元3世纪末，亚历山大时期最后一位重要的几何学家帕普斯将轨迹分成以下三类：直线和圆的平面轨迹，圆锥曲线（椭圆、双曲线和抛物线）的立体轨迹，上述两类曲线以外的曲线的线轨迹.

5. 无字情书与心形线

1596年3月31日，52岁的解析几何创始人笛卡儿，流落在斯德哥尔摩街头，居然邂逅了18岁的瑞典公主克里斯汀，做了公主的数学老师.他们之间很快产生爱慕之心，国王知道恋情后大怒，笛卡儿被驱，随即染上重病.笛卡儿在寄给克里斯汀第十三封信后，永远地离开了这个世界.前十二封信均被国王收缴.

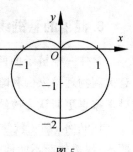

图5

最后一封信上，因没写一句话，没有一个字，只有一个方程：$r = a(1 - \sin\theta)$. 这是历史上最简单的情书.克里斯汀拿到信后，她立即把曲线画出来，如图5，一

颗心脏线出现在眼前,克里斯汀不禁泪流满面,这条曲线就是著名的"心脏线".如今,这封享誉世界的另类情书,还保存在欧洲笛卡儿的纪念馆里.

6. 雅各布·伯努利的墓碑与等角螺线

曲线与动径成等角是等角螺线名称的由来.等角螺线经扩大或缩小变换后仍是它自己.雅各布·伯努利经过审慎、细致、多种多样的探索,发现对数螺线进行各种变换后,又恢复了原状,为此惊叹曲线之奇妙,并立下遗言:"把这条曲线铭刻在自己的墓碑上,并附偈语云(纵然变化,依然故我)."对数学之美发此天长地久、绵绵无尽期之爱,在数学历史上雅各布·伯努利是继阿基米德后的第二人,至今在巴塞尔的墓地人们犹可瞻仰此偈.

7. 伯努利双纽线

双纽线与伯努利结下不解之缘.设有定线段 AB 的长度为 $2a$,动点 M 满足条件 $|MA|\cdot|MB|=a^2$,那么点 M 的轨迹即为双纽线.将双纽线将数字 8 横躺下来,成为符号"∞",意思变成"无穷大",也叫作伯努利双纽线,如图 6.

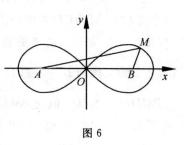

图 6

双纽线以数学家伯努利冠名.伯努利是一个数学大家族,祖孙三代,出了十多位数学家,他们生活在 17 世纪至 18 世纪的瑞士.其中,发现双纽线的这一位,名叫雅各布·伯努利(1654－1705).由于他的一位侄孙与他同名,并且也是数学家,所以为了区别,在数学史料中,有时将这位爷爷辈的伯努利叫作雅各布第一·伯努利.他在 1694 年的一篇论文中讨论了双纽线的性质.他发现的这种曲线形状像 8 字形或绷带的形状,后来被人们称为双纽线.

8. 混淆的悬链线

拿住一根链子的两端,链子由于自己的重量自然下垂,它形成什么曲线?意大利物理学家伽利略研究过这一问题,他给出的答案是:抛物线.另一位荷兰科学家惠更斯认为该结论不对,其实是悬链线.

1690 年,瑞士数学家雅各布·伯努利在德国《教师学报》上提出相同的问题:一根柔软而不能伸长的绳子,自由悬挂于两个固定点,求这绳子所形成的曲线.惠更斯、约翰·伯努利和莱布尼兹都找到了问题的正确答案,他们的解答发表在 1691 年的《教师学报》上.令雅各布本人尴尬的是,他自己当时没能解决这个问题,但他的弟弟约翰解决了并以此为骄傲.这种"自由悬挂着的柔软的绳子或链子所形成的曲线"被莱布尼兹恰当地命名为悬链线，如图 7. 其实，悬链线的形状确实很像抛物线，因此伽利略的错误是可以理解的，事实上，抛物线和悬链线是两种不同的曲线.

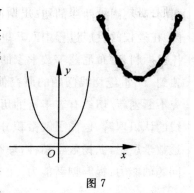

图 7

悬链线作为一种重要的曲线，应用广泛. 如悬索桥、架空电缆、电线中都有悬链线……有英国汉学家李约瑟的研究认为，世界上最早的悬索桥是中国四川灌县的安澜桥，它建于公元前 3 世纪，用竹编索，全长 320 米，有 8 个悬索塔，还有建于隋代的云南金沙江塔城关铁索桥. 中国最著名的铁索桥，还是四川大渡河上的泸定桥，建成于 1706 年，其全长约 110 米. 香港青马大桥是全球最长的行车、铁路两用悬索吊桥，1992 年始建，1997 年开放通车，也是悬链线. 它桥身长为 2.2 千米，主跨长度 1 377 米，是连接香港市区和国际机场的交通要道，已成为香港的一个标志性建筑与香港新的观光景.

曲线方程是数学上重要概念. 曲线方程有着悠久的历史，承载着数学家对数学的追求. 在数学历史上，留下的经典案例可让后人欣赏多种多样的经典曲线，回味数学家曾用过的巧妙方法，追忆数学家精彩故事.

从曲线方程的发现到取得研究成果，不难看出其中解析几何扮演的角色的重要性. 解析几何是十七世纪以来人类最伟大的成果. 恩格斯对其也曾给予很高的评价. 数形结合的方法，成为数学研究的重要方法. 代形为数，以数论形，或化数为形，以形论数，这些思想，开拓了数学研究的眼界. 通过形和数的结合，使数学成为一个双面的工具. 一方面，几何概念可用代数表示，几何目标可通过代数方法达到；另一方面，又可给代数语言以几何的解释，使代数语言更直观、更形象地表达出来. 正如拉格朗日所说："只要代数同几何分道扬镳，它们的进展就缓慢，它们的应用就狭窄. 但是当这两门学科结合成伴侣时，它们就互相吸取新鲜的活力，从那以后，就以快速的步伐走向完善."

第四节　　曲线切线的精细

切线及其应用已经有两千年的历史，从古希腊到文艺复兴时期，从静态直观阶段到动态分析阶段不断地演变. 古今有许多数学家研究曲线的切线，经历圆的切线、圆锥曲线的切线、阿基米德螺线的切线,再到一般曲线的切线等阶段.在漫长的发展过程中欧几里得、阿基米德、阿波罗尼、费马、笛卡儿、斯卢斯、托里拆利、莱布尼兹等数学家的切线定义及对切线的构造颇具匠心,方法巧妙、独到.17 世纪切线问题的研究促进微积分诞生、发展.切线概念的深化,代表研究不断创新.切线有着丰富的历史文化,研究切线的历史文化不仅能深化对切线的认识理解,也能了解微积分历史文化,体会古今中外数学家的高超智慧,渗透数学思想,弘扬数学精神,理解和鉴赏数学之美,培养应用数学知识解决实际问题的能力,提升创新能力.

1. 切线定义的历史演变

人类对切线的认识经历了漫长的岁月.古希腊时期的切线定义、近代的切线定义是两种不同的定义.从最初圆的切线定义到切线的割线极限位置定义,打破了古典时期切线的局限,切线由静态直观到动态分析,将宏观的切线思想发展到微观思想,并且切线的极限研究促进了微积分的诞生.切线为割线之极限位置的观念已经得到了数学家的认同,展现了古今中外数学家高超的智慧,以及对数学的认知不断深入研究的努力.

1.1 古希腊切线静态定义

切线定义最早出现于古希腊数学家欧几里得的经典之作《几何原本》的第3 卷中,"和圆相遇,但延长后不与圆相交的直线" 就是圆的切线.此卷中,有几个命题涉及切线:

命题 16　过圆的直径的端点作一条与直径垂直的直线,该直线一定落在圆外;直线与圆之间的空间不存在第二条直线.

命题 16 推论　与圆的直径垂直且相交于直径端点的直线与圆相切.

命题 18　如果一条直线与圆相切,连接圆心与切点的直线与切线构成直角.

命题 19　过直线与圆的切点,作一条垂直该直线的直线,那么该直线必定穿过圆心.

可见,欧几里得对圆的切线局限于四点:(1)只有一个公共交点,(2)不能穿过圆或圆位于切线的同一侧,(3)切线唯一性,(4)切线与半径垂直.

继欧几里得后,出现圆锥曲线的切线.古希腊著名数学家阿波罗尼(公元前262 年 — 公元前 190 年)在《圆锥曲线论》第一卷中论述了圆锥曲线的切线,他把切线看成是全部在圆锥曲线之外,且与圆锥曲线只有一个公共交点的直线.阿波罗尼承认,这本书前四篇是欧几里得所写,修订关于圆锥曲线的那本失传了的著作. 不难看出阿波罗尼的切线定义受欧几里得的影响, 仍局限于静态几何, 类似于圆的切线去定义圆锥曲线的切线.

还有阿基米德螺线的切线. 阿基米德是这样定义的切线：切线是一条与曲线接触的直线, 而且在这条直线与曲线之间的空间再不能插入其他直线. 古希腊数学家、力学家阿基米德(公元前 287 年 — 公元前 212 年)在其著作《论螺线》中详细地论述了螺线的切线, 将欧几里得的切线定义运用于螺线的切线时发现欧几里得切线定义有局限性, 但没提出来, 而是采取回避的态度. 于是, 将螺线的切线定义限制于螺线的第一圈, 得到命题 13：若一条直线与螺线相切, 那么它们只能在一个点处相切. 由此看出, 古希腊时期的数学家们静态方式定义曲线的切线, 还是处在直观阶段, 一千多年来这种局面一直没有实质性的突破[①].

1.2 近代动态的切线定义

随着对切线研究的深入, 激发数学家好奇心, 不断去探索. 17 世纪, 数学家遇到了三类问题：光的反射、曲线运动的速度问题、曲线的交角问题. 为了解决这三类问题, 数学家又开始关注切线. 法国数学家费马(1601 — 1665)、笛卡儿(1596 — 1650)、英国数学家巴罗(1630 — 1677)等微积分先驱者都研究曲线的切线, 对切线给出不同构造方法. 他们基本的思想是, 把切线看作割线的极限位置, 这就使极限思想进入了数学, 其辩证观促使微积分产生、发展.

德国数学家莱布尼兹(1646—1716)发表的第一篇论文《一种求极大值、极小值和切线的新方法, 不受分数量及无理量阻挠的奇特算法》中, 将曲线切线定义为, "连接曲线上无限接近两点的直线"或"曲线的内接无穷多边形的一条连续边". 法国数学家洛必达(1661 — 1704)的《无限小分析》成果中, 也称曲线的切线为曲线的内接"无穷多边形"一边的延长线.

2. 切线的构造方法

历史是时间的累积, 文化是历史的沉淀. 数学家对曲线切线的研究一直在持续, 不断深化, 对切线提出许多定义. 古希腊时期, 采用静态的方式、简单地构造切线. 阿基米德很早就认识到切线的意义, 但不知道他是如何构造的, 后人往往猜测, 他是依据平行四边法则, 借助生成螺线的两个分运动的合速度而发现螺线的切线. 这是完全不同于十七世纪中期数学家们构造一般曲线的切线方法.

---

① 吴甬翔, 汪晓勤. 曲线的切线：从历史到课堂[J]. 高等理科教育, 2009(3)：38-43.

2.1 费马的虚拟等式构造切线

费马利用无穷小方法,解决极大值与极小值时提出"虚拟等式",去构造切线. 如图 1,$\triangle AQC$ 与 $\triangle APB$ 相似,A,B 距离为 s 得到

$$\frac{s+e}{s}=\frac{f(x+e)}{f(x)}$$

即

$$s=\frac{ef(x)}{f(x+e)-f(x)}=\frac{f(x)}{[f(x+e)-f(x)]/e}$$

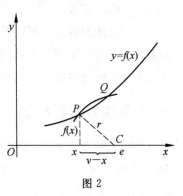

图 1

当 $e \rightarrow 0$ 时,也就是点 Q 无限接近于点 P 时,极限为

$$s=\frac{f(x)}{f'(x)}$$

所以切线斜率[①]

$$f'(x)=\frac{f(x)}{s}=\lim_{e \to 0}\frac{f(x+e)-f(x)}{e}$$

割线 PQ 的极限即为切线 PT.

费马的极限思想是,当点 Q 沿曲线无限接近点 P 时,割线 PQ 越来越趋近于切线 PT,其斜率不断地变化,越来越接近切线的斜率,达到极限位置时,点 Q,P 重合,割线 PQ 的斜率变为切线斜率,割线也就变为切线.

2.2 笛卡儿与圆法切线

笛卡儿用法线去定义切线,以 x 轴上一点 $C(v,0)$ 为圆心,作半径为 r 的圆,交曲线 P,Q 两点,当点 Q 逐渐趋近于点 P 时,PC 即为法线,过点 P 与 PC 垂直的直线即为切线,此法得到的切线称为圆法切线. 如图 2,设曲线 $y=f(x)$ 与圆相交于点 P 的坐标为 $(x,f(y))$,当点 Q 趋近于点 P 时,方程

$$[f(x)]^2+(v-x)^2=r^2$$

有重根,以点 P 的横坐标 x 作为重根,则重根 $x=e$ 可写为

$$[f(x)]^2+(v-x)^2-r^2=(x-e)^2=0$$

---

① 殷克明. 高中生对切线的理解:历史相似性研究[D]. 上海:华东师范大学,2011.

于是,切线的斜率就是 $\dfrac{(v-x)}{f(x)}$.

笛卡儿用圆构造切线的方法从根本上讲,其仍然为代数法.此方法的缺点是,对于较复杂的曲线方程,利用笛卡儿的圆法确定曲线切线时,有可能出现较为烦琐的代数运算,使求解变得异常困难.

2.3 胡德和斯卢斯的形式算法与切线

十七世纪五十年代,荷兰数学家胡德和斯卢斯面对曲线 $f(x,y)=0$ 上点的切线时,在笛卡儿圆法的基础上,构造一个有关特殊曲线的代数方程,按照固定的代数程序去解决,这就是所说的胡德和斯卢斯的形式算法.用这样的一个简便方法,恰恰体现算法的优势.

依笛卡儿圆法,胡德给定一个多项式 $F(x)=\sum\limits_{i=0}^{n}a_ix^i$,并按升幂排列,任取 a,b 得级数算术级数 $a,a+b,a+2b,\cdots,a+nb$,分别乘以多项式 $F(x)=\sum\limits_{i=0}^{n}a_ix^i$ 中相应的项,得到多项式

$$G^*(x)=\sum_{i=0}^{n}a_i(a+ib)x^i$$

$F'(x)=\sum ia_ix^{i-1}$, $F'(x)$ 就是多项式 $F(x)$ 的导数,所以

$$G^*(x)=aF(x)+bxF'(x)$$

由导数性质知,多项式 $F(x)$ 的重根必定为导数 $F'(x)$ 的根,由此,有得胡德法则: $F(x)=0$ 的任何重根都必定是 $G^*(x)=0$ 的一个根.

例 1　求曲线 $y=x^n(n\geqslant 2)$ 的切线斜率.

由胡德法则知,有笛卡儿圆法条件方程 $F(x)=x^{2n}+(v-x)^2-r^2=0$,取 $a=0,b=1$,得 $G^*(x)=xF'(x)$. 由胡德法则,使 x 是 $F(x)$ 方程的重根,则有

$$G^*(x)=(2n)x^{2n}+(0)v^2-(1)2vx+(2)x^2-(0)r^2=0$$

即 $2nx^{2n}-2vx+2x^2=0$,解得 $v-x=nx^{2n-1}$,因此切线的斜率为

$$\frac{v-x}{x^n}=\frac{nx^{2n-1}}{x^n}=nx^{n-1}$$

即为熟悉的 x^n 的导数 $F'(x^n)=nx^{n-1}$.

2.4 托里拆利合运动与切线

欧洲数学家托里拆利认为,点运动形成线,线运动形成面,面运动形成体.自然,托里拆利、罗伯瓦尔等认为,点运动的路径形成一条曲线,切线方向便是运动方向,两个分运动合成点的运动,它们遵循平行四边形法则,两个分速度的之和为合速度,如图 3,在某个点的瞬时运动的合速度的方向就是曲线在这点

的切线,即构造了曲线的切线.切线就是动点的瞬时运动的方向,切线概念的几何直观、两分运动合成非常生动地得到诠释.

2.5 巴罗特征三角形与切线

巴罗教授,牛顿的恩师,发现特征三角形,借用特征三角形去研究切线,如图 4,对于点 $M(x,y)$,考虑无穷小量 Δx,找到点 $N(x+\Delta x,y+\Delta y)$,则任意小的弧 MN 可近似地当成线段,对于 $\mathrm{Rt}\triangle TQM$ 和特征三角形 MNR 的相似性. 当 Δx 趋于零时,$\dfrac{\Delta y}{\Delta x}=$

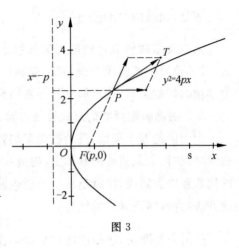

图 3

$\dfrac{f(x+\Delta x,y+\Delta y)}{\Delta x}$ 极限即为 $f'(x)$,于是对于曲线上的点 $M(x,y)$ 的切线斜率为 $f'(x)$. 当 Δx 无限地趋向 0 时,巴罗认为,割线逐渐地变为切线.巴罗的思路极其巧妙,方法极为有效,既确保切线存在,同时也获得切线的斜率.

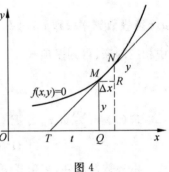

图 4

2.6 莱布尼兹的无穷多边形与切线

莱布尼兹、洛必达在曲线研究过程中获得了微积分的重要成果.对于任意曲线,莱布尼兹、洛必达通过内接曲线的无穷多边形方法去研究切线位置,定义曲线的切线.如图 5,对于圆内接多边形,当边数越来越大时,多边形的一边延长线与圆的位置发生质的变化.当圆内接多边形边数达到无穷时,多边形相邻顶点的连

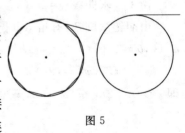

图 5

线由割线变为切线,过两点的直线相切于圆,以此确定曲线的切线.与费马方法很相似,莱布尼兹、洛必达采用无穷多边形构造法,就是让无穷多边形中两点无限接近,直到重合时,曲线的割线就变为了切线.

3. 切线问题催化微积分的产生

微积分是数学发展史上的里程碑,是人类一次伟大的成就. 17 世纪数学家面临四大类型的问题：一求瞬时速度，二求曲线的切线，三求函数的最大、最小值，四求曲线长或曲线围成的面积问题等．为了解决这四大问题，许多数学家做了大量的工作．同时，这四类问题的逐步解决也促使微积分的诞生．随后，数学巨人牛顿、莱布尼兹发现了积分和微分间的互逆关系，提出微积分基本定理，把看似无关的两个问题紧紧地联系起来．

3.1 巴罗的切线与微积分

17 世纪，数学家巴罗研究发现，曲线 $y=x^n(x\geqslant0)$ 与 x 轴构成的图形面积为 $\dfrac{x^{n+1}}{n+1}$，如图 6，而曲线 $y=\dfrac{x^{n+1}}{n+1}$ 上某点切线的斜率是 x^n，即

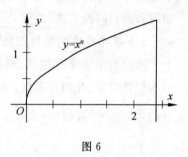

图 6

$$y'=\left[\frac{x^{n+1}}{n+1}\right]'=x^n$$

数学特例中隐隐约约呈现出曲线的切线和曲边梯形面积间的关系，体现的就是微分与积分的关系．

随着巴罗更深入的研究，曲线切线和面积间的关系更清晰．如图 7，建立平面直角坐标系 xOy，设曲线方程为 $y=f(x)$，曲线 BGE 与 x，y 轴围成曲边梯形 $BEDO$，其面积为 $Z=S(x)$，在坐标系 xOy 反方向作平面直角坐标系 xOz，曲线为 OIF，点 $F(x,S(x))$ 是 ED 延长线与曲线的交点，取点 T 使 $TD=\dfrac{DF}{ED}=\dfrac{S(x)}{y}$，即

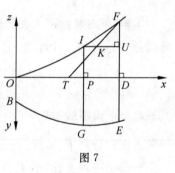

图 7

$$S'(x)=\frac{\mathrm{d}}{\mathrm{d}x}\int_0^x f(x)\mathrm{d}u=f(x)$$

这一结果却是微积分基本定理的最初形式．

3.2 牛顿的"流数术"

英国物理学家、数学家牛顿的"流数术"为微积分理论建立提供丰富多彩的材料．受巴罗研究切线与面积间的关系成果的启发，牛顿用瞬时变化率的方法研究曲线的切线与曲边形面积，体验求面积和求变化率间的天然关系，许多案例充分揭示了积分与微分间的互逆关系．后来，牛顿又用流量（变量）、流数（变化率）去解决如下二类问题：（1）已知流量关系，求流数；（2）已知流数关系方程，求流量间关系，并发现两者是互逆的．在他的《求曲边梯形面积》等文献

中在如何求曲线任一点处的切线方程、曲线与直线所围成的曲边梯形面积方面有详细的论述.

设曲线 $z = ax^m$(m 为整数或分数),用 x 的"瞬"得到曲线下面积为 $y = max^{m-1}$. 反过来,如果曲线是 $y = max^{m-1}$,曲线下的面积就是 $z = ax^m$. 这个早期微积分结果就已获得.牛顿通过"瞬"、函数,结合曲线,完整地概括出曲线的切线和面积间的关系,即微分、积分运算间的关系,获得微积分基本定理.

3.3 莱布尼兹的符号运算与微积分

德国数学家莱布尼兹,微积分的主要贡献者之一,在发表的第一篇论文中引入积分符号,并初步发现,求积与求切线问题的互逆关系,概括出到微分与积分的互逆关系.曲线 $y = f(x)$ 下图形的面积 $z = z(x)$,有 $\dfrac{\mathrm{d}z}{\mathrm{d}x} = y = f(x)$.

于是 $y\mathrm{d}x = \mathrm{d}z$,则 $y = f(x)$ 曲线下面积为

$$\int y\mathrm{d}x = \int f(x)\mathrm{d}x = \int \mathrm{d}z = z$$

即面积问题化为反切线问题,很明显的揭示了微分与积分互逆的关系,由此获得微积分基本定理.

牛顿、莱布尼兹两人在微分(切线问题)和积分(面积问题)间架起了桥梁,使微分、积分合为一体,创立了微积分,得到微积分基本定理

$$\frac{\mathrm{d}}{\mathrm{d}x}\int_a^x f(x)\mathrm{d}x = f(x)$$

其核心是求得图形面积 $F(x) = \int_a^x f(x)\mathrm{d}x$. 切线是微积分重要的研究对象,且伴随着微积分产生、发展.

数学是一种文化,数学历史文化一直伴随着数学发展,所有的知识都是由历史发展来的.切线也一样,有着两千多年的演变,其历史文化深远而丰富,从静态几何到动态几何.在历史上切线的性质常常被运用,数学家们不断的探索,推进微积分的诞生与发展.只有了解切线的历史文化,才能真正了解切线的运用以及切线问题,能促进思维的活跃,把握微积分精髓,激活数学思维,产生新的思想与观念,提升创新能力.

第五节　　弧度制的巧妙

三角函数是数学中的经典内容,而弧度制是影响三角函数较大的一个概念.人的行为是文化重现.角度制下圆周长、弧长、弦长均采用十进制计算,并由

162

此获得历史上非常经典的弦表,也有用度作为单位去度量角度,同时希帕恰斯用度去度量弦长、直径、半径;欧拉用半径去度量圆周,于是有了弧度制的概念.因而,数学家提出角度和弧度之间的转换,用弧度来计算扇形的弧长及面积.追溯历史文化,可还原弧度制的产生,体验弧度制创新的过程,直观理解和掌握弧度制的本质内涵.

1. 希帕恰斯与弦表

圆的概念可以用数学方式描述,可以用物理方式展现,也可以用技术方式应用.圆最初是一个完美的抽象概念,人类利用这个概念改善了自己的生活[①].人类很久很久就已知道圆周角的大小.采用度数制度量计算角的度数.两千多年前,古巴比伦人发明了60进位制,把圆周分为360等份,每一份所对应的圆心角为1度,1度等于60分,1分等于60秒.每一份弧长对应着一个圆心角,即1份弧长所对的圆心角为1度.

希帕恰斯用度数去度量弦长.出生于比提尼亚的希帕恰斯,非常喜欢研究天文现象,在爱琴海的罗得岛建造了一座天文台,花大半生精力用于天文研究.由于天文学上的需要,要求计算球面上的角度和距离,希帕恰斯开始进行类似于三角函数表的"弦表"的研究,即在固定的圆内,不同的圆心所对应的弦长(相当于现在圆心角一半的正弦线的两倍)的表.为了制定弦表,希帕恰斯采用古巴比伦的角度

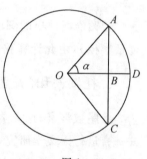

图 1

制,如图 1,用以符号 chord α 表示圆心角 α 所对应的弦长,chord $\alpha = AD$,chord $2\alpha = AC$.

希帕恰斯还用度数去度量半径、直径.由圆周长 $C = \pi d$ 得,$d = \dfrac{360}{\pi}$,通常认为 π 接近3,考虑到取整,所以近似值为3,于是直径 $d = 120$ 份,即圆的周长分为360 等份,则直径为其中的 120 份,半径为 60 份.简单记为 $C = 360°, d = 120°, r = 60°$.

希帕恰斯利用上述成果进行计算.如图2,在单位圆上,圆心角60度所对的弦等于半径,又因为半径等于圆的周长的 60 份,即 chord $\alpha = 60°$,而圆心角为 $90°$ 的弦则为

---

① 泽布罗夫斯基.圆的历史[M].李大强,译.北京理工大学出版社,2005.

$$\text{chord } 90° = \sqrt{2}\,r = \sqrt{2} \cdot 60°$$

由于 AB 是圆 O 的直径,所以 $\angle ACB = 90°$.
根据勾股定理不难得到

$$\text{chord}^2(180° - 2\alpha) + \text{chord}^2(2\alpha) = (2r)^2$$
(1)

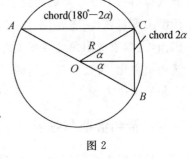

图 2

希帕恰斯利用公式(1),制作出一些圆心角的"弦表".

如求 chord $150°$,可令 $\alpha = 15°$,由公式(1)可得

$$\text{chord}^2 150° + \text{chord}^2 30° = (2r)^2$$

又 chord $60° = r$,即 chord $30° = \dfrac{1r}{2}$,所以

$$\text{chord } 150° = \frac{r\sqrt{15}}{2}$$

希帕恰斯推出的圆心角的"弦表"比较少,还沿用古巴比伦的 60 进位制去度量半径 r,由此计算弦值,不仅计算量大也不精确,而且相当复杂.

2. 托勒密和《天文学大成》弦表

希腊数学家、天文学家克劳蒂乌斯·托勒密(90—168),长期住在亚历山大并一直进行天文学研究,在数学研究上,更注重实践和应用.其最有名的著作是《天文学大成》,全书共 13 卷,大概讲述了希腊人对宇宙的认识和研究,其第一卷中附有一张"弦表",此表是目前世界保存的最早的三角函数表.弦表从 $0.5°$ 到 $180°$ 制作,间隔为 $0.5°$,这份弦表大大方便了计算,同时由于表示弧长依然使用角度制,所以在计算量上还是很多的.

3. 阿耶波多与高精确度的弦表

公元前 2 世纪,古希腊数学家、天文学家希帕恰斯也把圆周分为 360 份,弦长的度量也采用与圆弧的度量单位"度"一致,去制作弦表,但精确度不高.古希腊数学衰落,但印度数学蓬勃发展.

阿耶波多(476—550),印度最早的数学家,其著作《阿耶波多历算书》第一部分记载有正弦表的构造方法.阿耶波多为了得到更精确的弦表,单位由"度"细分到"分",圆周也分为 $360 \times 60 = 21\ 600$ 等份,由 $d = \dfrac{C}{\pi} = \dfrac{21\ 600}{\pi}$,得 $d = 6\ 876$

份,半径为 3 438 份.这样去制作的弦表其精确度就较之前要高很多.制作弦表精确度提高了,可是计算量也上升了.托勒密、阿耶波多等将半径的度量仍然用度、分、秒进行度量,这种方法让计算较为复杂,不符合人类认知规律.但二倍角所对弦的半弦长定义为角(或弧)的弦值,这种方法为三角函数的发展奠定基础.

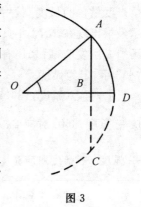

图 3

阿耶波多继承、发扬托勒密弦值思想,改进算法,角(弧)的弦值改为二倍角所对弦的半弦长,即正弦值,如图 3.

$$\text{chord } \alpha = AB = \sin \alpha$$

若 $\alpha = 60°, AB = \dfrac{\sqrt{3}}{2} OA$,所以

$$\text{chord } \alpha = \sin 60° = AB = \dfrac{\sqrt{3}}{2} OA = \dfrac{\sqrt{3}}{2} \times 3\ 438' = 2\ 977'$$

4.欧拉：半径度量圆周

过去,用度数去度量角、直径、半径、弦长,这些都是天才的想法,尤其是度量直径、半径、弦长,极富想象力.当然,最有想象力的还是欧拉.1748 年,数学家欧拉在他的名著《无穷小分析引论》中提出用半径度量圆周的思想,也就以半径为基本单位来度量圆周.

根据公式 $C = 2\pi r$,即 $2\pi = \dfrac{C}{r}$,这也就说明圆的周长和半径的比值是一个固定值.如图 4,若 $r = 1$,那么 $C = 2\pi$,可以把圆周分成 2π 份,每一份对应于一个圆心角,也就是一份所对应的弧就是半径,每份弧就是 1 弧度,所对的圆心角就是 1 弧度的角.即等于半径的弧长所对的圆心角就是 1 弧度的角,记作"1 rad".用弧度作为角的单位来度量角的单位制就叫弧度制.整个圆周的长就是 2π 个半径,即一个周角为 2π 弧度,半个圆周角就是 π 个弧度,即

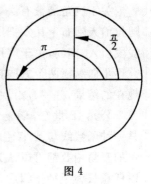

图 4

$$360° = 2\pi \text{ 弧度}, 180° = \pi \text{ 弧度}$$

自然有

$$\sin \pi = 0 \quad \sin \dfrac{\pi}{2} = 1$$

所以,当弧长 L 和半径 r 相等时,圆心角就是 1 弧度的角.弧度作为角的单

165

位来度量角的弧度制,用 rad 表示,其实是它英文"radian"的简写.弧度制及表示最早出现在 1873 年贝尔法斯特女王学院的试卷上,首先由爱尔兰物理学家汤姆森所发明,后来还有人使用"㲺",直到 1956 年,《数学名词》中才去除没有"㲺"字,定为弧度.

0°对应 0 弧度,180°对应 π 弧度,那么 90°对应 $\frac{\pi}{2}$ 弧度,360°对应 2π 弧度,进一步,45°对应 $\frac{\pi}{4}$ 弧度,$\frac{\pi}{6}$ 弧度对应 30°,$\frac{\pi}{3}$ 弧度对应 60°,如图 5.

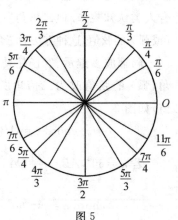

$$30° = \frac{\pi}{6}\text{rad} \qquad 60° = \frac{\pi}{3}\text{rad}$$

$$90° = \frac{\pi}{2}\text{rad} \qquad 120° = \frac{2\pi}{3}\text{rad}$$

$$270° = \frac{3\pi}{2}\text{rad} \qquad 300° = \frac{5\pi}{3}\text{rad}$$

图 5

弧度制的应用,在三角函数中计算方便.三角函数中自变量仅是弧度制的时候,该求导公式才会成立.弧度的大小等于弧长与半径的比值,与半径大小没关系,还推出圆角和平角所对应的弧度大小,并且根据这个推导方法,算出 1 度和 1 弧度之间的关系.

5.三角线的定义,函数的创新

关于三角函数有必要知道,有关三角函数的三角线,起源于公元 12 世纪.阿拉伯人阿布·瓦发把所有三角线都定义在同一圆上,正切、余切作为圆的切线段引入.期间,由于应用程度的提高以及和其他领域知识联系的需要,三角研究逐步向纵横两个方向扩展,之后经过人们几个世纪的努力,千锤百炼才得到现在的结果,并一直沿用至今.

公元 18 世纪,瑞士大数学家欧拉定义三角函数是一种函数线与圆半径的比值.具体地说,任意一个角的三角函数都可以认为是以这个角的顶点为圆心,以任意长为半径作圆后,由角的一边与圆周的交点 P 向另一边作垂线 PM 所得的线段 OP,OM,MP（即函数线）相互所取的比值,如图 6 所示,如 $\sin \alpha = \frac{MP}{OP}$,$\cos \alpha = \frac{OM}{OP}$,$\tan \alpha = \frac{MP}{OM}$ 等.

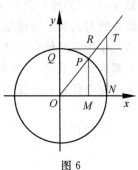

图 6

166

若令半径取单位长 1，那么所有的 6 个三角函数又可大为简化，如
$$\sin \alpha = MP, \cos \alpha = OM$$

欧拉用小写字母 a, b, c 表示三角形的边，用大写字母 A, B, C 表示三角形的角，用 α 表示弧度角，则不仅大大地简化了三角公式、三角运算，而且建立弧度角的三角函数，为任意角的三角函数的创立奠定了坚实基础. 欧拉曾自豪地说："如我想象的那样，我最初把角的正弦和正切这样引入了代数领域中，让我们能够像其他的量那样来处理它们，并顺利地进行各种各样的运算."

弧度制的相关历史文化内容丰富多彩，从角度制去度量圆周问题变成通过周长来度量直径、弦长，从角的度数制到弧度制的数学思想转变，以及在圆周问题和弦长计算问题上，追求计算的简便和计算结果的精确性，同时，为三角函数线的建立提供更多的方便，更强调弧度制出现的重要性. 由一个历史上研究圆周和弦长问题展开，追溯思想和方法的根源. 通过历史文化融入，不仅了解弧度制产生的历史，体验其所蕴涵的数学文化，领略弧度制在日常生活和天文，航海中的作用，而且发现弧度制在数学中的重要作用，感受弧度制的弧长公式和扇形面积公式的简捷.

第六节 余弦定理的巧算

余弦定理的历史跨度较大，沉淀在余弦定理中的智慧、方法极为丰富，资源也极为丰厚. 利用余弦定理的历史文化资源研究历史命题、获得经典解法，体验数学思想，品味数学家对定理的痴迷. 文化融入余弦定理教学，穿越历史长河，能够品尝数学文化，欣赏经典方法，开拓数学智慧. 三角学是在三角形测量基础上发展起来的一门独立数学分支，最初就是寻求三角形中边和角的关系来解决三角问题，而正、余弦定理建立了三角形中边和角的联系.

1.回眸历史，拓展定理

古今中外，无人不知，无人不晓. 有一个很重要的等式，就是 $c^2 = a^2 + b^2$. 在直角三角形中有勾股定理，那么钝角三角形、锐角三角形中又有什么等式呢？古希腊著名几何学家欧几里得研究钝角三角形

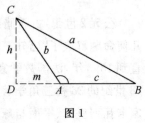

图 1

三边的关系：$a^2 = b^2 + c^2 + 2cm$，如图 1，发现结论，与勾股定理比较，多了一点

"尾巴". 事实上, 这一结果也会发现作钝角三角形的高, 构造直角三角形, 两次运用勾股定理, 可得

$$a^2 = h^2 + (m+c)^2 = h^2 + m^2 + 2cm + c^2 = b^2 + c^2 + 2cm$$

后来, 数学家创造了三角函数. 考虑 $\angle A > 90°$, 若只知道 $\angle A$, 不知道 m, 怎样求 a^2? 在 $Rt\triangle ACD$ 中, $AC = b$, $\angle CAD = 180° - \angle A$, $m = b\cos\angle CAD = b\cos(180° - A) = -b\cos A$. 于是 $a^2 = b^2 + c^2 - 2bc\cos A$, 即有著名的余弦定理.

当然, 也可以如下计算

$$
\begin{aligned}
a^2 &= h^2 + (m+c)^2 \\
&= b^2\sin^2(180° - A) + [b\cos(180° - A) + c]^2 \\
&= b^2\sin^2 A + [c - b\cos A]^2 \\
&= b^2\sin^2 A + c^2 - 2bc\cos A + b^2\cos A \\
&= b^2 + c^2 - 2bc\cos A
\end{aligned}
$$

对于锐角三角形, 同样有这一结论: $a^2 = b^2 + c^2 - 2cm$, 如图 2. 仿前, 作锐角三角形的高, 构造直角三角形, 两次利用勾股定理以及三角函数, 可得 $a^2 = b^2 + c^2 - 2bc\cos A$.

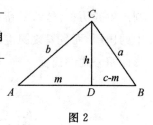

图 2

当然也可以做如下计算

$$
\begin{aligned}
a^2 &= h^2 + (c - m)^2 = b^2\sin^2 A + (c - b\cos A)^2 \\
&= b^2\sin^2 A + c^2 - 2bc\cos A + b^2\cos A \\
&= b^2 + c^2 - 2bc\cos A
\end{aligned}
$$

无论钝角三角形, 还是锐角三角形都有 $a^2 = b^2 + c^2 - 2bc\cos A$.

同理, $b^2 = a^2 + c^2 - 2ac\cos B; c^2 = a^2 + b^2 - 2ab\cos C$.

勾股定理是数学的基本定理, 应用极其广泛. 余弦定理是勾股定理的推广, 体验数学创造的过程, 更容易理解、掌握余弦定理的内涵.

2. 感受数学文化, 演绎定理历史

公元 2 世纪, 古希腊天文学家托勒密在其《天文学大成》中利用欧几里得的几何命题解决了"已知三角形三边求角"的问题, 但并没有明确提出余弦定理. 直到 1593 年, 法国数学家韦达首次将欧几里得的几何命题写成三角形式. 17 至 18 世纪的 26 种三角学著作, 只有荷兰数学家斯内尔的《三角形论》、意大利数学家卡瓦列里的《平面与球面三角学》、英国数学家爱默生的《三角学基础》和意大利数学家卡诺里的《平面与球面三角形》给出了三角形式的余弦定理. 从那以后, 余弦定理三角表达式得到数学家们高度认同和广泛应用, 从此把三角形

中小学数学的历史文化

三边的关系研究转向余弦定理.

许多数学家提供各种各样的证明方法,展示人类智慧以及高级技巧.韦达、斯内尔、卡瓦列里、爱默生等数学家利用欧氏的几何等式得到

$$\frac{2bc}{b^2+c^2-a^2}=\frac{1}{\cos A}$$

卡诺里给出三角形式的余弦定理:$a^2=b^2+c^2-2bc\cos A$.

自古以来,余弦定理的研究一直备受关注,如向量证法、哈斯勒证明、射影公式证明、毕蒂克斯的证明、德·摩尔根的证明等[①].证明方法多种多样,体现数学家深邃的洞察力.

(1)向量证法

如图3,由$\overrightarrow{BC}=\overrightarrow{AC}-\overrightarrow{AB}$得$\boldsymbol{a}=\boldsymbol{b}-\boldsymbol{c}$.然后两边平方可得$\boldsymbol{a}^2=(\boldsymbol{b}-\boldsymbol{c})^2$,再展开得到$\boldsymbol{a}^2=\boldsymbol{b}^2+\boldsymbol{c}^2-2\boldsymbol{b}\boldsymbol{c}$,最后利用向量积公式得到

$$\boldsymbol{a}^2=\boldsymbol{b}^2+\boldsymbol{c}^2-2\,|\,\boldsymbol{b}\,|\,|\,\boldsymbol{c}\,|\cos A$$

同理

$$\boldsymbol{b}^2=\boldsymbol{a}^2+\boldsymbol{c}^2-2\,|\,\boldsymbol{a}\,|\,|\,\boldsymbol{c}\,|\cos B$$

$$\boldsymbol{c}^2=\boldsymbol{a}^2+\boldsymbol{b}^2-2\,|\,\boldsymbol{a}\,|\,|\,\boldsymbol{b}\,|\cos C$$

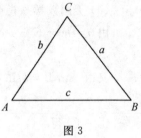

图 3

(2)哈斯勒的方法

哈斯勒证法是利用三角函数对欧几里得的几何证法稍加改进得到的.图1中,有$m=-b\cos A,h=b\sin A$;图2中,有$m=b\cos A,h=b\sin A$.所以,由图1和图2以及勾股定理,均可得

$$a^2=(b\sin A)^2+(c-b\cos A)^2$$

整理得

$$a^2=b^2+c^2-2bc\cos A$$

(3)射影公式的方法

英国数学家杨(1799－1885)使用的方法,还有美国数学家肖弗内(1820－1870)使用的方法,都充分利用射影公式.

(i)英国数学家杨的方法

如图4,由射影公式

$$a=b\cos C+c\cos B$$

$$b=c\cos A+a\cos C$$

① 汪晓勤.20世纪中叶以前的余弦定理历史[J].数学通报,2015(8).

$$c = a\cos B + b\cos A$$

两边分别乘以 a, b, c 得到

$$a^2 = ab\cos C + ac\cos B$$
$$b^2 = bc\cos A + ba\cos C$$
$$c^2 = ca\cos B + cb\cos A$$

从而得到

$$a^2 + b^2 - c^2 = 2ab\cos C$$

同理，有

$$b^2 + c^2 - a^2 = 2bc\cos A$$
$$a^2 + c^2 - b^2 = 2ac\cos B$$

(ii) 美国数学家肖弗内的方法

由 $a = b\cos C + c\cos B$ 移项得 $c\cos B = a - b\cos C$，两边平方得

$$c^2\cos^2 B = a^2 - 2ab\cos C + b^2\cos C \qquad ①$$

又由 $c\sin B = b\sin C$，两边平方得

$$c\sin B = b\sin C \qquad ②$$

①+② 得

$$c^2 = a^2 + b^2 - 2ab\cos C$$

同理，有

$$a^2 = b^2 + c^2 - 2bc\cos A, b^2 = a^2 + c^2 - 2ac\cos B$$

(4) 毕蒂克斯的方法

在 $\triangle ABC$ 中，$AC > BC$，如图 5，以 C 为圆心、BC 为半径作圆，交 AC 及其延长线于点 F，E 交 AB 于另一点 G. 由圆的割线定理可知

$$AF \cdot AE = AG \cdot AB$$

于是有

$$(b - a)(b + a) = c(c - 2a\cos B)$$

整理得

$$b^2 = a^2 + c^2 - 2ac\cos B$$

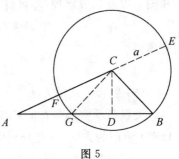

图 5

170

如图 6,若以 AC 为半径作圆,则由 $BE \cdot BF = BA \cdot BG$ 可得

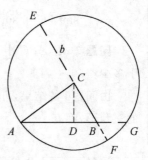

$$b^2 = a^2 + c^2 - 2ac\cos B$$

同理

$$a^2 = b^2 + c^2 - 2bc\cos A, c^2 = a^2 + b^2 - 2ab\cos C$$

(5) 德·摩尔根的方法

由

$$\sin C = \sin[180° - (A + B)] = \sin A\cos B + \cos A\sin B$$

图 6

平方得

$$\sin^2 C = \sin^2 A\cos^2 B + \cos^2 A\sin^2 B + 2\sin A\sin B\cos A\cos B$$

$$= \sin^2 A + \sin^2 B + 2\sin A\sin B\cos A\cos B$$

$$= \sin^2 A + \sin^2 B + 2\sin A\sin B\cos C$$

再由正弦定理得到

$$c^2 = a^2 + b^2 - 2ab\cos C$$

同理

$$a^2 = b^2 + c^2 - 2bc\cos A, b^2 = a^2 + c^2 - 2ac\cos B$$

余弦定理的历史文化源远流长,存在许多经典的证明方法. 通过了解余弦定理的历史文化,体验数学家的经典方法,欣赏精彩的数学证明,亲身经历数学知识发生、发展、形成的过程,更好地理解余弦定理本质内涵. 通过欣赏余弦定理的经典证法,感知学科知识间的联系,获得高效的学习方法,形成良好的思维品质.

3. 余弦定理的巧妙应用

数学家和数学爱好者利用三角形、正弦定理对余弦定理进行各种变形,得到非常好的结果. 思维方式、结果令人拍案叫绝,妙不可言. 利用正弦定理,还可以得到

$$\sin^2 A + \sin^2 B - 2\sin A\sin B\cos C = \sin^2 C \qquad ①$$

问题 1 求 $\sin^2 36° + \sin^2 84° - \sin 36°\sin 84°$ 的值.

观察 $\sin^2 36° + \sin^2 84° - \sin 36°\sin 84°$,与前一结果比较,发现有

$$36° + 84° = 120°$$

在 $\triangle ABC$ 中,若 $\angle A = 36°, \angle B = 84°$,则 $\angle C = 60°$.

对比式 ①,可以得到

$$\sin^2 36° + \sin^2 84° - 2\sin 36° \sin 84° \cos 60° = \sin^2 60° = \frac{3}{4}$$

问题 2 $\triangle ABC$ 中，$\angle A + \angle B = 120°$ 时，则 $\sin^2 A + \sin^2 B - \sin A \sin B$ 等于多少？

由问题 1 的结果，可以发现，在 $\triangle ABC$ 中，若 $\angle A + \angle B = 120°$，无论什么样的三角形，都有

$$\sin^2 A + \sin^2 B - \sin A \sin B = \sin^2 C = \sin^2 60°$$

问题 3 （1）若 $c^2 = a^2 + b^2 + ab$，求 $\angle C = $ _____.

（2）若 $c^2 = a^2 + b^2 - ab$，则 $\angle C = $ _____.

与 $c^2 = a^2 + b^2 - 2ab \cos C$ 比较，可以发现 $ab = -2ab \cos C$，即 $1 = -2\cos C$，解得

$$\cos C = -\frac{1}{2}, \angle C = 120° \qquad ①$$

仿式 ①，可得 $ab = 2ab \cos C$，即 $1 = 2\cos C$，解得 $\cos C = \frac{1}{2}$，$\angle C = 60°$.

问题 4 $\triangle ABC$ 中，$\angle B = 60°$，则 $\dfrac{a}{b+c} + \dfrac{c}{a+b} = $ _____.

由 $\angle B = 60°$，必有 $b^2 = a^2 + c^2 - ac$，所以

$$\frac{a}{b+c} + \frac{c}{a+b} = \frac{a^2 + ab + bc + c^2}{(b+c)(a+b)} = \frac{ab + bc + b^2 + ac}{(b+c)(a+b)} = 1$$

问题 5 $\triangle ABC$ 中，$AB = 2$，$AC = 1$，$\angle A$ 的平分线 $AD = 1$，求 $S_{\triangle ABC}$.

如图 7，已知两边长，求三角形的面积，关键是求 $\angle A$ 的大小，即 $\sin A$ 或 $\cos A$. 由 AD 为 $\angle A$ 的平分线，所以设 $\angle A = 2\alpha$，由角平分线定理知，$\dfrac{AB}{AC} = \dfrac{BD}{CD}$，所以，设 $CD = x$，则 $BD = 2x$.

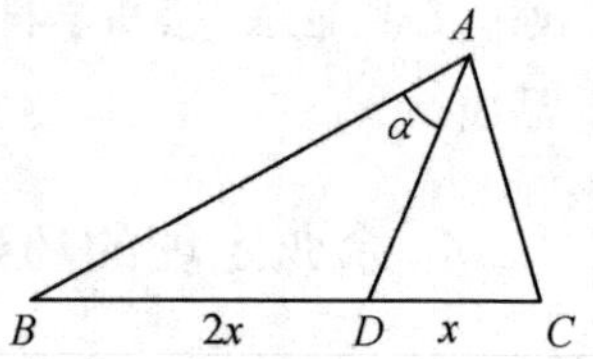

图 7

在 $\triangle ABC$ 中，由余弦定理得 $\cos \alpha = \dfrac{5 - 4x^2}{4}$，在

$\triangle ADC$ 中，得 $\cos \alpha = \dfrac{2 - x^2}{2}$，于是 $\dfrac{5 - 4x^2}{4} = \dfrac{2 - x^2}{2}$，解得 $x = \dfrac{\sqrt{2}}{2}$，所以 $\cos \alpha = \dfrac{3}{4}$，$\sin \alpha = \dfrac{\sqrt{7}}{4}$，$\sin A = \dfrac{3\sqrt{7}}{8}$. 所以

$$S = \frac{3\sqrt{7}}{8}$$

逆用余弦定理，可利用三角形三边求角度. 由正弦定理、余弦定理得到的恒

172

等式,对一类特殊问题特别有效.但解题的关键还是化归、转换,$\angle B = 60°$ 与等式 $b^2 = a^2 + c^2 - ac$ 间的等价性转换;在 $\angle B = 60°$ 条件下,$a^2 + c^2$ 与 $b^2 + ac$ 间的等价.

4.**欣赏名题,追思伟人**

了解余弦定理的产生与发展过程,更体验了"冰冷的美丽"和"火热的思考"的交融过程,充分展示了数学的文化价值和应用价值.关注余弦定理的符号表示形式和余弦定理文字表述;掌握推导余弦定理的多种证明方法;重视余弦定理的发展史、欧几里得三角形的三边关系、向量的表示方法、向量积公式、射影公式、割线定理、正弦两角和公式、正弦定理、三角形面积公式等基础知识.欧几里得、托勒密、斯内尔、爱默生、哈斯勒、毕蒂克斯等众多数学家对余弦定理做出许多贡献,尤其是大数学家韦达、卡瓦列里、德·摩尔根等对余弦定理给出精彩的证明,方法巧妙,证法简捷,值得欣赏体验.余弦定理的学习,既见证了历史,又品味了人类文化;既见证了创新,又学会了方法.这样不仅丰富了教学内容,体验到数学文化的魅力,提升人文素养;而且与学生已储备的知识进行跨阶段联系,让学生对已有知识再运用,并且体会到学科知识间的紧密关系,从而唤起对余弦定理的研究兴趣.

数学的发展:智慧的结晶

等差数列、等比数列历史悠久、内容经典,在历史上留下许多非常珍贵的数学名题.二项式定理发现与概括也经历漫长的历史过程,由杨辉、贾宪的三角、到帕斯卡三角,再到牛顿二项式定理,无不体现数学家的睿智;从集合观念的萌芽、集合概念的形成,再到集合悖论出现,展现集合观念的纷争,这些都是数学家思考的过程与结果.针对普遍的现实问题,利用矩阵不但能对线性方程组提供精彩的解法,而且对于形成系统的、完整的矩阵理论体系来说,可以将数组问题变为向量问题,并且利用向量加强坐标与矩阵的联系.上述对于问题的解决、延伸,思想之精辟,思维之深邃,方法之精巧,令人惊叹!从中给我们以神奇的力量,极大的热情,进而感受到数学的文化魅力.

第一节　等差数列的神算

等差数列是数列中一个极其重要的知识主题,虽说等差数列的内容相对数列其他内容来说会比较简单,但是等差数列也具有数列的很多特性,比如等差数列是一种特殊的函数,能与方程结合起来,具备极限思想,而极限思想是日后学习高等数学的基础.等差数列问题历史悠久,最早出现在古埃及的《莱因德纸草书》里面;中国、古印度、古埃及这三大文明古国和古希腊、近代欧洲都对等差数列有研究.从古代中国、古巴比伦、古埃及、古印度、古希腊、近代欧洲,这六个地区来考察等差数列痕迹可发现他们各自的贡献.

1. 古代中国的等差数列

我国对等差数列最早的记载是成书于公元前一世纪的《周髀算经》. 其里面的七衡问题和二十四节气影长的问题涉及等差数列. 七衡问题: 已知"一衡之间万九千八百三十二里, 三分里之一, 即为百步. 欲知次衡径, 倍而增内衡之径. 二之以增内衡径, 得三衡. 次衡放此."设一衡之间里数为 d, 内衡直径为 D, 则七衡的周长分别为: $\pi D, \pi(D+2d), \pi(D+4d), \cdots, \pi(D+12d)$. 显然七衡的周长是一个以 $2\pi d$ 为公差的等差数列.

成书于西汉后到东汉初的《九章算术》是我国历史上的一部数学巨作. 里面包含了 8 道等差数列的问题. "均输"章的 $17, 18, 19$ 题, "衰分"章的 $1, 6, 8$ 题, "盈不足"章的 $10, 19$ 题.

我国第一代知名的数学家刘徽(约公元 225 年—约公元 295 年)将其对《九章算术》的注解写成了《九章算术注》, 里面给出了等差数列的计算公式

$$a_n = a_1 + (n-1)d, \quad d = \frac{a_n - a_1}{n-1}$$

$$S_n = \frac{(a_n + a_1)n}{2}, \quad S_n = na_1 + \frac{(n-1)n}{2}d$$

我国的等差数列的发展后来居上. 虽然我国对等差数列的记载不是最早, 但是刘徽的等差数列计算公式却是空前的创新, 印度数学家婆罗摩及多直至公元 7 世纪才给出等差数列的通项和求和公式, 这至少比刘徽迟了三百年!

我国古代处理等差数列比较独特的方法就是"衰分术", 所谓的衰分术就是按比率分配的意思.《九章算术》里面能用"衰分术"处理的等差数列有"均输"章的 $17, 18$ 题, 以及"衰分"章的 $1, 6, 8$ 题. 下面应用衰分法解"衰分"章的第 1 题作为例子说明衰分法.

"衰分"章第一题:"今有大夫、不更、簪褭、上造、公士、凡五人, 共猎得五鹿. 欲以爵次分之, 问各得几何？"题意是: 有一天, 大夫、不更、簪褭、上造、公士兵五人一同去狩猎, 共捕获五只鹿, 如果以各自的爵次高低按比例分鹿, 那么请问五人可得到几只鹿？用衰分法我们可以设五个人按 $5:4:3:2:1$ 的比例分五只鹿, 之所以设成 $5:4:3:2:1$, 是因为 $5,4,3,2,1$, 是一个符合题目条件等差数列, 同时 $5:4:3:2:1$ 是最简整数比. 这样可以知道, 大夫可以分得五只鹿的 $\dfrac{5}{5+4+3+2+1}$, 不更分得五只鹿的 $\dfrac{4}{5+4+3+2+1}$, 簪褭分得五只鹿的 $\dfrac{3}{5+4+3+2+1}$, 上造分得五只鹿的 $\dfrac{2}{5+4+3+2+1}$, 公士兵分得五只鹿

的 $\dfrac{1}{5+4+3+2+1}$.

南北朝时期的张邱建将我国的等差数列的研究推到了顶峰,其著作《张邱建算经》里面包含的等差数列的题目更加详细,同时也丰富了等差数列的理论体系.他在刘徽的基础上给出了更多的计算等差数列通法通则,有了计算公式.

《孙子算经》卷中的 25 题"今有五等诸侯,共分橘子六十颗.人别加三颗,问五人各得几何?"《孙子算经》里面给出的解法是:"先置人数,别加三颗于下,次六颗,次九颗,次一十二颗,上十五颗.副并之,得四十五.以减六十颗,余,人数除之,人得三颗.各加不并者,次得九为子分,下得六为男分."把《孙子算经》的解法符号化可表示成

$$a_1 = \frac{1}{n}\left[S_n - (d + 2d + 3d + \cdots + nd) + d\right]$$

其后的数学家也没有中断等差数列的研究.明朝的程大位的《直指算法统宗》一书里面也有很多等差数列的问题,虽然在题目的呈现形式上有创新(部分题目以诗歌的形式呈现),但题目大多是对《九章算术》《张邱建算经》上的题目进行改编,内容缺乏创新.

总而言之,我国古代在等差数列方面的研究取得非常高的成就,特别是刘徽在其著作《九章算术注》给出的等差数列的计算公式是等差数列多元文化中最耀眼的一笔.

2.古巴比伦的等差数列

古巴比伦的数列问题主要是记载在泥板上.1854 年在古巴比伦附近的 Senkereh 发现的一组泥板(公元前 2300 年—公元前 1600 年)中,有两块里面分别载有二阶和三阶等差数列:$1^2, 2^2, 3^2, \cdots, 60^2$;$1^3, 2^3, 3^3, \cdots, 32^3$,但可能没有对这两个数列进行深入的研究.

大英博物馆所藏的古巴比伦泥板 K90(新亚述时期,公元前 7 世纪)上记录月相变化的数列,将满月分成 240 份,而这个数列的第 5 项到第 15 项是

$$80, 96, 112, 128, 144, 160, 176, 192, 208, 224, 240$$

这是一个公差为 16 的等差数列.

在泥板 Str362(古巴比伦时期)上载有一道等差数列的问题:十兄弟分 $1\dfrac{2}{3}$ 迈纳(古巴比伦重量单位,1 迈纳约等于今天的 500 克)银子,每个兄弟均比相邻的弟弟多得若干.已知老八分得 6 斤(古巴比伦重量单位,1 迈纳＝60 斤),问:每个兄弟比相邻的弟弟多几何?

176

古巴比伦祭司对上述问题给出的解法:取十兄弟所得的平均数10斤,倍之,得20斤,减去老八所得的两倍即12斤,得8斤.于是,公差为$\frac{8}{5}$斤.用如今的符号可表示成

$$d = \frac{1}{5}\left(\frac{2S_{10}}{10} - 2a_3\right)$$

这个式子与中国古代数学家张邱建在其著作《张邱建算经》里面给出的求公差的公式

$$d = \frac{\frac{2S_n}{n} - 2a}{n - 1}$$

相似,把上述泥板书那道题普遍化,已知等差数列前n项和S_n,等差数列中的第m项a_m,求等差数列的公差d.由等差数列的求和公式

$$S_n = a_1 n + \frac{n(n-1)d}{2}$$

得

$$S_n = a_m n + \frac{n(n-2m+1)d}{2}$$

进而得出

$$d = \frac{2(S_n - a_m n)}{n(n-2m+1)}$$

可以想象古巴比伦人是通过这个式子来求解上述泥板书上的题目.如果古巴比伦人是通过上述公式处理泥板书的问题,古巴比伦人有可能知道等差数列的性质

$$a_1 + a_n = a_2 + a_{n-1} = a_3 + a_{n-2} = a_4 + a_{n-3} = \cdots$$
$$a_n - a_m = (n-m)d$$

以及等差数列的求和公式

$$S_n = a_1 n + \frac{n(n-1)d}{2}$$

泥板 YBC9856(古巴比伦时期)上载有如下问题:五兄弟分银1迈纳(60斤)每个兄弟均比相邻的弟弟多得若干,老二至老五四人所得共占$\frac{2}{3}$,问各得多少? 由于泥板损坏的原因,对于泥板 YBC9856 的问题没法知道当时祭司的解法.这道题和泥板 Str362 上的题目很相似,知道等差数列的项数是5以及前五项和$S_5 = 60$,且可以由$a_1 + a_2 + a_3 + a_4 + a_5 = S_5$,得到$a_1$,这样,用泥板

Str362 上祭司的解法求出公差 d，进而可以得出每一项．

古巴比伦对数列记载得相对少一点，究其原因，一方面是古巴比伦的文明没有得到延续，另一方面是，古巴比伦离现在已经年代久远了，而其记载等差数列的载体是泥板，比较容易损坏，所以现在看到古巴比伦的等差数列相关的研究是不能真实地反映古巴比伦对等差数列研究的状况．不过，不影响古巴比伦人在数列方面做了一些工作，这也是多元数学文化中非常有意思的部分．

3. 古埃及的等差数列

等差数列最早是出现在《加罕纸草书》（约公元前 1800 年），记载在《加罕纸草书》上的等差数列问题：将 100 分成 10 份，第一份最大，从第二份开始，每一份较前一份少 $\frac{2}{3} + \frac{1}{6}$，求各份的大小．显然这是一个公差是 $\frac{2}{3} + \frac{1}{6}$，项数为 10，前 10 项和是 100 的等差数列．

埃及数学家莱贡（Legon）依据《加罕纸草书》残片上的算式，给出了解法：将 $\frac{5}{6}$ 的一半乘以 9，所得乘积加上 10 份的平均数，即得最大的一份，依次减去 $\frac{5}{6}$ 可表示成

$$a_1 = \frac{S_n}{n} + (n-1)(-\frac{d}{2})$$

埃及数学家莱贡根据《加罕纸草书》写出的解法和我国古代算子算经对同类型题目的解法不一样，莱贡给出的首项

$$a_1 = \frac{S_n}{n} + (n-1)(-\frac{d}{2})$$

是直接根据等差数列的求和公式

$$S_n = a_1 n + \frac{n(n-1)d}{2}$$

推导得来，如果莱贡的解法与《加罕纸草书》上的解法相符，说明古埃及人已经得出了等差数列的求和公式

$$S_n = a_1 n + \frac{n(n-1)d}{2}$$

《莱因德纸草书》（约公元前 1650 年）上的问题 64 是和《加罕纸草书》上的等差数列是同一个类型的问题，问题的大意是：10 人分 10 斗麦子，从第二人开始，各人所得依次比前一人少 $\frac{1}{8}$ 斗．问各得多少？ 由《莱因德纸草书》可以知道，祭司用假设法来处理这道题目．

178

除了问题 64 外，《莱因德纸草书》上的问题 40 也是一个等差数列的问题：
"五个人按等差数列分 100 片面包，最少的两份之和是另外三份的七分之一.
问：五人各得多少？"这个问题和中国古代数学巨作《九章算术》中"均输"章的
第 18 题类似.《九章算术》"均输"章第 18 题："今有五人分五钱，另上二人所得
与下三人等. 问各得几何？"不过《莱因德纸草书》给出的解答和《九章算术》上
给出的解答方法不同，《莱因德纸草书》用的是假设法，因为《莱因德纸草书》上
的问题已经知道等差数列的项数 n 和 S_n，以及 $a_1 + a_2 = \dfrac{1}{7}(a_3 + a_4 + a_5)$，所以
可以设最小的一项为 1，以后各项依次为

$$1 + d, 1 + 2d, 1 + 3d, 1 + 4d$$

由此，$3 + 9d = 7(2 + d)$，故得 $d = 5\dfrac{1}{2}$，于是，各项依次为

$$1, 6\frac{1}{2}, 12, 17\frac{1}{2}, 23$$

但上述之和为 60，因此各项乘以 $1\dfrac{2}{3}$，即得所求各项依次为

$$1\frac{2}{3}, 10\left(\frac{1}{2} + \frac{1}{3}\right), 20, 29\frac{1}{6}, 38\frac{1}{3}$$

运用了数学的平均思想和割补思想. 而《九章算术》"均输"章的第 18 题采
用的比例法来求解. 当然，还可以利用方程思想列方程组求解.

与古巴比伦一样，古埃及对等差数列的记载，相对于中国古代对等差数列
的记载来说，较为欠缺. 但古埃及人们的智慧还是值得肯定的，他们为等差数列
的发展贡献了自己的力量.

4. 古印度的等差数列

古印度对等差数列的记载也很早，在公元前 2000 年左右，印度的文献里面
就出现过了等差数列，《泰提利耶本集》里面包含的等差数列：1,3,5,…,33；2,
4,6,…,20；4,8,12,…；10,20,30,… 等.《蛙伽萨尼耶本集》中也含有等差数列
4,8,12,16,…,48. 或许古印度人在当时就认识到上述数列的特殊性. 他们不是
简单的奇数、偶数. 比如，4,8,12,…，后一个数比前一个数相差 4；10,20,
30,…，后一个数与前一个数相差 10. 我们可以猜测在当时的古印度人已经有
等差的意识了.

关于等差数列求和，公元前 5 世纪印度就出现了 $2 + 3 + \cdots + 1\,000 = 500\,499$，这或许表明，印度人很早就关注等差数列的求和问题. 不过可惜的是

古印度却一直没能给出完整的等差数列公式,直到阿耶波多(476—550)才在他的著作《阿耶波多历算书》上面给出了许多等差数列的计算公式(文字描述).比我国古代数学家刘徽给出的等差数列计算公式要迟得多.与刘徽给出的计算等差数列的公式相比,阿耶波多给出的计算公式多了个计算项数的公式

$$n = \frac{\sqrt{8dS_n + (2a_1 - d)^2} - 2a_1}{2d} + 1$$

但是没有给出计算公差的公式 $d = \dfrac{a_n - a_1}{n-1}$.

在阿耶波多后又有许多数学家出现,如:婆罗摩及多、摩诃毗罗、释率陀罗、婆什迦罗等,在他们的著作上均记载阿耶波多的等差数列方面的公式.摩诃毗罗在他的著作里面说到,公差既可以是正数,也可以是负数.婆什迦罗在他的著作里面给出不同于阿耶波多的求项数公式

$$n = \frac{\sqrt{2dS_n + (\frac{d}{2} - a_1)^2} - a_1 + d}{d}$$

并且在《莉拉沃蒂》(1150 年)中给出了计算首项和公差的公式

$$a_1 = \frac{S_n}{n} - \frac{n-1}{2}d, \quad d = \frac{\frac{S_n}{n} - a_1}{\frac{n-1}{2}}$$

可以看到在婆什迦罗时期,古印度的等差数列已形成了一套较为完整的理论体系.在古印度的文献里面记载了许多等差数列题目,而且类型也相当丰富.在婆什迦罗的《莉拉沃蒂》中有求等差数列首项 a_1,求公差 d,求项数 n,求中项 $\frac{S_n}{n}$、末项 a_n 和 S_n 的问题.

(1)求等差数列首项 a_1 的问题:"已知(等差数列之)和为 105,项数为 7,公差为 3,求首项."

(2)求等差数列公差 d 的问题:"某王为夺敌人之大象,初日行 2 约加纳(古印度长度单位),以后逐日增加路程,七日行军 80 约加纳到达敌方城市.聪明的人啊,请说说他究竟日增几何?"

(3)求等差数列项数 n 的问题:"某人给再生族布施,初日 3 德拉玛,其后日增 2 德拉玛,共布施 360 德拉玛.请快告诉我,他布施了几日?"

(4)求等差数列中项,某项 a_n 的问题:"已知首项为 7,公差为 5,项数为 8,问中间项和末项几何?总和又为几何?"

(5)等差数列求和 S_n 的问题:"某人给再生族布施,初日 4 德拉玛(古印度

货币单位），其后日增 5 德拉玛．朋友啊，请马上告诉我，半个月（10 天）中，他总共布施几何德拉玛？"

在古印度的其他书上也记载有等差数列的问题，例如"巴克沙利手稿"，摩诃毗罗的《计算方法纲要》以及普瑞图达卡为说明婆罗摩及多的《婆罗摩修正体系》有关公式应用给出了许多等差数列问题．

虽说古印度给出等差数列计算公式相对古代中国要晚，但是古印度的数学家在等差数列方面的研究也一直没有中断，从公元前 2000 年到阿耶波多，再到婆罗摩及多，取得的研究成果也非常丰富．到婆罗摩及多时代，古印度不仅有一套相对完整的等差数列理论体系，而且他们给出的等差数列的题目类型也相对齐全．古印度的数学家为等差数列文化发展做出了不可磨灭的贡献．

5. 古希腊的等差数列

古希腊著名学派毕达哥拉斯学派（公元前 6 世纪）对形数进行研究，得到了从 1 开始的 n 个自然数、n 个奇数、n 个偶数的求和公式，无论是从 1 开始的 n 个自然数或是从 1 开始的 n 个奇数还是 2 开始的 n 个偶数所组成的数列都是等差数列．通过研究形数，毕达哥拉斯学派还得出了第 n 个 k 边形是首项为 1，公差为 $k-2$ 的等差数列之和．

$$1+(k-1)+(2k-3)+\cdots+[(k-2)n-(k-3)]$$
$$=n[(k-2)\cdot(n-1)+2]$$

虽说毕达哥拉斯学派没有得出等差数列首项为 a_1，项数为 n，公差为 d 的等差数列前 n 项和的公式．但是毕达哥拉斯学派已经能够求出 n 项特殊等差数列的和，这也是一个很大的创新．

不过丢番图（3 世纪）在《论多边形数》中给出了首项为 a，末项为 l，项数为 n 的等差数列之和 S，并用几何方法诠释了公式的意义．尼克麦丘、普鲁塔克（1 世纪）、泰恩（2 世纪）和丢番图都知道三角形数与正方形数之间的关系；杨布里丘（4 世纪）在研究尼克麦丘的《算术引论》的时候发现了数列 $1,1+2+1$，$1+2+3+2+1,1+2+3+4+3+2+1,\cdots$ 的通项公式是

$$a_n=1+2+\cdots+(n-1)+n+(n-1)+\cdots+3+2+1=n^2$$

杨布里丘可能是从毕达哥拉斯学派中的正方形数里面构造出上述数列的通项公式．

古希腊对等差数列的研究虽然不及中国和古印度深入，不过古希腊对等差数列的研究也涉及了等差数列的通项及求和问题．特别是丢番图用几何方法证明了等差数列的求和公式，把几何和代数联系起来，为等差数列的研究提供了

一个新的方向.古希腊在等差数列方面的研究也丰富了多元等差数列的成果,也是数学文化中的一朵奇葩.

6.近代欧洲的等差数列

近代欧洲对等差数列进行了研究,较四大文明古国以及古希腊来说,起步较晚,但起点较高.中世纪欧洲最重要的数学家斐波那契(1170—1250)在其代表作之一的《计算之书》的第十二章给出了通项公式和等差数列的求和方法.设等差数列的首项为 a_1、末项是 a_n、项数是 n、公差是 d,前 n 项和为 S_n.斐波那契有

命题 1 $a_n = a_1 + (n-1)d$.

命题 2 $S_n = \dfrac{n}{2}(a_1 + a_n)$.若 $a_1 = d$,则 $S_n = \dfrac{a_n}{2}\left(\dfrac{a_n}{a_1} + 1\right)$.

斐波那契还用命题 2 求出了从 1 开始的前 n 个奇数的和.

命题 3 $1 + 3 + 5 + \cdots + (2n-1) = n^2$.

命题 4 $2 + 4 + 6 + \cdots + 2n = n(n+1)$.

《计算之书》里面给出了 8 个等差数列的问题分两个类型,问题 1,2 都是求和问题,问题 3,4,5,6,7,8 都是把追及问题融进等差数列类问题,从每个类型各选一道介绍其解法.等差数列求和问题:已知 $a_1 = 7, a_n = 31, d = 3$,求 S_n.由命题 1 可得

$$n = \frac{a_n - a_1}{d} + 1 = \frac{31 - 7}{3} + 1 = 9$$

再由命题 2 得

$$S_n = \frac{n}{2}(a_1 + a_n) = \frac{9}{2}(7 + 31) = 171$$

与追及相关的等差数列问题:甲日行 60 里,乙第一日行 5 里,以后日增 5 里.问:几日后乙追上甲?这类问题可以用函数思想解决,乙每天的路程构成一个首项是 5,公差是 5 的等差数列.设 n 日后乙追上甲,$a_n = 5 + 5(n-1) = 5n$,则

$$60n = \frac{n}{2}(5 + 5n)$$

因为 n 不为 0,所以 $5 + 5n = 120$,解得 $n = 23$.

近代欧洲除了斐波那契外,还有很多数学家研究过等差数列.16 世纪初,德国数学家修斯沃特给出了关于等差数列前 n 项和 S_n 的公式

$$S_n = \frac{n}{2}(a_1 + a_n)(a_1 + a_n \text{ 是奇数})$$

$$S_n = n \cdot \frac{1}{2}(a_1 + a_n)(a_1 + a_n \text{ 是偶数})$$

修斯沃特给出的求等差数列前 n 项和 S_n 的公式和斐波那契给出的公式很相似,不过是修斯沃特对等差数列的首项加末项的和以奇数,偶数为标准对等差数列前 n 项和公式的表达顺序做了调换.

16 世纪意大利数学家卡丹(1501—1576)和德国数学家克拉维斯(1538—1612)分别在各自的著作《算术实践》《实用算术概论》里面给出了等差数列指定项的求法.

18 世纪英国数学家华里司(1768—1843)为《大英百科全书》写的长篇辞条"代数篇"里面给出了等差数列的通项公式,并用倒序相加法证明了等差数列的前 n 项和公式.

虽说近代欧洲对等差数列研究相对于其他的五个地区来说较晚,不过经过斐波那契,斯蒂菲尔,修斯沃特,卡丹,克拉维斯以及华里司等数学家的努力,近代欧洲对等差数列理论的研究也取得了不错的成就,是数学文化中非常有趣、重要的部分.

等差数列的历史源远流长,等差数列的案例经典醇香,数列展示的思想方法妙不可言,蕴涵的文化多姿多彩.古代中国、古巴比伦、古埃及、古印度、古希腊、近代欧洲等地的等差数列体现多元的数学文化,展现出数学家高超智慧以及数学的文化传承.经典的等差数列以及巧妙的解决方法,形成内容丰富,方法创新,思考独到,知识传承的数列体系 ,是人类的宝贵精神财富.

第二节　　等比数列的神奇

等比数列是一个有规律可循的特殊数列,它和等差数列都有悠久而深远的历史文化.等比数列在每个时期均展现了其与众不同的魅力,从等比数列的发现到通项公式以及求和公式的总结都凝聚了古人的智慧.在日常生活中,接触较多的是等比数列的概念、通项公式以及求和公式,但对等比数列的历史并不了解.在多元文化影响下的今天,应该更多地了解、学习数学文化,一方面可以拓展知识面,另一方面感受前人探索的精神并以此激励着自己前进.将等比数列的数学文化融入日常生活,这样了解的就不仅仅是知识层面,而是更多地感受数列展示的数学美,同时体验数学文化.

1. 古代各地区的等比数列

等比数列的历史悠久. 中国、古印度、古埃及、古巴比伦这四大文明古国和古希腊、近代欧洲等都对等比数列有研究. 这些地区的等比数列发展都凝聚了前人的智慧. 回顾等比数列研究的历史长河,前人的智慧留下的不仅仅是思维模式,还提供了解决问题的工具和方式,以及不断探索、创新的人文精神. 古老的文明孕育了灿烂的数学文化,沉淀着等比数列的趣闻轶事及好的方法,这是一笔巨大且来之不易的财富,需要挖掘、整理、保存以及传承.

1.1 古代中国的等比数列综述

中国的等比数列俯首皆是,历史悠久.《庄子》中有"一尺之锤,日取其半,万世不竭."《易经》中有"是故易有太极,是生两仪,两仪生四象,四象生八卦."我国古代很多文献中都有等比数列的相关例子,其中《九章算术》《孙子算经》《直指算法统宗》《佛木行集经》等都涉及了等比数列.

《九章算术》中有大量的等比数列案例并提供了精巧的解法.《九章算术》成书于西汉后到东汉初,是中国古代一部无与伦比的数学巨作,里面记载了 4 道等比数列的应用问题[①]. 这些等比数列问题以实际生活例子为背景,内容生动有趣.

案例 1 织布问题

今有女子善织,日自倍,五日织五尺,问日织几何?

答曰:初日织一寸三十一分寸之一十九;次日织三寸三十一分寸之七;次日织六寸三十一分寸之十四;次日织一尺二寸三十一分寸之二十八;次日织二尺五寸三十一分寸之二十五.

术曰:置一、二、四、八、十六为列衰;副并为法;以五尺乘未并者,各自为实;实如法得一尺.

解释:一女子善于织布,每天织的布是前一天的 2 倍,五天织了 5 尺,问这女子每天分别织布多少?

用现代的符号表示即是 $q=2, n=5, S_5=5$ 尺,则 $a_1 = \dfrac{S_5(1-q)}{1-q^5} = \dfrac{5 \times (1-2)}{1-2^5} = \dfrac{5}{31}$(尺);$a_2 = a_1 q = \dfrac{10}{31}$(尺);$a_3 = a_1 q^2 = \dfrac{20}{31}$(尺);$a_4 = a_1 q^3 = $

---

① 曹纯. 九章算术译注[M]. 上海:上海三联书店,2015.

$\frac{40}{31}$(尺);$a_5 = a_1 q^4 = \frac{80}{31}$(尺).

案例 2 食苗问题

今有牛、马、羊食人苗,苗主责之粟五斗.羊主曰:"我羊食半马."马主曰:"我马食半牛."今欲衰偿之,问各出几何?

答曰:牛主出二斗八升七分升之四;马主出一斗四升七分升之二;羊主出七升七分升之一.

术曰:置牛四、马二、羊一,各自为列衰;副并为法;以五斗乘未并者各自为实.实如法得一斗.

解释:牛、马、羊吃苗,羊吃的量是马的$\frac{1}{2}$,马吃的量是牛的$\frac{1}{2}$,三者共吃了5斗,问三者各吃了多少?

用现代的方法表示即是 $q = \frac{1}{2}, n = 3, S_3 = 5$ 斗,则 $a_{马} = \frac{S_3(1-q)}{1-q^3} =$

$\frac{5 \times (1-\frac{1}{2})}{1-\frac{1}{2^3}} = \frac{20}{7}$(斗);$a_{牛} = a_1 q = \frac{10}{7}$(斗);$a_{羊} = a_1 q^2 = \frac{5}{7}$(尺).

案例 3 等高问题

今有蒲生一日,长三尺,莞生一日,长一尺.蒲生半日,莞生日自倍.问几何日而长等?

答曰:二日、十三分日之六. 各长四尺八寸、十三分寸之六.

术曰:假令二日,不足一尺五寸.令之三日,有余一尺七寸半.

解释:有蒲一天长 3 尺,莞一天长一尺.蒲每天的生长高度是前一天的$\frac{1}{2}$,莞每天的生长高度是前一天的 2 倍.问多少天它们的高度相等?

用现代的方法表示即是 $a_{蒲} = 3$ 尺,$a_{莞} = 1$ 尺,$q_{蒲} = \frac{1}{2}$,$q_{莞} = 2$,当 $S_{蒲} = S_{莞}$,

则 $S_{蒲} = \frac{a_{蒲}(1-q_{蒲})}{1-q_{蒲}} = \frac{3(1-\frac{1}{2^n})}{1-\frac{1}{2}} = 6(1-\frac{1}{2^n})$,$S_{莞} = \frac{a_{莞}(1-q_{莞}{}^n)}{1-q_{莞}} = \frac{1-2^n}{1-2} =$

$2^n - 1$,即 $6(1-\frac{1}{2^n}) = 2^n - 1$;$n = \log_2 6$.

案例 4 相遇问题

今有垣厚五尺,两鼠对穿,大鼠第一日穿一尺,小鼠亦日一尺.大鼠日自倍,小鼠日自半.问几何日相逢、各穿几何?

答曰:二日一十七日之二.大鼠穿三尺四寸十七分寸之一十二,小鼠穿一尺五寸十七分寸之五.

术曰:假令二日,不足五寸.令之三日,有余三尺七寸半.

解释:现有墙厚 5 尺,两只老鼠相对穿洞.大鼠第 1 日穿 1 尺,小鼠第 1 日也是穿 1 尺.大鼠每日加倍,小鼠每日减半.问:几日相遇? 相遇时各穿了多少?

用现代的方法表示即是 $a_{大鼠}=a_{小鼠}=1$ 尺,$q_{大鼠}=2$,$q_{小鼠}=\dfrac{1}{2}$,$S=5$ 尺,当

$$S_{大鼠}+S_{小鼠}=S,\ 则\ S_{大鼠}=\frac{a_{大鼠}(1-q^{n}{}_{大鼠})}{1-q_{大鼠}}=\frac{1-2^{n}}{1-2}=2^{n}-1,S_{小鼠}=$$

$$\frac{a_{小鼠}(1-q^{n}{}_{小鼠})}{1-q_{小鼠}}=\frac{1-\dfrac{1}{2^{n}}}{1-\dfrac{1}{2}}=2\left(1-\frac{1}{2^{n}}\right),即\ 2\left(1-\frac{1}{2^{n}}\right)+2^{n}-1=5,n=2\frac{12}{17}\ 日,$$

$$S_{大鼠}=3\ 尺\ 4\frac{12}{17}\ 寸,S_{小鼠}=1\ 尺\ 5\frac{5}{17}\ 寸.$$

中国古代名著《孙子算经》中有大量的等比数列案例,其中有一道有趣的题目:

案例 5 今有出门望见九堤,堤有九木,木有九枝,枝有九巢,巢有九禽,禽有九雏,雏有九毛,毛有九色,问各几何?

题中堤、木、枝、巢、禽、雏、毛、色的数目构成一个首项及公比均为 9 的等比数列.而在后来的 13 世纪初意大利数学家斐波那契的《计算之书》、19 世纪初英国科学家亚当斯的《学者算术》以及古埃及纸草书上也有类似记载.

明代时期,著名商人以及珠算发明家程大位编著的《直指算法统宗》也记录一些等比数列问题:

案例 6 卷九第十八题:今有钱一文,日增一倍,倍至三十日.问该若干?

这也是一个等比数列问题,其中首项为 1,公比为 2,问三十日一共有多少钱?

$$S_{30}=\frac{a_1(1-q^{30})}{1-q}=\frac{1-2^{30}}{1-2}=1\ 073\ 741\ 823$$

案例 7 卷五第二十五题:今有女子善织,初日迟,次日加倍,第三日,转速倍增,第四日又倍增,织成绢六丈七尺五寸.问:各日织若干?

这是一个以"织布"为背景的古老问题,公比为 2,总长为 6.75 丈.

即 $a_1,a_2=a_1q=2a_1,a_3=a_1q^2=4a_1,a_4=a_1q^3=8a_1$;总长 $S_4=a_1+a_2+a_3+a_4=15a_1=6$ 丈 7 尺 5 寸,即 $a_1=4$ 尺 5 寸,$a_2=9$ 尺,$a_3=1$ 丈 8 尺,$a_4=$

3 丈 6 尺.

此外,《佛本行集经》、汉译佛经中也有一些等比数列知识[①]:

案例8　隋代阇那崛多(523－600)所译《佛本行集经》卷12中悉达多太子讲授"微尘数"的算法如下"凡七微尘,成一窗尘;合七窗尘,成一兔尘;合七兔尘,成一羊尘;合七羊尘,成一牛尘;合七牛尘,成于一虮;合于七虮,成于一虱;合于七虱,成一芥子;合七芥子,成于一大麦;合七大麦,成一指子;累七指节,成于半尺……"其中,微尘、窗尘、兔尘、羊尘、牛尘、虮、虱、芥子、大麦、指节、半尺的长度构成了公比为 7 的等比数列.

案例9　唐代玄奘(602－664)所译《俱舍论》等佛经中,类似的长度单位则为极微、微、金尘、水尘、兔毛尘、羊毛尘、牛毛尘、隙游尘、虮、虱、穬麦、和指节,这里公比仍为 7.

我国古代与等比数列有关的计算问题,是古代劳动人民的实践成果和智慧的结晶. 对于等比数列问题的处理,中国古代已经有了一套处理这类问题方法 —— 主要是《九章算术》的"衰分"(按比例分配)和"盈不足"(双设法). 这些题目不仅构思独特,比喻生动,而且引人深思,脍炙人口. 这些古代等比数列问题,读起来朗朗上口,富有趣味,便于理解,并极大获得广泛的传播.

1.2 古巴比伦泥板上的等比数列

古巴比伦也存在有大量的等比数列,但主要记载在古巴比伦泥板书上. 各式各样的泥板书呈现着不同的等比数列,并且与实际生活息息相关.

案例10　古巴比伦的泥板书上记录着如下一道问题:以 20% 的年息贷钱给其他人,什么时候连本带利是原来的 2 倍? 在这个增息复利问题中,如果设本金为1,那么历年本利和就是一个等比数列

$$1,2,1,2^2,1,2^3,1,2^4,1,2^5,1,2^6,1,2^7\cdots$$

由此可以看出,等比数列很有可能来源于实际生活中的利率利息问题.

案例11　呈现于世人面前的古巴比伦泥板书大多数都是记录着某一个具体的等比数列,如:泥板上载有等比数列 $9,9^2,9^3,\cdots,9^{10}$;$100,100^2,100^3,\cdots,$ 100^{10} 和 $5,5^2,5^3,\cdots,5^{10}$.

案例12　经过长时间的研究,人们发现了泥板书上的一些特点.泥板书上载有等比数列 $225,225^2,225^3,\cdots,225^{10}$ 和 $16,16^2,16^3,\cdots,16^{10}$. 值得注意的是,上述两个数列在六十进制下都有共同的特点:第一个数列各项的末三位数相

---

① 崔洁. 与高中数列相关的中国古算史料研究[D]. 西安:西北大学,2015.

同,第二个数列的最后两位数相同,表 1 给出 16 的各次幂.

表 1　16 的 1～10 次幂

十进制						六十进制	
16							16
$16^2 = 256$						04	16
$16^3 = 4\ 096$					01	08	16
$16^4 = 65\ 536$					18	12	16
$16^5 = 1\ 048\ 576$				04	51	16	16
$16^6 = 16\ 777\ 216$			01	17	40	20	15
$16^7 = 268\ 435\ 456$			20	42	45	24	16
$16^8 = 4\ 294\ 967\ 296$		05	31	24	06	28	16
$16^9 = 68\ 719\ 476\ 736$	01	28	22	25	43	32	16
$16^{10} = 1\ 099\ 511\ 627\ 776$	23	33	58	51	36	36	16

案例 13　在古巴比伦泥板书上,也发现了递减等比数列

$$12^{12}, 12^{11}, 12^{10}, \cdots, 12 \ \text{和} \ 225^6, 225^5, 225^4, \cdots, 225$$

案例 14　古巴比伦的诸多等比数列问题都产生于日常生活,泥板书记载着一个这样的等比数列问题:从 1 麦粒(古巴比伦和苏美尔的最小重量单位)开始,每日加倍,那么,经过 30 日后,重量增加到多少? 这是一个首项为 1,公比为 2 的等比数列问题.

案例 15　在尼普尔古城所发掘的一块泥板上,美国著名考古学家希尔普雷切特发觉两个特别的等比数列,其中奇数行各数构成了公比为 2 的等比数列

$$125, 250, 500, 1\ 000, 2\ 000, 4\ 000, 8\ 000, 16\ 000$$

偶数行各数构成了公比为 $\frac{1}{2}$ 的等比数列

$$103\ 680, 51\ 840, 25\ 920, 12\ 960, 6\ 480, 3\ 240, 1\ 620, 810$$

用第二个数列各项除 12 960 000,即得第一个数列的对应项.

　　古巴比伦的等比数列问题和天文学有着密切的联系.公元 1854 年,在大英博物馆所藏的古巴比伦泥板书上,爱尔兰学者辛克斯发现了一个记录月相变化的数列:把满月分为 240 份,那么从新月开始;每天晚上的月相如表 2 所示.上面月相数列的第 1 项到第 5 项构成了一个首项为 5,公比为 2 的等比数列,第 5 项到第 15 项构成了首项为 80,公差为 16 的等差数列.

188

表2　古巴比伦

1	2	3	4	5	6	7	8	9	10	11	12	13	14	15
5	10	20	40	80	96	112	128	144	160	176	192	208	224	240

约公元前 2050 年,一块古巴比伦泥板书上记载了如下问题的解法:七兄弟分财产,最小的得 2,后一个比前一个多得 $\frac{1}{6}$,问所分财产共有多少? 七兄弟所得财产数量构成了一个等比数列问题,其中首项为 2,公比为 $\frac{7}{6}$,项数为 6,用现在的分数表示为

$$2, 2 \times \frac{7}{6}, 2 \times \left(\frac{7}{6}\right)^2, 2 \times \left(\frac{7}{6}\right)^3, 2 \times \left(\frac{7}{6}\right)^4, 2 \times \left(\frac{7}{6}\right)^5, 2 \times \left(\frac{7}{6}\right)^6$$

在泥板的最上方,祭司给出了这个等比数列的总和.虽然在现有的古巴比伦泥石板中并没有发现等比数列前 n 项和的具体求法,但很难相信,热衷于等比数列的古巴比伦祭司会仅仅满足于逐项相加来求和.

在发掘幼发拉底河畔的马里古城遗址的一块泥板书上,如图1,人们发现了一个等比数列问题:泥板的正面是一个首项为 99,公比为 9 的等比数列 99,891,8 019,72 171,649 539.

649 539	大麦
72 171	麦穗
8 019	蚂蚁
891	鸟
99	人

图1

在泥板的最后一行给出了这个等比数列的总和 730 719. 由于历史遥远,泥板残缺,不能解读到具体的内容,但脑海里可以浮想出这样一个有趣的情境:有99个人,每人捕捉9只鸟,每只鸟吞食 9 只蚂蚁,每只蚂蚁蚕食 9 颗麦穗,每颗麦穗长有 9 粒麦子.问:人、鸟、蚂蚁、麦穗、麦粒的总数是多少? 这个问题和同时期古埃及莱因德草书上的等比数列问题十分相似.

古巴比伦的等比数列问题来源于当时劳动人民的实践生活.在早期文明就已经达到了相当高的水平,其科学而合理的计算规则对后世产生了极大影响,令人叹为观止.时至今日,回顾古巴比伦的等比数列,仍能感受到其独特的魅力和精彩绝伦的数学智慧!

1.3 古埃及纸草书上的等比数列

古埃及的等比数列主要体现在纸草书上,记载得相对完整.公元前 1650 年,古埃及祭司阿莫斯用僧侣文所抄录的《阿莫斯纸草书》上有一道这样的问题:有七栋房子,每栋房子有七只猫,每只猫每日吃七只老鼠,每只老鼠每日吃七棵麦穗,每棵麦穗含七颗麦子,问房屋、猫、老鼠、麦穗、麦子总数是多少? 这

其实是一个首项为 7,公比为 7,项数为 5 的等比数列求和问题.

古埃及人在日常生活中积累了大量的等比数列知识,其等比数列的基本特点是实用性,他们所使用的方法虽然原始,但是所取得的成就更加辉煌.古埃及的数学缺乏演绎推理的过程,并没有形成严谨的理论知识体系,但古埃及人在实际应用方面成就显赫.

1.4 古印度的等比数列[①]

数列是古印度数学家非常感兴趣的课题,印度数学文献中数列的历史文化底蕴深厚,曾在世界数学史上独领风骚.吠陀梵文文献中的等比数列问题是古印度出现最早的等比数列问题,如婆罗门教的《梵书》中记载列 12,24,48,96,…,196 608,393 216;此外,佛教《言说集》之《长部》也记载了数列 10,20,40,…,80 000.

值得注意的是,在《计算方法纲要》一书中,摩诃毗罗给出了等比数列的通项公式和前 n 项和的求和公式:设等比数列的首项、第 n 项、公比、项数、前 n 项和分别为 a_1, a_n, q, n 和 S_n.

公式 1
$$a_{n+1} = a_1 q^n$$

公式 2
$$S_n = \frac{a_1 q^n - a_1}{q-1} (q \neq 1)$$

公式 2 也出现在婆什迦罗的《丽拉沃蒂》以及《婆罗摩修正体系》的普瑞图达卡注文中.摩诃毗罗提出的等比数列问题中也常运用这两个公式:

问题 1 某人某日在某城得 2 金币,以后日移一城,在每城所得金币是上一城所得的 3 倍,问 8 日共得几何?

问题 2 等比数列的公比为 6,项数为 5,和为 3 110,则首项为多少?

问题 3 等比数列的首项为 3,公比为 5,和为 22 888 183 593,则项数为多少?

问题 4 等比数列的首项为 3,项数为 6,和为 4 095,则公比为多少?

值得一提的是问题 4 的解法:

4 095 除以 3,得 1 355;1 365−1=1 364.选择 1 364 的因数 4,$\frac{1\ 364}{4}$=341;

341−1=340;$\frac{340}{4}$=85;85−1=84;$\frac{84}{4}$=21;21−1=20;$\frac{20}{4}$=5;5−1=4;$\frac{4}{4}$=1.

故 4 为所求公比.不难解释这一依据

---

① 沈春辉,王冬岩,汪晓勤.印度古代数学中的数列问题[J].数学教学,2010(5).

中小学数学的历史文化

$$1 + q + \cdots + q^{n-2} + q^{n-1} = \frac{S_n}{a_1}; 1 + q + \cdots + q^{n-2} = \frac{1}{q}\left(\frac{S_n}{a_1} - 1\right)$$

$$1 + q + \cdots + q^{n-3} = \frac{1}{q}\left(\frac{1}{q}\left(\frac{S_n}{a_1} - 1\right) - 1\right); 1 = \frac{1}{q}\left(\left(\cdots \frac{1}{q}\left(\frac{S_n}{a_1} - 1\right) - 1\right) - \cdots - 1\right)$$

《婆罗摩修正体系》的普瑞图达卡注文给出了如下问题:

问题5 某人初日赠6金,以后每日赠金是前一日的3倍,问三日后共赠金几何?

问题6 某人初日赠 $3\frac{1}{2}$ 金,以后每日赠金是前一日的 $2\frac{1}{2}$ 倍,问三日后共赠金几何?

还有《莉拉沃蒂》中也有等比数列问题:

问题7 某人初日施僧2子安贝(货币单位),以后逐日倍增,问一月共施几何?

问题8 朋友啊,初日为2,以后每日3倍逐增,七日总计几何?

这四个问题是已知首项、公比的等比数列求和问题,可是在当时前人只是提出了问题,并没有相关史料记载了解决问题的方法,由此可以推测在远古时期,前人提出了许多问题,随着考古学家的挖掘,这些问题慢慢被世人知晓并加以解决.

众所周知,国际象棋起源于印度,古印度有一个有关象棋的等比数列趣味故事:萨珊王朝的国王为了赏赐宰相,可以让宰相提出一个要求,他提出要在棋盘上放满麦子,但是要按照他的要求放 —— 第一个各自放一粒麦子,第二个格子放两粒麦子,第三个格子放四粒麦子,第四个格子放八粒麦子 …… 直到放满第六十四个格子为止.这位宰相提出的这个要求需要的麦子总数为

$$1 + 2 + 2^2 + 2^3 + \cdots + 2^{63} = \frac{1 - 2^{64}}{1 - 2} = 2^{64} - 1$$

$$= 18\ 446\ 744\ 073\ 709\ 551\ 615$$

这竟是全世界在两千年内所产的小麦的总和!国王并没有那么多的麦子,于是国王便欠下一笔永远还不清的债.在等比数列的研究历程,不乏趣味性,细心发现,也能感受其中的乐趣.古印度的等比数列内容丰富、引人入胜.历史是一座宝藏,为人类提供了取之不尽的文化资源.

1.5 古希腊的等比数列

历史的车轮向前迈进,古埃及、古巴比伦慢慢衰亡,古希腊历经战争的洗礼从败落开始走向繁荣,但期间保存下来的史料很少.其中关于研究等比数列的史料也就不多,相对而言,等差数列的研究资料相对等比数列要多一些.但是遗

留下来的资料,仍知晓亚里士多德、阿基米德、欧几里得等众多数学家面临等比数列问题时,运用等比数列知识进行处理,并且那个时期已经有了 $1=1,1+3=2^2,1+3+5=3^2,1+3+5+7=4^2,1+3+5+7+9=5^2,\cdots$ 从 1 开始,连续几个奇数之和等于平方数.

阿基米德在《砂粒计算》中面对如下一些数的乘除运算

$$1,10,10^2,10^3,10^4,10^5,10^6,\cdots$$

即以 10 为公比的等比数列,其中任意两项相乘除,只要把指数相加减就可以. 阿基米德用穷竭法将抛物线弓形的面积变为无穷递缩的等比数列的和

$$1+\frac{1}{4}+\frac{1}{4^2}+\frac{1}{4^3}+\cdots+\frac{1}{4^{n-1}}+\cdots=\frac{4}{3}$$

阿基里斯悖论,是古希腊著名的芝诺四大悖论之一,其内容如下:阿基里斯擅长长跑,一天,阿基里斯和乌龟约定赛跑. 乌龟在前 100 米,两者同时跑. 假定阿基里斯的速度是乌龟的 10 倍,问他能否追上乌龟? 在这个悖论中,阿基里斯与龟的距离之差值构成一个首项为 90,公比为 0.1 的等比数列

$$90,9,0.9,0.09,\cdots$$

这个等比数列的前 n 项和为

$$S_n=\frac{90(1-0.1^n)}{0.9}=100(1-0.1^n)$$

当 $n\to+\infty$ 时,$S_n\to100$.

这道历史名题涉及到无穷等比数列求和取极限问题:当 n 无限增大时,$|q|<1$ 的无穷等比数列的前 n 项和的极限,叫作这个无穷等比数列的和.用符号 S 表示,有

$$S=a_1+a_1q+a_1q^2+\cdots+a_1q^{n-1}+\cdots=\frac{a_1}{1-q}$$

那么阿基里斯追上乌龟所跑的路程为

$$S=100+10+1+0.1+0.01+\cdots=\frac{a_1}{1-q}=\frac{100}{1-0.1}=\frac{1\,000}{9}(\text{米})$$

从这道题目可以得出一个结论:无限个量的和有可能是有限的.

古希腊对于等比数列的研究丰富了多元等比数列的成果,增添数列的资源库.

1.6 近代欧洲的等比数列

近代欧洲也对等比数列产生了浓厚的兴趣,做了深入的探讨.

13 世纪初,意大利著名数学家斐波那契发表的《计算之书》中有一道等比数列问题:

7个妇女去罗马,每个人牵着7匹骡子,每匹骡子负7只麻袋,每只袋子装有7块面包,每块面包配有7把小刀,每把刀配有7个刀鞘,问妇女、骡子、面包、刀、鞘各多少.

这是一个首项和公比均为7的等比数列,容易得到有7个妇女、49个骡子、343个麻袋,2 401个面包,16 807个小刀,117 649个刀鞘.

在"大航海运动"时代,近代欧洲人在天文学、数学与地理学领域开始了科学革命,这一时期,等比数列的探索开始了.

科学的发展带来了生产贸易的进步,这一时期欧洲一些著作对于等比数列的研究便容易从棉布贸易取材.中世纪贝克的著作中有如下问题:一商人出售了15码的棉布,第一码售价一元,第二码售价2元,第三码售价4元,第四码售价8元,如此按等比数列倍增下去,求总价格.在约完成于1535年一部意大利手稿里,它被改为马靴钉问题:铁匠做的24个钉子,第一个卖1便士;第二个卖2便士;第3个卖4便士,等等.

在文艺复兴期间,古代数学著作中的等比数列问题不断涌现新的版本.如,人们仿照棋盘问题,提出了各种不同的问题:如(果园问题)果园中有果树若干,第一棵值1钱,第二棵值2钱,第三棵值4钱,……,求总价.

近代欧洲的等比数列主要以"贸易、生产"等工业发展为主,大多取材于实际生产贸易中,再一次验证了"数学来源于实际生活又运用于实际生活"的道理.

2. 历史上的等比数列求和

等比数列求和公式的研究在历史上很早就开始了.等比数列求和公式的推导方法有很多,主要有以下三种:古埃及的递推法、欧几里得《几何原本》里的合分比推导法以及现代教科书中的错位相减法.

2.1 四大文明古国的等比数列求和

在我国古代,明朝皇子朱载堉(1536－1614)在《律学新说》一书中发现音乐的十二平均律是以 $\sqrt[12]{12}$ 为公比的等比数列,并运用等比数列的计算公式解决了音乐上十二平均律的相关问题.朱载堉和刘微提出了等比数列的求和公式以及通项公式

$$S_n = \frac{a_1 - a_1 q^n}{1-q} \Rightarrow a_1 = \frac{S_n(1-q)}{1-q^n}, a_n = a_{n-1}q$$

古巴比伦等比数列求和公式:约公元前3000年,古巴比伦人已经推导出等比数列 $1, 2, 2^2, \cdots, 2^9$ 的求和

$$1 + 2 + 2^2 + \cdots + 2^9 = 2^9 + 2^9 - 1$$

古埃及等比数列求和公式:古埃及人阿莫斯则给出了具体的算式,如图 2.

1	2 801
2	5 602
4	11 204
	19 607

图 2

其实,古埃及的乘法运算相当特别. 比如说要求 12×7 的积,古埃及人的做法是先列出 1 和 7,然后依次把两个数翻倍,得到左右两栏数字. 在左栏中找到和为被乘数 12 的两数 4 和 8,在右栏中找到相应的两数 28 和 56,它们的和就是所求的乘积. 知道这一点,就可以马上看出图 2 中左边一栏正是 $2\,801 \times 7$ 的算式,而其中 2 801 正是 $7, 49, 343, 2\,401$ 的和再加上 1. 由此可见,古埃及人推导出了等比数列 $7, 7^2, 7^3, \cdots, 7^n$ 的前 n 项和 S_n 的递推关系

$$S_n = (1 + S_{n-1}) \times 7$$

2.2 古希腊的等比数列求和

古希腊人也给出了另外一种求和公式的推导方法 —— 利用合分比的定律进行推导. 欧几里得所著《几何原本》中第 9 卷第 35 题推导了等比数列的求和公式. 设有等比数列 $a_1, a_2, \cdots, a_{n+1}$,公比为 $q \neq 1$. 则由 $\dfrac{a_{n+1}}{a_n} = \dfrac{a_n}{a_{n-1}} = \cdots = \dfrac{a_2}{a_1}$ 得

$$\frac{a_{n+1} - a_n}{a_n} = \frac{a_n - a_{n-2}}{a_{n-1}} = \cdots = \frac{a_2 - a_1}{a_1}$$

由合比定律,又有

$$\frac{a_{n+1} - a_1}{a_n + a_{n-1} + \cdots + a_1} = \frac{a_{n+1} - a_1}{S_n} = \frac{a_2 - a_1}{a_1} = q - 1$$

2.3 近代欧洲的等比数列求和

15 世纪以来至 18 世纪,人们密切关注等差数列和等比数列问题,却很少见到数列求和公式的推导. 直到 19 世纪,人们开始注重研究数列求和问题,英国著名数学家华里司为《大英百科全书》缩写的两则长篇词条"代数学"和"级数"集中体现了当时人们对数列求和问题所做出的努力. 为了推导出首项为 a,公比为 q 的等比数列的前 n 项和公式,华里司使用了现在数学教科书一直沿用的错位相减法.

由 $S_n = a + aq + aq^2 + \cdots + aq^{n-1}$ 得 $qS_n = aq + aq^2 + aq^3 + \cdots + aq^n$,相减得

$$S_n = \frac{a(q^n - 1)}{q - 1}$$

由此得 $q \neq 1$ 时的求和公式

194

$$S_n = \frac{aq^n - a}{q - 1}$$

3.等比数列与诗歌

等比数列以诗歌的形式呈现在历史上比比皆是,其中我国古代以诗歌形式设题的等比数列数量较多,其中较多选自程大位原著,梅珏成的《增删算法统宗》.19世纪初,英国著名的数学家亚当斯在《学者算术》中也载有诗歌,以诗歌为体裁的等比数列设喻生动,极具趣味性.

3.1 巍巍宝塔与等比数列

明代程大位《直指算法统宗》卷10以歌诀设题:

巍巍宝塔

遥望巍巍塔七层,红光点点倍加增,

共灯三百八十一,试问尖头几盏灯.

解读:已知等比数列的项数 n、公比 q 与前 n 项和 S_n,求各项.

$$a_1 = \frac{S_n(1-q)}{1-q^n} = \frac{381(1-2)}{1-2^7} = 3(盏)$$

因此塔尖有3盏灯.

等比数列来源于生活实际应用,中国古代对等比数列有一定的认识.

3.2 诵课倍增与等比数列

选自程大位原著,梅珏成的《增删算法统宗》:

诵课倍增

有个学生资性好,一部孟子三日了,

每日添增一倍多,问君每日度多少?

解读:已知等比数列公比 q、项数 n 与和 S_n,求各项.

第一日

$$a_1 = \frac{S_n(1-q)}{1-q^n} = \frac{34\ 685(1-2)}{1-2^3} = 4\ 955$$

第二日

$$a_2 = a_1 q^{2-1} = 4\ 955 \times 2 = 9\ 910$$

第三日

$$a_3 = a_2 q = 9\ 910 \times 2 = 19\ 820$$

注:《孟子》全书为34 685字,"一倍多"指一倍.

古人已总结出了等比数列的一些规律.

3.3 行程减半与等比数列

选自程大位原著,梅珏成的《增删算法统宗》:

行程减半

三百七十八里关,初行健步不为难;

脚痛每日减一半,六朝才得到其关;

要见每朝行里数,请君仔细详推算.

解读:已知等比数列公比 q、项数 n 与前 n 项和 S_n,求各项.

$$a_1 = \frac{S_n(1-q)}{1-q^n} = \frac{378 \times \left(1 - \frac{1}{2}\right)}{1 - \left(\frac{1}{2}\right)^6} = 192$$

$$a_3 = a_2 q = 48, \quad a_4 = a_3 q = 24$$

$$a_5 = a_4 q = 12, \quad a_6 = a_5 q = 6$$

因此每天行里数分别为 192 里、96 里、48 里、24 里、12 里、6 里.

3.4 放牧人赔粮与等比数列

选自程大位的《直指算法统宗》的"放牧人赔粮":

放牧人粗心大意,三畜偷偷吃苗青;

苗主扣住牛马羊,要求赔偿五斗粮;

三畜户主愿赔偿,牛马羊吃得异样;

羊吃了马的一半,马吃了牛的一半;

请问各畜赔多少?

解读:已知等比数列项数 n、前 n 项和 S_n 以及公比 q,求各项.这是一个已知 $S_3 = 5$ 斗 $= 50$ 升,公比 $q = 2$,项数 $n = 3$ 的等比数列,由 $S_n = \frac{a_1 - a_1 q^n}{1 - q}$ 得 $50 = \frac{a_1(1 - 2^3)}{1 - 2}$. 则

$$a_1 = 7\frac{1}{7}(升), \quad a_2 = a_1 q = 7\frac{1}{7} \times 2 = 14\frac{2}{7}(升)$$

因此羊户赔粮 $7\frac{1}{7}$ 升,马户赔粮 $14\frac{2}{7}$ 升,牛户赔粮 $28\frac{4}{7}$ 升.

3.5 伊夫斯与等比数列

19 世纪初,英国著名的数学家亚当斯在《学者算术》中载有诗歌:

我赴圣地伊夫斯,路遇一男携七妻;一妻各把七袋负,一袋各装七猫咪,猫咪生子数又七,几多同去伊夫斯.

解读:已知等比数列项数 n、公比 q 与首项 a_1,求总数 S_n.

196

男:1(人)　妻子:7(人)　袋子:$7^2 = 49$(个)

猫咪:$7^3 = 343$(个)　小猫咪:$7^4 = 2\ 401$(个)

总数

$$1 + 7 + 7^2 + 7^3 + 7^4 = \frac{1 - 7^5}{1 - 7} = 2\ 801(个)$$

因此同去伊夫斯的有 2 801 个.

诗歌型的等比数列题型是古代劳动人民为了方便学习和记忆而编写的,这些题目不仅构思独特,比喻生动,而且引人深思,脍炙人口.这些有关等比数列的诗词,读起来朗朗上口,富有趣味,便于理解,并获得了广泛的传播.实际上很多题目对于古人用算术的方法来解决都是比较困难的,但用数列的观点结合待定系数法(设未知数,解方程的方法)来解决则十分简单!

等比数列来源于实际生活,人们提出了有关等比数列的问题,但是并没有把这些问题升华为等比数列的相关知识,后来数学家们对这些问题加以分析研究和归纳总结,系统地给出了等比数列的公式规律并用来解决实际生活中的问题.等比数列模型作为一种反映了自然规律的基本数学模型,需要从实际生活中提炼出相应的数量关系,将现实问题转化为数列问题,并加以解决.不同国家不同地区有不同方法,每个时期的等比数列研究都凝聚了前人的智慧.此外,等比数列问题的研究是数学家们共同关注的问题,在等比数列的发展历程,数学家们做出了巨大的贡献.由前人挖掘、整理和保存,如今才能运用等比数列的知识解决生活中的问题,理论结合实际,化繁为简.在珍惜前人留下的这笔财富的同时,当代人更要思考如何传承这份来之不易的文化,传承数列文化进而能创造出新的数列文化,等比数列的研究不应该止步不前,应当继续前人的脚步,向前迈进.

第三节　二项式定理的睿智

二项式定理是人类历史上的一朵奇葩,众多数学家为了它的发芽、生长、成熟,为了使它更加茁壮、更加瑰丽,献出了辛勤汗水和聪明才智,并且发生了一个个与之有关的故事,演绎着数学的精彩.

1.早期二项式定理的探索

古希腊欧几里得《几何原本》是数学发展史上一座丰碑,在著作中可以发现二项展开式的"影子".第二卷的命题4:如果任意分一个线段,则在整个线段上的正方形等于各个小线段上的正方形的和,加上由两个小线段构成的矩形的二倍.这个命题用符号语言表达是:点 C 任意分线段 AB,那么以 AB 为边的正方形的面积就等于以 AC 为边的正方形的面积与以 CB 为边的正方形的面积之和,加上边长为 AC,CB 的矩形思维面积的两倍.设 $AC=a,CB=b$,则这个命题就是

$$(a+b)^2 = a^2 + b^2 + 2ab$$

即完全平方公式.《几何原本》中这个命题4在亚历山大后期用于求平方根的近似值,托勒密的著作中出现大量的平方根只有结果,却没有计算过程,后人在托勒密著作评注中提到,他是用 $(a+b)^2$ 的几何图形帮助思考.

我国古代的《九章算术》和刘徽的《九章算术注》均表明完全平方公式,并在开方运算中利用了公式 $(a+b)^2=a^2+b^2+2ab$.刘徽注解《九章算术》把开平方、开立方与几何图形相对应.但找不到四次及以上整数幂二项式定理的几何直观表示.因此,二项展开式由二次、三次推广到更高次,需要从三维空间的几何学的桎梏下解放出来[①].

2.二项式定理的历史探索

最早算术三角形源于 11 世纪的贾宪,其著作《黄帝九章算法细草》中给出了名为"开方作法本源"的图,也即是算术三角形,并给出这个三角形的构造方法,以及用于高次幂的开方运算.可惜,贾宪的著作已失传,其工作通过数学家的征引传承下来,贾宪三角被杨辉摘录在《详解九章算术》中,从而得以留下来,所以,算术三角形被称为"贾宪三角形"或"杨辉三角形".杨辉的《详解九章算术》中记载了如何求出贾宪三角形中除左右两边的 1 以外的各个数的方法:"以一隔算,自下增入前位,至首位而止;复以隔算如前升增,递低一位求之".贾宪三角形中左右两边的 1 分别称为"积数""隅数",各行除 1 以外的数字叫作"廉".这个方法也即是说:求"上廉"就是将隅数 1 自下而上加到上面,直到首位停止;求其他数字,跟刚才一样自下而上加到上面,但是每次低一位停止.

贾宪三角排列出了 $n=0,1,2,3,\cdots,6$ 的二项展开式系数表.1,6,15,20,15,6,1 是贾宪三角形的第七行数字,也是开六次幂时所需的各廉数,可以看出,虽然贾宪三角只写了第七行,但是依据这个程序可以求任意一行的廉.在当

---

① 李约瑟. 中国科学技术史:第 3 卷[M].北京:科学出版社,1978:297-330.

时,贾宪三角并不是用来展开二项式的,而是用于开方运算."开方作法本源"图下注解的后面两句"以廉乘商方,命实而除之"是利用贾宪三角进行开方的方法,这种随乘随加的方法叫作增乘开方法.

到了元朝,数学家朱世杰把杨辉三角形拓展为"古法七乘图",载于《四元玉鉴》中.在"古法七乘图"中数字之间有了连线,表明朱世杰已经掌握了算术三角形除1以外的数字等于其"肩上"两数之和的构造方法.

中国数学是世界数学文化史上的一颗璀璨的明星,贾宪、杨辉是我国古代数学史上具有代表性的数学家.贾宪三角是我国古代数学的一项重要的成就.贾宪用"增乘开方法"处理形如 $x^n = N$ 这类方程时,运用的就是贾宪三角,展示了我国古代数学的算法思想.贾宪、杨辉、朱世杰等数学家为解决实际问题求正整数方根,运用归纳法进行探索,用递推法解决问题的模型.不朽的贾宪三角,永远闪耀在璀璨的数学的星空.

阿拉伯人萨玛瓦尔继承凯拉吉的衣钵,详细记录了凯拉吉关于二项式定理的工作.第一部有关二项式定理的著作是萨玛瓦尔的《眩感》.在著作中,萨玛瓦尔详细记录了凯拉吉关于二项式定理的工作.根据记录,凯拉吉已给出 $(a+b)^3$, $(a+b)^4$ 和 $(a-b)^3$ 的展开式,以及一个二项式系数表,并清晰地表达了这个二项式系数表的构造法则.根据这个法则,萨玛瓦尔得出了 $(a+b)^5$ 时的展开式.萨瓦马尔的二项式系数表排列出了 $n = 0, 1, 2, 3, \cdots, 12$ 的二项展开式的系数.一直做下去,就可以顺理成章地得到任意正整数幂的二项展开式.

3.帕斯卡与二项式定理

真正意义上从代数的角度研究算术三角形的是法国数学家帕斯卡.1654年,法国数学家帕斯卡在他完成的著作《论算术三角形》中对算术三角形进行全面论述,创新性地用组合数表示二项式的展开式系数,得到了一般化的正整数幂的二项式定理,标志着现代组合学的开始.《论算术三角形》分为两大部分,第一部分主要论述算术三角形定义、构造和19个推论及一个问题;第二部分是算术三角形在四个方面的应用:在组合理论上的应用、在数形理论上的应用、在二项展开式上的应用、在赌金分配问题上的应用.帕斯卡先定义算术三角形,再证明它的性质,然后再将其应用到多个领域,建立了相对完整的算术三角形理论.正因为帕斯卡在算术三角形上的重要贡献,算术三角形在西方被称为"帕斯卡三角".

帕斯卡建立算术三角形理论,得到一般的正整数幂二项式定理,展开式系数用组合数表示

$$(x+a)^n = \sum_{k=0}^{n} \begin{bmatrix} n \\ k \end{bmatrix} x^k a^{n-k}$$

帕斯卡在得出二项式定理的过程中运用了重要的数学方法 —— 数学归纳法. 帕斯卡为数学归纳法做出了巨大的贡献,他是第一个明确而清晰地阐述数学归纳法的运行程序,并完整地使用数学归纳法证明二项式定理. 帕斯卡在证明二项式定理时,准确而清晰地指出,证明过程中的两大步骤,即两条引理:

引理 1 该命题对于第一个(即 $n=1$)基线("帕斯卡"三角形中每一条斜线称为基线)成立,这是显然的.

引理 2 如果该命题对于任一基线成立,它必须对下一条($n=n+1$)基线也成立.

引理 1 显然成立,帕斯卡利用 $C_n^m + C_n^{m-1} = C_{n+1}^m$ 证明引理 2,于是,"根据第一条引理知道,第二条基线是正确的,因而由第二条引理知,在第三条基线也是正确的,进而在第四条基线也是正确的""…… 对所以的基线必须都是正确的"(帕斯卡原话).

4.牛顿与二项式定理

伟大的牛顿将定理推向分数幂、负数幂,得到了广义二项式定理. 这种大胆的推广充分体现了科学巨人牛顿思想的宏大与精深,以及在科学发现、发明的创新意义的宝贵和价值.

5.二项式定理与概率模型

伯努利利用概率模型完美无缺地证明帕斯卡所建立的二项式定理. 伯努利巧妙地把二项式定理转化为摸球问题,想法独具匠心,思路浅显易懂,证法美妙绝伦.

袋中有白球 a 个,黑球 b 个,每次从中任取一个,有放回的连续取 n 次,求恰有 k 次抽得白球的概率($k=0,1,2,3,\cdots,n$). 因为有放回的 n 次试验,恰好有 0 次、1 次、2 次、……、n 次抽得白球的事件是必然事件,因此其概率必定等于 1,所以有

$$\sum_{k=0}^{n} \frac{C_n^k a^k b^{n-k}}{(a+b)^n} = 1$$

用 $(a+b)^n$ 乘等式两边的各项就有二项式定理

$$(b+a)^n = \sum_{k=0}^{n} \begin{bmatrix} n \\ k \end{bmatrix} b^k a^{n-k}$$

200

　　二项式定理是多元文化的集萃，有着深厚的历史底蕴。从发展的长度来讲，二项式定理从最初的萌芽到最终成型，经历了二十个世纪，时间跨度长。二项式定理的雏形最早见于公元前 300 年古希腊数学家欧几里得的《几何原本》里的第二卷的命题 4，到贾宪、杨辉三角形，再到帕斯卡的算术三角的完善，以及牛顿的二项式定理推广，这其中有丰富的数学历史文化资源。二项式定理不仅时间跨度长而且所涉及的地域也非常的辽阔，古希腊、中国、阿拉伯、德国、法国均有数学家在积极去探索二项式定理。

　　二项式定理中有丰富多彩的文化内涵，不仅可拓宽视野，而且还能加强文化熏陶，加深数学知识理解，提升数学思维方法。贾宪三角、"古法七乘图"以及"帕斯卡三角"等经典案例丰富了二项式定理的内涵，加强了知识间的联系；归纳法、化归法及文化情境等策略运用促进了对二项式定理的理解，以及对二项式系数的组合表达式的运用，反之也促使对归纳法、化归法的灵活运用以及对数学文化的深刻体验。回眸历史，梳理知识，让脉络更加清晰、思维更加连贯，感受更加深刻。

第四节　　集合思想的纷争

　　集合作为现代数学的基础，有着丰富的历史文化。集合是数学中一个相当重要的概念，不仅是数学语言工具，还是数学的基础，数学是建立在集合理论上的宏威大厦。集合思想它也是统一数学的重要线索。追溯集合历史，回味集合思想，历经集合产生、到集合的是是非非评说，再到罗素悖论出现的艰难历程，其中集合中的无限集合是康托尔创造集合的难点，也是集合的关键。无限集合的参与常常会引出自相矛盾的地方，而集合论产生的历史几乎围绕无限而展开。回味集合历史文化，丰富集合的体验，感受创新之不易，领略集合之魅力，欣赏集合中蕴含的数学文化，无不感叹集合的价值之大，影响之远，魅力之深。

1. 集合思想的萌芽

　　早在集合论创立的两千年前，数学家们早就已经接触了与无穷有关的大量问题，集合观念已经萌芽，只是当时还没有集合概念。

　　公元前，古希腊的原子论学派将一条直线看成是一些原子的排列。在公元前 4 世纪，《几何原本》中，欧几里得定义是这样的："直线是由平放着的点组成的""面是由平放着的线组成的"。不难由此看出，此时已经有集合观念的萌芽，欧几里得潜意识中把线看成了一个点的集合,而线上的点就是这集合里面的元素.直线就是由这些点元素而组成的一个集合,面也是类似.与此同时,《几何原本》中还提到过公理:整体大于部分.集合思想悄然萌芽.

在更早些时候,公元前 5 世纪的古希腊,埃利亚学派的芝诺就提出了大量关于无穷的悖论.虽说芝诺并没有使用无穷集合的概念去进行定义,但是问题的实质却和无穷集合密不可分.

公元 5 世纪,普罗克拉斯在研究直径分圆的问题中注意到:圆的一根直径能够将圆平均分成两个半圆,由于直径是无穷多的,所以一定会存在着两倍无穷多的半圆.在这时,部分与整体之间产生了一一对应的关系.当时,许多人认为这是存在矛盾的根源.普罗克拉斯曾指出:任何人只能说,有很多很多的半径或者半圆,而不能说一个实实在在无穷多的半径或半圆,也就是说,无穷只能是一种概念,而不是一个数,不能参与运算.但是,随着无穷集合观点的不断出现,部分与整体间存在一一对应的关系也变得越来越明显了.有趣的是,面对这种现象,数学家往往选择逃避这一问题,或者对此否认,认为这是不可能存在的.如伽利略,在研究中发现,两个不等长线段上的点可以构成一一对应,他认为这是不可能的,他无法相信这一现象,他觉得,所有的无穷大的量都一样,都是不能够进行比较的.

2. 数学家与集合

集合观或集合思想要让数学家形成或接受,是有许多困难的.有些数学家大力支持,也有数学家极力反对,如高斯.所以,集合思想还得有个逐渐被接受的过程.

2.1 集合的是非

无穷集合的不断出现,在当时对数学大厦冲击不小.对部分与整体能构成一一对应这种看似自相矛盾的结果许多数学家嗤之以鼻,不但有被誉为"数学家之王"的高斯对无穷的反对,他说:"我必须最最强烈地反对把无穷作为一完成的东西来使用",而且法国的大数学家柯西也否认了无穷集合的存在,更是反对部分与整体间的对应性.

面对着"无穷"的长期冲击,捷克数学家波尔查诺在1851年出版的《无穷悖论》一书中,尝试为集合的建立明确理论而努力,他为此做出了重大贡献,提出两个集合等价的概念,为无穷集合间一一对应概念提供了基础,并且他肯定了无穷集合的存在和作用.波尔查诺认为,无穷集合中的部分与整体是可能会等价,只要建立起一一对应,这是得必须承认的.他举了个例子:有两个无穷集合

A,B,集合 $A=\{x\mid 0\leqslant x\leqslant 5\}$ 与集合 $B=\{y\mid 0\leqslant y\leqslant 12\}$.

可以通过中间变换公式

$$y=\frac{12}{5}x$$

使得两个集合一一对应,很明显集合 B 是包含集合 A.

2.2 康托尔与集合

康托尔是德国有名的数学家,小时候受到严格的教育.时刻遵循父亲的教海."你的父亲,或者说你的父母以及在俄国、德国、丹麦的其他家人都在注视着你,希望你能够成为科学地平线上升的一颗明星".父亲信中的话也时时刻刻陪伴着康托尔,不时地提醒他.

1854 年,黎曼在他的就职论文《关于三角级数表述函数的可能性》中,首次提出了"唯一性问题",康托尔正是通过"唯一性"问题让他意识到了无穷集合的重要,并开始研究集合.而早在 1870 年和 1871 年,康托尔两次在《数学杂志》上发表了证明三角级数表示唯一性定理的论文.另外他在 1872 年的《数学年鉴》上发表了论文,将海涅一致收敛定理的严格条件推广到无穷集合,点集理论呼之欲出.

1873 年,康托尔写信给他好友戴德金,首次提出导致集合论产生的问题.同年,他将实数集与正整数集是不能一一对应的结果告诉了戴德金.他兴奋地说,实数集不可数,正整数集可数.也就是说,实数集与正整数集不能一一对应.这意味着集合理论诞生.

1874 年到 1884 年间,康托尔发表了一系列论文,文中探讨了集合论的一些数学理论成果以及涉及集合论在分析上的一些应用.直到 1884 年,《对超穷集合论基础的贡献》的完成标志着康托尔朴素集合论体系的建立.

集合,元素及其成员关系等最基础的数学概念,康托尔认为:把若干确定的、有区别的(不论是具体的或者抽象的)事物合并起来,可以看作一个整体,其中各事物称为该集合的元素.这个与当今对集合认识基本一致.

对于集合的构成,康托尔给出了两个重要的概念:概括原则和外延定理.概括原则是指对于任何一个性质,我们都可以用满足该性质的元素构成一个集合.外延公理的内容是集合的性质由其元素的性质完全确定.

康托尔对无穷集合有了如下结果:

定理 1　一个可数无穷集的每一个无穷子集仍是可数无穷集.

定理 2　可数个可数无穷集的并仍是可数无穷集.

定理 3　一个 n 维的、无穷的、连续空间 A 中,假设无穷多个 n 维的、连续的子域被确定,他们彼此不相交或至多接触到边界,则这些子域的总体总是可数的.

2.3 抨击康托尔的集合

康托尔在集合论中提出的理论概念很新颖,集合颠覆了当时的数学界,让人难以接受,以至于为此苦苦斗争了好长时间.

集合论创立过程十分坎坷,在当时"无穷集合"是数学的"禁地",几乎所有的数学家对此都持反对,康托尔关于集合论的理论提出如同在人群中抛出一个炸弹般轰动,尤其是"无穷集合"还引出了大量的悖论.德国大几何学家克莱因表示怀疑,法国大数学家庞加莱对康托尔集合论是持反对态度,他说过:"我们遇到某些悖论,某些明显矛盾的事情已经发生了,这将使埃利亚学派的芝诺等人高兴 …… 我个人,而且不是我个人,认为重要之点在于,切勿引进一些不能用有些个文字去完成定义好的东西",称之为"病态数学".对康托尔的研究攻击的最为强烈的是他在柏林大学时期的老师 —— 权威大数学家克罗内克.克罗内克是一个有穷主义者,他认为康托尔的研究都是无意义的,一直希望康托尔放弃无穷集合的研究.甚至因克罗内克的阻挠,《克雷尔杂志》一直不敢发表康托尔的论文.并觉得康托尔已陷入了非常危险的数学疯病,并且刻薄疯狂地攻击康托尔十年之久.

尽管那时候也有一大批的数学家支持康托尔的研究,其中希尔伯特和康托尔的好友戴德金是对康托尔的研究最为支持.1926 年,希尔伯特《论无穷》说道:没有问题像无穷这样深深触动人们的情感,也没有别的观念如无穷那么激励理智产生富有成果的思想,也没有概念如无穷那样需要去阐明.数学家不会无动于衷.尽管受到如此支持,但天性敏感的康托尔终于无法忍受这狂风暴雨般地攻击而崩溃了,患上了严重的抑郁症.直到 1891 年克罗内克去世后,他的处境才开始有所好转.

3. 集合论的影响

康托尔集合论的创立是 19 世纪数学上的重大事情,集合论创立后,不断促进数学的发展,集合思想不断渗透到数学的其他领域,大部分现代数学都是在集合论的基础上进行发展,集合论成为数学的基石.

曾强烈反对集合论的庞加莱在国际数学家大会中兴奋地宣布:利用集合概念,可以建造整个数学大厦了 …… 今天,可以说数学已达到绝对严谨.可好景不长,集合论悖论出现了.

集合论派生出许多悖论,一些学者甚至包括康托尔自己,都开始怀疑集合论.如布拉利－福蒂悖论,康托尔集合论悖论等.由于这些悖论难懂,于是数学家花了另一种形式,简单明了地表述集合悖论中存在的根本问题.

罗素提出:"一切不包含自身的集合所形成的集合是否包含自身".这给人们制造了一个很大的问题,从集合的角度分析:如果集合 M 是由一切不包含自身的集合构成,假设集合 M 不属于自身,那么集合 M 就满足自身的集合性质,就得出了集合 M 属于自身;假设集合 M 属于自身,那么根据集合 M 自身的性质,就得出了集合 M 不属于自身.由此,得出一个"既属于又不属于"的矛盾结果.

布拉利－福蒂悖论和康托尔悖论等让集合论看起来是错误的矛盾,似乎没有人认为这动摇了数学的基础,只是将其看成是数学中的一些奇特现象.但罗素的发现确实使当时的数学界震惊万分,甚至达到了恐慌的地步.

1903 年,英国数学家兼哲学家罗素他仅仅使用集合论中几个基础的概念,却引出了一个巨大的悖论,甚至动摇了集合论的基础.

罗素悖论还是不好懂,为了让世人理解这复杂枯燥的文字表述,罗素提出了"理发师悖论":

有一个理发师,他说要给所有自己不刮胡子的人刮胡子,请问:理发师应该给自己刮胡子吗?

分析:Ⅰ.如果理发师不给自己刮胡子,那么他就属于"所有自己不刮胡子的人"其中一人,那他就应该给自己刮胡子.

Ⅱ.如果理发师给自己刮胡子,那么他就不属于"所有自己不刮胡子的人"中的一人,那他就不应该给自己刮胡子.

于是得出了矛盾的结果.

集合悖论还衍生出说谎者悖论:克里特岛上一老人说这岛上所有人都说谎.那么,这老人说谎了吗?分析结果同样会出现自相矛盾.

集合悖论引起了"第三次数学危机".罗素悖论的出现使当时的学术界感到大为震惊,对此非常恐慌,他们认为罗素悖论动摇了现代数学的基础,尤其对于弗雷格来说,更是沉重且致命的打击.当时,弗雷格《数学基础法则》即将出版印刷完成的时候收到这个噩耗.弗雷格说:"一位科学家不会碰到比这更难堪的事情了,即在工作完成之时,它的基础垮掉了."对此感到恐慌,惊恐地说道:"算术开始受难了",甚至还绝望地说:"连数学都不可信了,那世界上还有什么可相信的."自此之后,弗雷格便一蹶不振,无心再钻研数学.悖论的出现,开始了数学基础问题的研究,形式主义、直觉主义、逻辑主义三大学派做了大量工作.希尔伯特却坚定支持集合理论,并说,谁也不能把他们从康托尔乐园中赶

205

走,充其量是换件外衣.

4. 数学家与集合符号

巧妙并且具有艺术的符号是数学家绝妙的助手,因为它能帮助数学家逻辑思维清晰,使之简单明了.

意大利数学家皮亚诺首先使用该符号,"$\in$"表示"属于"的集合关系.如 a 属于集合 A,即可表示为"$a \in A$",假如 a 不属于集合 A,即可表示为"$a \notin A$".符号"$\in$""$\notin$"表示了集合中的"属于"与"不属于"两种基础关系,大大节省了书写的时间,而且也使得数学简单明了.

1889 年皮亚诺也使用"$\subset$"表示集合与集合之间的包含关系.如 $A \subset B$ 表示集合 A 包含于 B 中,或者表示 A 是 B 的真子集.

德国莱布尼兹最早使用交集的符号"$\cap$"和并集的符号"$\cup$",如 $A \cap B$ 表示既属于集合 A 又属于集合 B 的元素构成的集合,读作"A 交 B".刚开始使用时,莱布尼兹并不是打算运用在集合关系上,而是用"$\cap$"表示"乘积",只是没被人们认可,才最后被人们运用在集合运算之中.

$\{x \mid p(x)\}$ 或 $\{x : p(x)\}$ 在集合论诞生之后就逐渐形成了并且一直沿用至今,人们大多用来刻画具有某种共同特征的元素构成的集合,例如:一切具有特征 $p(x)$ 的元素 x 构成的集合,用符号 $\{x \mid p(x)\}$ 或 $\{x : p(x)\}$ 表示.值得注意的是,花括号 $\{\quad\}$ 表示着"所有"的意思.

Venn 图来自于瑞士数学家欧拉所创作的欧拉图,经过韦恩的改进,将其改名为"Venn 图".后人们用 Venn 图来直观的描述集合间的包含关系以及集合的交、并等运算关系.如 $A \cap B$,$C \cup D$ 分别表示为图 1 和图 2 中的颜色部分,相当直观地表示了集合交与并的运算关系!

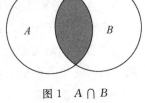

图 1 $A \cap B$

运用集合思想,能清晰明了的理清概念之间的从属关系.例如,{正整数}$\subset${自然数}$\subset${非负有理数}$\subset${有理数}$\subset${实数}$\subset${复数}.

对于概念中的交叉关系和矛盾关系,也能运用集合思想进行刻画.

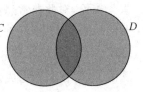

图 2 $C \cup D$

在实数域中,有理数与无理数是相互矛盾的关系,利用集合思想进行规划,于是有:{有理数}$\bigcap${无理数}$= \varnothing$,{有理数}$\bigcup$

206

｛无理数｝＝｛实数｝.

　　总而言之,运用了集合思想,能节省我们用其他语言刻画的时间,而且能够更直观的表示出来,有利于理解和掌握知识结构.

　　公理　如果一条直线上有两个点在一个平面内,则这条直线上的所有点都在这个平面内.

　　对其枯燥的语言表述,显然不能立刻让大众了解其深意,而且乏味无趣.用集合的思想描述这枯燥的语言,就显得有趣多了.欧几里得的《几何原本》中,直线和平面就是两个集合.

　　用集合的语言表示:若点 $A \in$ 平面 α,点 $B \in$ 平面 α,点 $A \in$ 直线 l,点 $B \in$ 直线 l,则直线 $l \subset$ 平面 α.

5.集合的应用

　　20 世纪 30 年代初,冯·米泽斯便将集合论思想来研究概率事件,概率论有关"事件和概率"的问题内容繁多复杂,枯燥难懂,运用集合论思想,尤其是集合论中的 Venn 图使用能够直观地理解概率论中的知识,使复杂的概率问题一下子清晰起来,解决问题就容易许多了.

　　例　某旅行社 100 人中有 43 人会说英语,35 人会说日语,32 人会说日语和英语,9 人会说法语、英语和日语,且每人至少会说三种语言中的一种,求 ① 此人会说英语和日语,但不会说法语的概率;② 此人只会说法语的概率.

　　如果按概率论的常规思路,运用概率论公式定理去解决这一问题,显然会让问题变得难懂,不直观,特别是问题 ② 比较复杂,不易快速找到解决的思路.但运用集合论中的 Venn 图就会直观许多.观察图 3 中,A,B,C 分别表示会说英语、日语、法语的人所组成的集合,集合间的运算在图中便能一目了然.在概率论中,对于有限集合,用 $\#(A)$ 来表示集合 A 中元素的个数,显然 $\#(A)=43$,$\#(B)=35$,$\#(A \cap B)=32$,$\#(A \cap B \cap C)=9$,$\#(A \cup B \cup C)=100$.

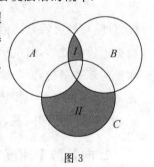

图 3

　　问题 ①　会讲英语、日语,不会讲法语的集合由图 3 中的颜色区域 Ⅰ 表示出来,结合 Venn 图得到结果

$$\#(A \cap B \cap \overline{C}) = \#(A \cap B) - \#(A \cap B \cap C)$$
$$=32-9=23$$

　　所以

$$P(A \cap B \cap \overline{C}) = \frac{\#(A \cap B \cap \overline{C})}{\#(A \cup B \cup C)} = \frac{23}{100}$$

显然,问题 ② 也能迎刃而解了.

问题 ②　只会讲法语的人的集合由图 3 中的颜色区域 Ⅱ 表示出来.

$$\#(\overline{A} \cap \overline{B} \cap C) = \#(A \cup B \cup C) - \#(A \cup B)$$
$$= \#(A \cup B \cup C) - \#(A) - \#(B) + \#(A \cap B)$$
$$= 100 - 43 - 35 + 32 = 54$$

所以

$$P(\overline{A} \cap \overline{B} \cap C) = \frac{\#(\overline{A} \cap \overline{B} \cap C)}{\#(A \cup B \cup C)} = \frac{54}{100} = \frac{27}{50}$$

这就是利用集合论思想解决概率论的问题,尤其是 Venn 图的使用,使得问题直观简单,便于理解,与数学知识紧密结合.

第五节　　向量方法的精辟

向量(矢量)是数学、物理学中的重要概念.向量,又称为矢量,也称之为有向线段.数学家、物理学家面对速度、力、力矩、位置等问题,逐渐有了向量观点.起初由英国数学家哈密尔顿第一个用向量表示有向线段,并最先使用.向量的思想性、实用性、广泛应用性,兼具代数与几何双重优势,以及其表达方式的简捷方便,巧妙灵活是其他方法无法比拟与替代的.英国数学家怀特海德认为,无论物理还是数学,向量都是基本的、重要的概念.图形向量化,向量代数化,由于向量的双重身份,使其成为研究几何代数化的必经之路.引入向量,通过坐标化,就可以像实数一样进行运算,尤其引入到空间中,使空间问题得以位置表示,并且简化空间问题,甚至 n 维空间问题也变得游刃有余,化繁为简.

1.向量源于速度和力

向量观念的形成离不开现实,现实问题表明,力或位移都可合成矢量的和,速度的分解、力的分解也依据平行四边形法则.后来的物理实验也证实向量遵循平行四边形法则.二十世纪英国著名数学家哈代说过:"还没有哪个数学家纯到对物理世界毫无兴趣的地步."物理与数学之间有着奥妙的关系,比如说速度与力是物理学中的重要概念,也是向量观念的源头.速度和力既有大小又有方向,即所谓的向量.向量观点有深刻的物理背景,最早源于古希腊对力与速度的研究,由此有了向量的平行四边形法则的萌芽.

　　最早期的向量概念是离不开速度的,速度的平行四边形法则可追溯到古希腊时期.对运动无知,也就对自然界无知.这句谚语说明运动重要.古希腊哲学家亚里士多德认为,当一个物体以一定比率移动时,物体一定沿着一条直线运动,这条直线是由这两条给定比率的直线形成的平行四边形的对角线,这是向量观念的萌芽.

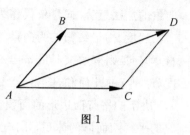

图 1

　　后来,亚历山大时代的数学家海伦解释了亚里士多德的观点:如图 1,假设点 A 沿着 AB 移动同时沿线 AC 移动,总是和起始的位置是平行的,还假设从 A 到 B,与从 AB 到 CD 的时间相等,海伦认为点 A 是沿着对角线 AD 进行运动.后来,欧拉,被誉为历史上四个最伟大的数学家之一,认为类比笛卡儿坐标系,用无穷小方式将运动进行分解,每个方向都有分速度,不但有大小,而且还有方向.这个观点在计算中非常实用.

　　力也是一个古老的观念.最早可追溯到古希腊时期的阿基米德,他说,给他一个支点,用杠杆可以撬动地球.其原理即是杠杆原理,本质上还是力矩,地球质量乘以力矩长度等于力乘以用力点与支点的杠杆长.《阿基米德全集》论平面图形的平衡中,详细地解说了关于重心的一些命题,并给出了证明.论平面图形的平衡Ⅰ中

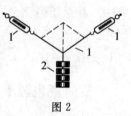

图 2

研究了两个或者三个物体组成的一个系统的重心所在,例如:命题 5,若三个等重的物体的重心在一条直线上,且其间距相等,那么这一系统的重心将与鸿渐物体的重心重合.而命题 9 和命题 10 研究了关于平行四边形的重心所在位置,命题 11 到命题 14 则研究了三角形的重心,命题 15 研究了梯形的重心.在论平面图形的平衡Ⅱ中,重点研究了抛物线弓形的重心位置以及相关的一些结论.阿基米德研究的这些结论,推动了数学发展,做出了巨大的贡献.

　　现实中有两个方向的力相加,称之为合成向量(或者向量的和),用单个力来代替.如图 2,向量的物理实验表明,力的向量可以合成,也可以分解.作用于固定点上各个力的合力,或作用在物体上一个力可以分解为两个向量的力,均遵守平行四边形法则.

　　16 世纪和 17 世纪的力学研究成果表明,力的合成也遵循平行四边形法则.荷兰的数学家史蒂文运用平行四边形法才得以解决静力学问题,伽利略也认为,力的合成与分解中依据平行四边形法则是合理的.

牛顿热衷于力的平行四边形法则.他认为，两个力同时作用于一个物体,物体沿两个力作用形成的平行四边形对角线运动,所用时间等于两力沿两边运动所需时间.如图3,任意两个斜向力$\overrightarrow{AB}$,$\overrightarrow{AD}$复合成力$\overrightarrow{AC}$,同样力$\overrightarrow{AC}$也可分解成两斜力$\overrightarrow{AB}$和$\overrightarrow{AD}$.牛顿没有意识到,这是

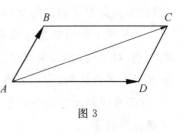

图3

向量的加法运算.向量仅仅作为处理物理现象的一个工具.

速度、力最终归结为向量.向量可以合成也可以分解.若某向量a与单位向量e同向,则有数乘向量$a=ke$,即向量的数乘.格拉斯曼认为,合速度v是分速度(v_1,v_2)的几何和,即$v=v_1+v_2$;他还认为,两个向量a,b几何的积,即由向量a,b决定的平行四边形的面积,对于三个向量a,b,c的几何的积,则由它们所形成的平行六面体的体积,几何的积类似于点积或叉积.格拉斯曼的父亲曾说矩形本身就是一个几何乘积,矩形的面积是其长与宽的乘积,向量a和b相乘,其实就是以$|a|$,$|b|$为边的平行四边形的面积.哈密尔顿为了读懂它,下了好大决心,甚至还得学会抽烟.哈密尔顿认为,格拉斯曼的理论真的不好懂.格拉斯曼工作启发了麦比乌斯.麦比乌斯定义向量a,b加法的同时,也定义向量$\overrightarrow{AB}$,$\overrightarrow{CD}$的乘积$\overrightarrow{AB}\cdot\overrightarrow{CD}$,数值上等于平行四边形的面积.

2.向量也源于位置几何

位置几何是向量发展的一个重要源泉.位置几何观念具有价值,促进向量理论的发展.数学家莱布尼兹认为,代数只是单纯地表达了数和量,而不能指明位置,位置几何却不同,可以利用图形体现位置,为解决许多问题提供更为方便和快捷的方法.格拉斯曼利用位置几何建立向量理论,实现莱布尼兹的设想:如果直线上三点A,B,C,则$\overrightarrow{AB}=-\overrightarrow{BA}$,$\overrightarrow{AB}+\overrightarrow{BC}=\overrightarrow{AC}$,$\overrightarrow{AB}$,$\overrightarrow{AC}$有长度,有方向.若$A,B,C$不在同一条直线上,他认为,$\overrightarrow{AB}+\overrightarrow{BC}=\overrightarrow{AC}$仍然成立,如图4,其实就是向量的三角形法则.

同时,数学家格拉斯曼还有惊人发现,对三点A,B,C改为向量A,B,C,用第三个向量乘以另外两个向量和,等于第三个向量分别乘这两个向量再相加,即$A(B+C)=AB+AC$.格拉斯曼的这种做法运用到实现中得到重心的向量公式.

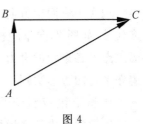

图4

数学家拜耳拉维提斯对于向量有自己的想法,

210

认为:一条直线两个字母 A,B 表示从点 A 出发到另外一个点 B,而向量 $\overrightarrow{AB}$ 与 $\overrightarrow{BA}$ 表示两个不同的向量,方向相反,长度相等;如果两个向量长短相等平行且方向相同,称为两个向量相等;对于向量 $\overrightarrow{AD}$,有 $\overrightarrow{AD} = \overrightarrow{AB_1} + \overrightarrow{B_1D}$,也有 $\overrightarrow{AD} = \overrightarrow{AB_1} + \overrightarrow{B_1B_2} + \overrightarrow{B_2D}$,只要起点终点不变,中间的所有向量围成一多边形,向量的和与相加的次序无关,总是不变且等于 $\overrightarrow{AD}$;在向量等式中,如果改变符号,那么这条向量可以从一边到另外一边.

3.向量的符号表示

向量一词最早由英国哈密尔顿提出.向量记号,最先是由瑞士的阿尔冈提出的,1805 年他用 AB 表示有向线段或向量.1827 年,德国数学家麦比乌斯用 AB 表示起点为 A 以及终点为 B 的向量,这种方式被数学家广泛接受.1853 年,法国数学家柯西把向量在坐标轴上用分量予以表示.1896 年沃依洛特区分了"极向量"和"轴向量".1912 年兰格文在字母上加入箭头表示向量,后来被普遍采用.

四元数的发明者英国数学家哈密尔顿认为:两个向量相乘的结果就是向量积,公元 1846 年,德国数学家格拉斯曼在向量积的基础上又分为内积,吉布斯提出点积,索莫夫最先用 uv 表示向量积.20 世纪初,荷兰数学家洛伦茨把数量积记为 (u,v),向量积记为 $[u,v]$,直到今天.

向量理论建立后,迅速得到推广,应用广泛.重心计算、力的合成与分解等都可通过向量得以解决.蒙日也给出四面体重心的向量法:四面体有三组对棱,每组对棱中点三条连线共点,就是四面体的重心.证法明了,思路清晰,简单实用.

第六节 矩阵思想的深邃

矩阵是高等数学中的基本对象和工具.矩阵理论是重要内容,矩阵思想非常深刻.矩阵思想在中国古代的发展以及矩阵理论的历史文化进行研究,揭示其历史文化发展的思想和规律,从而加深对数学文化的认识.中国古代早已有了矩阵方法的萌芽,西方在线性方程组、二次型等方面促进矩阵发展思路;类比行列式中发现矩阵的求解方法,领略数学家们对矩阵理论形成与发展的贡献等.矩阵理论的形成与发展离不开数学文化的积累以及数学家们的智慧,更离不开伟大的数学家们的激情以及通力合作.

1. 九章算术与矩阵思想

早在公元前1世纪的时候,《九章算术》中对线性方程组求解时就已经出现了类似于矩阵的名词,但那时仅仅是将矩阵看作解决实际问题的矩形阵列,没有具体的矩阵概念,以及矩阵理论.《九章算术》的"方程术"中对线性方程组的解法在世界上是最早和最完整的.16世纪中(1559年),法国数学家布丢才提出矩阵概念,18世纪(1779年),法国的数学家别珠得到了线性方程组的一些结论.19世纪50年代,解线性方程组促进矩阵概念提出.由其产生的背景来看,矩阵工具非常实用,矩阵理论非常深刻.

中国古代有矩阵思想的萌芽.中国的《九章算术》里用矩形阵列的方式来解线性方程组的策略既是中国古代数学领域的骄傲成果,也是世界数学发展史上的一笔巨大的财富.中国古代在解线性方程组的过程中产生了矩阵的思想,培育了大量的数学思维方法,为后来国内外其他数学家对矩阵的理论研究打下坚实的基础,同时也为中国传统数学的发展在世界数学史上添上浓墨重彩的一笔.

在《九章算术》中矩阵作为矩形阵列,是中国古代"多元一次方程"的排列方式,中国最早的矩阵雏形是算筹的排列.算筹一直是中国古时候的主要计算工具,算筹数字有纵横两式.其实算筹是用一根根同样长短和粗细的小棍子组成的,这些小棍子一般由竹子、木头、兽骨、象牙、金属等材料制造的,用算筹来计算的方法就叫筹算.

《九章算术》记载,矩阵作为中国古代方程组的布列方式,所谓的古代方程组是联立的一次方程组.三国时期的刘徽在对《九章算术》深入研究时,对古代方程下定义,这里所谓的方程相当于我们现在所说的方程组.他说:"二物者二程,三物者三程,四物者四程,都如物来数程.并列为行,故谓之方程."同时,他也总结出方程组的性质,如:"令每行为率".刘徽对方程的注解由现代数学语言翻译过来就是在求未知数时,将问题放在算板上,使其形式化成筹式,将各数按实际意义排列成行,再利用筹码将方程组排成方阵.所以,方阵的形状被看作是中国古代在解线性方程组最先进的矩阵雏形.

《九章算术》在第八章"方程"章中详细地研究了关于一次方程组的解法,一共搜集整理了18道多元一次方程组的实际问题,包括8道二元一次方程组,6道三元一次方程组,2道四元一次方程组和2道五元一次方程组."方程"章"方程术"中的每一题都要运用算筹,使用遍乘直除的方法去解答."方程"章涉及了方程的矩阵表达方式和利用直除来消元的策略,是研究数学其他领域的一个重要基础. 整个求解过程是先将方程各未知数的系数与常数项用算筹按顺序把"直行"排成一个方程组,然后通过行的数乘运算规律和行与行之间的相加减运算,把未知数依次消去,然后解出方程组. 比如《九章算数》方程章中的第一题:

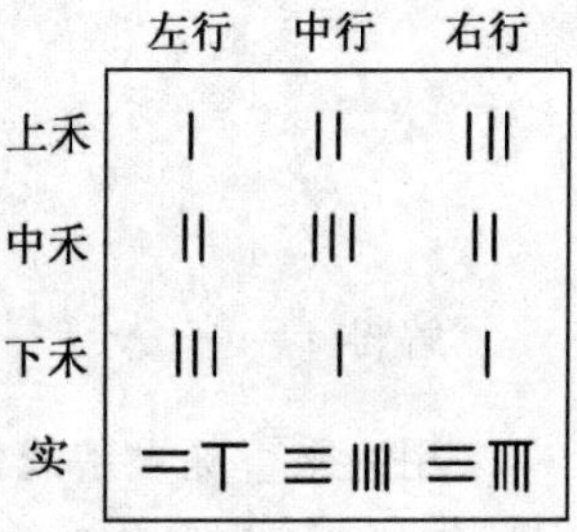

图 1

今有上等谷三捆,中等谷二捆,下等谷一捆,谷子一共三十九斗;上等谷二捆,中等谷三捆,下等谷一捆,谷子一共三十四斗;上等谷一捆,中等谷二捆,下等谷三捆,谷子一共二十六斗. 问上、中、下等谷子每捆各几斗?

《九章算术》用算筹演算,即术曰:置上等谷一捆,中等谷二捆,下等谷三捆,谷子一共二十六斗,于左方. 中、右行列如右方,如图 1. 以右行上等谷数遍乘中行的各数,由所得的新数直除(这里"除"是减,"直除"就是连续相减)右行中的适当倍数,从而消去头数. 再用同样的方法除去右行各列的头数,然后消去中行数,如此下去可求得上等谷为九斗四分斗之一,中等谷是四斗四分斗之一,下等谷是二斗四分斗之三.

将算筹码换作阿拉伯数码即得遍乘直除如下

$$
\begin{bmatrix} 1 & 2 & 3 \\ 2 & 3 & 2 \\ 3 & 1 & 1 \\ 26 & 34 & 39 \end{bmatrix} \rightarrow
\begin{bmatrix} 1 & 6 & 3 \\ 2 & 9 & 2 \\ 3 & 3 & 1 \\ 26 & 102 & 39 \end{bmatrix} \rightarrow
\begin{bmatrix} 1 & & 3 \\ 2 & 5 & 2 \\ 3 & 1 & 1 \\ 26 & 24 & 39 \end{bmatrix} \rightarrow
\begin{bmatrix} 3 & & 3 \\ 6 & 5 & 2 \\ 9 & 1 & 1 \\ 78 & 24 & 39 \end{bmatrix} \rightarrow
$$

$$
\begin{bmatrix} & & 3 \\ 4 & 5 & 2 \\ 8 & 1 & 1 \\ 39 & 24 & 39 \end{bmatrix} \rightarrow
\begin{bmatrix} & & 3 \\ 20 & 5 & 2 \\ 40 & 1 & 1 \\ 195 & 24 & 39 \end{bmatrix} \rightarrow
\begin{bmatrix} & & 3 \\ & 5 & 2 \\ 36 & 1 & 1 \\ 99 & 24 & 39 \end{bmatrix} \rightarrow
\begin{bmatrix} & & 3 \\ & 5 & 2 \\ 4 & 1 & 1 \\ 11 & 24 & 39 \end{bmatrix} \rightarrow
$$

$$
\begin{bmatrix} & & 12 \\ & 20 & 8 \\ 4 & 4 & 4 \\ 11 & 96 & 156 \end{bmatrix} \rightarrow
\begin{bmatrix} & & 12 \\ & 20 & 8 \\ 4 & & 4 \\ 11 & 85 & 145 \end{bmatrix} \rightarrow
\begin{bmatrix} & & 12 \\ & 4 & 8 \\ 4 & & 4 \\ 11 & 17 & 145 \end{bmatrix} \rightarrow
\begin{bmatrix} & & 4 \\ & 4 & \\ 4 & & \\ 11 & 17 & 37 \end{bmatrix}
$$

用现代求方程组的方法可设 x, y, z 分别为上、中、下等谷每一捆的谷子数,则以上问题可写为

$$\begin{cases} 3x + 2y + z = 39 \\ 2x + 3y + z = 34 \\ x + 2y + 3z = 26 \end{cases}$$

解得 $x = \dfrac{37}{4}, y = \dfrac{17}{4}, z = \dfrac{11}{4}$.

用遍乘直除求解线性方程组时,尽管当时没有用如今的数字,以及矩阵符号,但其中蕴涵的矩阵意义是明确的.在数学历史文化中,中国古代的矩形阵列的确是一大历史创举,计算方法是登峰造极的,让人望尘莫及.

中国古代的遍乘直除法蕴涵矩阵思想.在中国古代数学的研究中,矩阵是从《九章算术》方程章中研究多元一次方程组等实际问题中萌发的,这一过程人类经历了数与数的运算、复杂的筹算、加、减、乘、除的运算规律、矩形阵列的解法等,逐渐使具体的实际问题转变为数学记号.矩阵在中国古代的发展,经历了一个长久的历史成长过程,产生了大量的学说和要领,为数学其他领域的研究奠定理论基础.

《九章算术》中的"方程术"具体反映了算法化的理论.算筹简单、形象、具体,筹算奠定了中国古代数学辉煌成就的基础.筹算是一边计算,一边布棍,一边念口诀,在进行计算时,需要多种感官共同合作,再重复运行操作,这一过程反映了算法具有一定的标准程序,说明了中国算法具有程序化的思想.《九章算术》中针对不同的问题,采取不同的策略,来编写一段与问题解决相对应的程序,再根据程序的排列方式,依次运用算筹来解决问题.刘徽在研究线性方程组的解法过程中反映了程序化的想法,方法是"消元",具体步骤是一行一行地减少未知数的个数,使方程组各自归化为一元方程,最后解出未知数.

矩阵的演变伴随着漫长的符号化进程.算筹作为矩阵的雏形,在利用算筹进行演算的过程中将具体的实际问题进化为数学符号语言.算筹的演算过程是操纵筹码在算板上的各类相对立的位置来详述具体的问题,从而使之排列成一定的数学形式.中国古代操纵算筹解决实际问题时经历了从"词"到"数"再到"式",体现了算筹演变过程的符号化思想.算筹的演算为矩阵的变换奠定了基础,中国古代数学在算法早已发展到一个很高的水平.中国方程的算法程序化,是数学的一面镜子,折射出数学历史文化的源远流长.

2.西方的二次型与矩阵

18世纪末到19世纪初,数学家在研究二次型时,渗透了有关矩阵的想法以及矩阵的阵列样式.18世纪末,拉格朗日引入了 n 个变量 $(x_1, x_2, \cdots, x_n)$,用来探讨二次型转化为标准型的原因,随后跟欧拉、达朗贝尔等数学家或直接或间接地提出四维或 n 维空间的观点.19 世纪,柯西、雅可比、凯莱等人的行列式理论研究成果,促进矩阵研究的快速发展,与之相关联的线性空间和线性变换也快速地形成,发展.

1748 年,欧拉的著作中隐约出现特征方程的概念,它是在化三元的二次型化简时出现的.通常将有三个变数的二次型写成

$$Ax^2 + By^2 + Cz^2 + 2Dxy + 2Exz + 2Fyz$$

现在写为

$$a_{11}x_1^2 + a_{22}x_2^2 + a_{33}x_3^2 + 2a_{12}x_1x_2 + 2a_{13}x_1x_3 + 2a_{23}x_2x_3$$

其系数矩阵是

$$\begin{pmatrix} a_{11} & a_{12} & a_{13} \\ a_{21} & a_{22} & a_{23} \\ a_{31} & a_{32} & a_{33} \end{pmatrix}$$

其特征方程可写为

$$\begin{vmatrix} a_{11} - \lambda & a_{12} & a_{13} \\ a_{21} & a_{22} - \lambda & a_{23} \\ a_{31} & a_{32} & a_{33} - \lambda \end{vmatrix} = 0$$

1762—1765 年,拉格朗日在解线性方程组时首次有了矩阵方程的概念.1773 年,拉格朗日是通过线性代换或齐次正交变换将多项式变成另一个二次型,此时他引进了线性变换的概念.

1801 年高斯在《算术研究》中将变换通过拉格朗日的二次型矩阵表现出来.设

$$F(x, y) = ax^2 + 2bxy + cy^2$$

通过变换 T_1

$$\begin{cases} x' = ax + by \\ y' = cx + dy \end{cases}$$

得到二次型的新的形式

$$F'(x', y') = a'x'^2 + 2b'x'y' + c'y'^2$$

高斯指出,若是 F' 通过另一个变换 T_2

$$\begin{cases} x'' = Ax' + By' \\ y'' = Cx' + Dy' \end{cases}$$

变成 F'',那么 T_1 和 T_2 的复合就是把 F 变为 F'' 的一个新的变换,即

$$\begin{cases} x'' = (Aa + Bc)x + (Ab + Bd)y \\ y'' = (Ca + Dc)x + (Cb + Dd)y \end{cases}$$

T_1 与 T_2 的系数矩阵相乘得到的结果就是这个新变换的系数矩阵,高斯给出两个矩阵乘积的定义并用新的简化符号表达

$$\begin{pmatrix} A & B \\ C & D \end{pmatrix} \cdot \begin{pmatrix} a & b \\ c & d \end{pmatrix} = \begin{pmatrix} Aa + Bc & Ab + Bd \\ Ca + Dc & Cb + Dd \end{pmatrix}$$

同年,高斯也提出来二次型的一些术语,有正定、负定、半正定、半负定等等.

法国数学家柯西提出,二次曲面在方程式标准型的情况下可用二次项的记号来进行归类.但那时,柯西并不明白,为何在把二次型化成标准型的过程中老是获得相同数量的正项和负项.后来,英国数学家西尔维斯特在研究二次型化为标准型时对柯西的正项、负项有了明确的解释,其实就是,1852 年提出的二次型惯性定理,即两个二次型有相同的秩和指数是它们等价的充分必要条件.惯性定理没有被西尔维斯特证明,后来由雅可比重新发现并给予了证明.

19 世纪中叶,凯莱、西尔维斯特等数学家在二次型理论的研究方面做了大量的工作,主要从不变量的研究、二次型的化简、二次型正定性的判断等三个方面进行,有了重大突破.在研究二次型的这三个方面的过程中,西尔维斯特于 1852 年提出了著名的西尔维斯特定理,即如果一个实二次型 $\sum_{i=1}^{n} \sum_{j=1}^{n} a_{ij}x_i x_j$ 中的 n 个行列式

$$\begin{vmatrix} a_{11} & a_{12} & \cdots & a_{1n} \\ a_{21} & a_{22} & \cdots & a_{2n} \\ \cdots & \cdots & \cdots & \cdots \\ a_{n1} & a_{n2} & \cdots & a_{nn} \end{vmatrix} (K = 1, 2, \cdots, n)$$

的值全为正数.那么这个实二次型是正定的.

1815 年,柯西在二次型化简中受到启发,把一个中心在原点的二次型曲面 $f(x, y, z)$,然后找到一个坐标变换使 f 变成一个只含平方项的形式.1829 年,在 n 个变量的二次型中,其系数矩阵是对称矩阵,柯西利用变量的线性变换,在这个线性变换的作用下对角化.如,二元二次型 $ax^2 + 2bxy + cy^2$ 定义了 2×2 的对称矩阵 $\begin{pmatrix} a & b \\ c & d \end{pmatrix}$,柯西找到了线性变换 $f(x, y) = ax^2 + 2bxy + cy^2$ 转化成平方和形式

$$f'(x, y) = \lambda_1 x^2 + \lambda_2 y^2$$

216

且

$$\frac{ax+by}{x}=\lambda_1,\frac{bx+cy}{y}=\lambda_2$$

可以写成方程组

$$\begin{cases}(a-\lambda)x+by=0\\bx+(c-\lambda)y=0\end{cases}$$

柯西认为只有当行列式等于 0 时，即方程有非平凡解，$(a-\lambda)(c-\lambda)-b^2=0$，这个等式就是矩阵理论中的特征方程 $\det(A-\lambda I)=0$. 柯西认为在正交的线性替换

$$\begin{cases}x=x_1\pmb{u}+x_2\pmb{v}\\y=y_1\pmb{u}+y_2\pmb{v}\end{cases}$$

下，得到的二次型是 $\lambda_1\pmb{u}^2+\lambda_2\pmb{v}^2$. 柯西证明了对角矩阵的特征向量是实数，且当特征向量不相等时，矩阵可通过正交变换而变成对角矩阵，而柯西首次证实实对称矩阵的特征根是实数的这个结论是在 1829—1930 年期间. 随后西尔维斯特、雅可比、布克亥姆等都相继证实了实对称矩阵的特征根是实数，但是直到1840 年，柯西才首次提出了特征方程的概念.

3. 线性方程组与矩阵

每个时期的数学研究成果都是在过去数学理论的基础上发展起来的，并不是凭空产生的，所以矩阵也是伴随着其他理论的发展进行研究的. 在矩阵理论发展的前期，矩阵的一些概念和思想方法，都是在数学其他不同领域的思想方法研究的基础上产生的，相对独立但又包括在矩阵中. 17 世纪到 18 世纪初的欧洲，在解线性方程组时得到了行列式的概念，并使行列式得到迅速的发展.

西尔维斯特主要在研究代数型理论、行列式的计算等基础上探讨矩阵思想和理论. 在 18 世纪到 19 世纪上半叶，数学家们在研究线性方程组时都有线性变换的概念，但并没有清晰明了的提出矩阵的概念，只是用"矩形阵列"的形式来表示. 在这一过程中，数学家们提出的与线性变换相关的许多概念和结论，为矩阵理论形成提供丰富的资料. 西尔维斯特面对充足的素材和巧妙的方法，与数学家们广泛交流中在矩阵理论方面取得突出成就.

范德蒙特对行列式理论与线性方程组求解分离的做法，1812 年，柯西先后用了 $S(\pm a_1^1a_2^2a_3^3\cdots a_n^n),S(\pm a_{11}a_{22}a_{33}\cdots a_{nn})$ 表示行列式

$$\begin{vmatrix} a_{11} & a_{12} & \cdots & a_{1n} \\ a_{21} & a_{22} & \cdots & a_{2n} \\ \cdots & \cdots & \cdots & \cdots \\ a_{n1} & a_{n2} & \cdots & a_{nn} \end{vmatrix}$$

的方法,启发了西尔维斯特.1850 年,针对不能利用行列式的方法来解决当方程组中的方程与未知数的个数不相等时的问题,西尔维斯特引入"矩阵(Matrix)",使线性方程组有了新的方法处理.

柯西第一次用双下标 $a_{r,s}$ 表示 a_r^s,1815 年,发表的一篇论文中,给出一般行列式乘法规则 $|a_{i,j}||b_{i,j}| = |c_{i,j}|$,这里 $|a_{i,j}|$ 和 $|b_{i,j}|$ 代表 n 阶行列式,$c_{i,j} = \sum_{k=1}^{n} a_{i,k}b_{k,j}$. 特别地,他用缩写的记号 $(a_{1,n})$ 代表称之为"对称组"的矩阵

$$\begin{matrix} a_{1,1} & a_{1,2} & \cdots & a_{1,n} \\ a_{2,1} & a_{2,2} & \cdots & a_{2,n} \\ \cdots & \cdots & \cdots & \cdots \\ a_{n,1} & a_{n,2} & \cdots & a_{n,n} \end{matrix}$$

在论文中柯西第一次给出了许多论述,如矩阵的余子式,复合两个矩阵乘积得到一个新的矩阵.

1855 年,凯利以记号 $\begin{bmatrix} a & b \\ c & d \end{bmatrix}$ 简化矩阵,对线性方程组

$$\begin{cases} \xi = a_1 x + a_2 y + a_3 z \\ \eta = b_1 x + b_2 y + b_3 z \\ \zeta = c_1 x + c_2 y + c_3 z \\ \cdots = \cdots + \cdots + \cdots \end{cases}$$

用矩阵形式表示

$$(\xi, \eta, \zeta, \cdots) = \begin{bmatrix} a_1 & a_2 & a_3 & \cdots \\ b_1 & b_2 & b_3 & \cdots \\ c_1 & c_2 & c_3 & \cdots \\ \cdots & \cdots & \cdots & \cdots \end{bmatrix} (x, y, z, \cdots)$$

类比行列式,凯利有了矩阵理论,以及表达方式,于是,线性变换成为数学概念.

19 世纪,英国数学家史密斯、道奇森研究《九章算术》的线性方程组后,史密斯通过研究解的存在性提出方程组的增广矩阵和非增广矩阵的概念.道奇森

研究 $AY=B$ 中的系数矩阵 A、增广矩阵 (A,B),提出秩的概念,并证明了方程组解的存在定理:如果增广矩阵和系数矩阵的秩相同,那么 n 个未知数 m 个方程的方程组的解存在.这个定理成为现代线性方程组的关键成果之一,但道奇森并没把它抽象出来.这些重要成果收集在 1867 年出版的专著《行列式初论》中.1878 年弗罗伯纽斯提出,方程 $AX=B$ 存在唯一解的定理.

4.数学家与矩阵理论

矩阵理论是数学传承、交流、创新的结果,是数学家智慧的结晶.西尔维斯特、艾森斯坦、凯莱、柯西等数学家在研究二次型、线性方程组的重要成果是这些研究的工具,是副产品.

西尔维斯特首创"矩阵(Matrix)"术语,凯利首先明确其概念.19 世纪 50 年代,"一项由几行几列组成的矩形阵列"或"各种行列式组"由西尔维斯特引入"矩阵"一词来表示,凯利引进符号对矩阵概念进行简化,有条理地整理了矩阵理论,随后弗罗伯纽斯在凯利的基础上进行完善.

1884 年,西尔维斯特提出了对角矩阵和数量矩阵的概念,称形如

$$\begin{bmatrix} k_1 & 0 & 0 & \cdots & 0 \\ 0 & k_2 & 0 & \cdots & 0 \\ 0 & 0 & k_3 & \cdots & 0 \\ \cdots & \cdots & \cdots & \cdots & \cdots \\ 0 & 0 & 0 & \cdots & k_n \end{bmatrix}$$

的矩阵为对角矩阵,当对角矩阵中对角线的数值相等时,这个矩阵就称为数量矩阵.除此之外,西尔维斯特还定义了对角矩阵的加法和乘法的运算法则.

1947 年,艾森斯坦通过二次型的研究来观察矩阵的变换过程,得到两个矩阵在变换前后是合同的结论,且他们的关系表达式为 $A=P^{\mathrm{T}}BP$.后来,西尔维斯特在艾森斯坦的基础上,对矩阵的合同做了大量的研究,发现许多著名的定律和定理,如西尔维斯特在 1852 年发现并证明的"惯性定律":两个对角矩阵合同的充要条件是对角线上大于零的个数相等.后来,雅可比在 1857 年再一次发现并提出这一定律.

西尔维斯特在矩阵理论的形成发展方面做了大量的研究工作,给后面数学家们对矩阵的研究发展基础.因此,他在矩阵理论方面的贡献不应被人忽视.西尔维斯特的工作主要表现在两个方面:第一,他系统地、完整地整理组织了与矩阵有关的比较零散的矩阵概念和结论等理论成果;第二,西尔维斯特的矩阵思

想为代数不变论的发展以及凯利的矩阵理论创立提供了一定的理论依据.

在还没术语"矩阵"这一术语之前,凯莱就对矩阵的一些概念和性质定理有所研究和了解.例如,1843 年,凯利对三阶以上高阶矩阵的行列式理论进行了探讨;1846 年,凯利定义了转置矩阵、对称矩阵、斜对称矩阵等概念;1858 年,凯利发表了《矩阵论的研究报告》,在这著作里他整理并描述了矩阵理论,包括矩阵的一些基本概念、运算、性质以及一些重要结论,这本著作是第一次系统、全面地公开发表矩阵理论.可以说凯利是矩阵理论的创立者.

凯利在《矩阵论的研究报告》中,不仅定义了零矩阵、单位矩阵的概念,还定义了矩阵的相等、相加、数乘、转置等的运算规律,并且获得了矩阵的加法具有交换律和结合律的结论.另外,凯利还用简化计法的矩阵,给出了 $n \times n$ 阶方阵的特征方程和特征根(特征值)以及与矩阵有关的一些基本结论.凯利用字母来定义矩阵,记为 $M = \begin{bmatrix} a & b \\ c & d \end{bmatrix}$,用 I 表示单位矩阵,则 $|M - xI| = 0$ 为 M 的特征方程,$|M - xI|$ 是矩阵 $M - xI$ 的行列式,特征方程 $x^2 - (a + d)x + (ad - bc) = 0$ 的根即是矩阵的特征根.用 M 代替 $M - xI$ 的 x,于是等于零矩阵.因此,得到矩阵中最有名的理论,那就是每一个矩阵必须满足其特征方程.后来,爱尔兰数学家哈密尔顿在他所写的《四元数讲义》一书中,提出线性变换可满足它的特征方程,因此结论又被称为"凯利一哈密尔顿"定理.

德国数学家弗罗伯纽斯(1849—1917)在矩阵论的发展史上的功劳和成就是不可忽略的,他在最小多项式问题的讨论中,引进了矩阵的秩、不变因子、特征方程、特征根、正交矩阵、合同矩阵、矩阵方程等概念.

1878 年,弗罗伯纽斯在西尔维斯特的 λ 矩阵研究的的基础上,进一步加强了对 λ 矩阵的了解研究,证实了如果两个 λ 矩阵等价,那么它们的不变因子和初等因子相等.与此同时,弗罗伯纽斯讨论了正交矩阵、相似矩阵以及合同矩阵的定义和一些重要性质.弗罗伯纽斯在 1879 年提出了矩阵的秩以及复数域上伴随矩阵的概念,指出 A 中非零子式的最大阶数代表矩阵的秩.1894 年,弗罗伯纽斯又完善了西尔维斯特的不变因子和初等因子的理论.弗罗伯纽斯对矩阵理论做出的成果,在矩阵理论的发展历史上具有深远的影响[①].

---

① 董可荣.矩阵理论的历史研究[D].济南:山东大学,2017.

参考文献

[1] 蒲淑萍,汪晓勤.学生对字母的理解:历史相似性研究[J].数学教育学报,2012(3):38-42.

[2] 陶宏伟,闵安共.一些数学符号的由来[J].湖南教育(C版),2007(10):43-44.

[3] 汪晓勤,樊校.用字母表示数的历史[J].数学教学,2011(9):24-27.

[4] 厚福.从投针试验到蒲丰问题[J].中学生百科,2007:11.

[5] 郭轶男.黄金分割研究[D].辽宁:辽宁师范大学,2008.

[6] 崔智超.《莱因德纸草书》研究[D].辽宁:辽宁师范大学,2006.

[7] 华奎煜,张维忠.多元文化观下的乘法运算[J].中学数学教学参考(中旬),2010(1):128-130.

[8] 刘振达.最小公倍数起源的比较研究[D].辽宁:辽宁师范大学,2012.

[9] 石鸿鹏.HPM视野下的二项式定理[D].西安:西北大学,2015.

[10] 吴裕宾,朱家生.《九章算术》与刘徽注中正负数乘除法初探[J].自然科学史研究,1990(1):22-28.

[11] 汪晓勤.同底数幂运算律的历史[J].中学数学月刊,2015(1):46-48.

[12] 张映姜.梳理历史文化,丰富数学知识[J].教育研究与评论,2018(5):42-44.

[13] 安生花.最小公倍数应用初探[J].现代妇女(下旬),2014(3):74.

[14] 曾文洁,黄家礼.生活中的最小公倍数问题[J].上海中学数学,2007(12):45.

[15] 江丽芳.妙用"不变量"的最小公倍数[J].读写算:小学高年级,2015(Z1):77-78.

[16] 陈全国,刘淼.关于最大公因数和最小公倍数的一点注记[J].牡丹江大学学报,2014,23(10):140-141.

[17] 刘飞.构造思维在"最小公倍数"的教学中的应用[J].群文天地,2012(8):113.

[18] 梅荣照.《九章算术》少广章中求最小公倍数的问题[J].自然科学史研究,1984(3):203-208.

[19] 吴骏.基于数学史的统计概念教学研究[D].上海:华东师范大学,2013.

[20] 郑月萍.算术平均数、众数、中位数三者关系质疑[J].广东技术师范学院

学报,2001(2):97-101.

[21] 吴骏,黄青云.基于数学史的平均数、中位数和众数的理解[J].数学通报,2013(11):18-23.

[22] 徐传胜.历史上的平均数、中位数和众数[J].中学生数理化,2016(5):32-34.

[23] 陈金飞.从真实走向虚拟——平均数、中位数、众数三个集中量的历史演变[J].小学教学(数学版),2015(9):49-51.

[24] 吴骏,杜珺,邱宁,等.基于数学史的中位数和众数的教学实践[J].中学数学杂志,2014(6):25-27.

[25] 吴骏,赵锐.基于HPM的教师教学需要的统计知识调查研究[J].数学通报,2014(5):17-20,25.

[26] 梁宗巨.幂与指数概念的发展及符号的使用[J].辽宁师范大学学报,1979(2):9-18.

[27] 佘淮青.指数与对数发展简史[J].池州学院学报,2006(5):9-10.

[28] 汪晓勤,叶晓娟,顾海萍."分数指数幂":从历史发生的视角看规定[J].教育研究与评论,2015(4):59-63.

[29] 汪晓勤.同底数幂运算律的历史[J].中学数学月刊,2015(1):46-48.

[30] 齐春燕,顾海萍."同底数幂的运算":以重构和顺应方式融入数学史[J].教育研究评论,2015(3):39-42.

[31] 徐斌,汪晓勤.从指数律到对数[J].数学教学,2010(6):35-38.

[32] 罗见今.自然数幂和公式的发展[J].高等数学研究,2004(4):56-61.

[33] 汪晓勤.谁是幂和公式的开山祖[J].科学:上海,2002,54(3):53-54.

[34] 郑方磊.许凯《算术三编》研究[D].上海:上海交通大学,2007.

[35] 王玥.十六、十七世纪的代数学[D].辽宁:辽宁师范大学,2004.

[36] 林健辉.7～9年级学生数学符号语言的理解与表示[J].新课程学习(上),2013(8):59.

[37] 赵继伟.《大术》研究[D].西安:西北大学,2005.

[38] 熊欣.《平方数书》研究[D].辽宁:辽宁师范大学,2016.

[39] 唐恒钧.多元文化中的无理数[J].中学数学杂志,2004(8):63-64.

[40] 吕鹏.婆什迦罗I《<阿耶波多历算书>注释:数学章》之研究[D].上海:上海交通大学,2010.

[41] 徐斌,汪晓勤.法国数学教材中的"平方根":文化视角[J].数学教学,2011(6):5-7.

222

[42] 汪晓勤.正五边形、无理数与反证法[J].中学教研,2006(6):45-47.

[43] 郭园园.花拉子米《代数学》的比较研究[D].天津:天津师范大学,2009.

[44] 吴健.解读乘法公式[J].数理化学习(初中版),2010(1):18-22.

[45] 闫改选.乘法公式的几何解释[J].数学大世界(初中版),2002(6):6-7.

[46] 车树高.乘法公式的拼图诠释[J].中学数学杂志,2008(2):30-32.

[47] 汪晓勤,张安静.平方差公式的历史[J].中学数学教学参考,2010(11):67-69.

[48] 汪晓勤.HPM视角下一元二次方程解法的教学设计[J].中学数学教学参考,2007(Z2):1-2.

[49] 王太华.乘法公式与构造图形解题[J].中学生数理化,2012(6):6-7.

[50] 李玲,顾海萍."平方差公式":以多种方式融入数学史[J].教育研究与评论,2014(11):43-47.

[51] 章勤琼,张维忠.多元文化下的方程求解[J].数学教育学报,2007,16(4):72-74.

[52] 袁缘.数学文化与人类文明——数学文化与数学教育的研究与思考[D].长春:吉林大学,2013.

[53] 汪晓勤.历史上的一元一次方程问题(一)[J].中学数学教学参考,2007(11):51-53.

[54] 徐传胜.一元一次方程的早期形态[J].中学生数理化,2014(10):14.

[55] 汪晓勤.历史上的一元一次方程问题(二)[J].中学数学教学参考,2007(12):54-56.

[56] 陈克胜,董杰.彰显数学文化的一元一次方程的教学案例及其思考[J].内蒙古师范大学学报,2012(2):135.

[57] 汪晓勤.HPM视角下的一元二次方程概念教学设计[J].中学教学数学参考,2006(12):50-53.

[58] 皇甫华,汪晓勤.一元二次方程:从历史到课堂[J].湖南教育(数学教师),2007(12):42.

[59] 邱华英,汪晓勤.一元二次方程的几何解法[J].中学数学杂志(初中版),2005(3):58-59.

[60] 卢子文."平方带纵"与古算诗题的一元二次方程[J].中学数学杂志,2010(2):42-43.

[61] 刘铭,张红.HPM视角下一元二次方程求根公式的教学设计[J].中学数学:高中,2015(21):14-15.

［62］赵育红.一元二次方程求根公式的推导［J］.中学生数学(初中版),2003(7)：9-12.

［63］于志洪.中外名人用方程组解题的故事［J］.数学大世界(初中版),2009(Z2)：2.

［64］张兰兰.古代中国二元一次方程组之解法［J］.中学生数学,2015(12)：17-18.

［65］汪晓勤.HPM 视角下二元一次方程组概念的教学设计［J］.中学数学教学参考,2007(10)：48-51.

［66］于志洪.古今趣味数学诗词解［J］.数学大世界(初中版),2014(Z1)：1,81.

［67］沈志兴.HPM 视角下的加减消元法教学［J］.上海中学数学,2014(11)：1-3.

［68］王慧.《九章算术》中的二元一次方程组［J］.中学生数理化(七年级数学),2015(4)：14,16.

［69］顾海萍,汪晓勤.一次方程组的应用:从历史到课堂［J］.教育研究与评论,2014(6)：30-34.

［70］马三丽.用二元一次方程组巧解古代数学名题［J］.成才之路,2012(6)：48.

［71］仇扬,沈中宇."全等三角形应用":从历史中找到平衡［J］.教育研究与评论,2015(11)：62-67.

［72］徐传胜.全等三角形判定的历史追溯［J］.中学生数理化(八年级数学),2014(Z2)：37-39.

［73］王进敬,汪晓勤.运用数学史的"全等三角形应用"教学［J］.中学教研:数学,2012(11)：46-49.

［74］汪晓勤,王甲.全等三角形的应用:从历史到课堂［J］.中学数学教学,2008.

［75］林佳乐,汪晓勤.美国早期几何教材中全等三角形判定定理［J］.中国数学教育,2015(19)：57-60,64.

［76］汪晓勤.相似三角形的应用:从历史到课堂［J］.中学数学教学参考,2007(18)：54-55.

［77］权少妮.数学史融入相似三角形教学研究［D］.成都:四川师范大学,2014.

［78］王进敬,汪晓勤.运用数学史的"相似三角形应用"教学［J］.数学教学,2011(8)：22-32.

［79］郭世荣.《九章算术》与刘徽研究［J］.内蒙古师大学报(自然科学汉文版),1993(S1)：38-40.

［80］潘有发.刘徽与《九章算术》［J］.中学数学,1986(3)：41-42.

［81］小牛.阿基米德正七边形作图法的通俗叙述及数值计算的验证［J］,数学教育,2016(12)：9-11.

[82] 李宏志.圆周率史话[J].科学启蒙,1996(5):34-35.

[83] 魏晓妮.历史上对圆周率的探索[D].临汾:山西师范大学,2013.

[84] 杨成.高斯与正十七边形[J].数学爱好者(高一版),2007(11):51.

[85] 张映姜.欣赏圆锥曲线体验历史文化[J].数学通报,2012(11):41-43.

[86] 金森.胡夫金字塔——世界奥秘之碑[J].世界文化,2005(09):33-35.

[87] 代钦.中国彩陶上的数学文化——以几何图案的解析为中心[J].数学通报,2014,53(6):1-5,20.

[88] 黄冠斌.新石器鼎盛时期我们的祖先创造了直角坐标系[J].珠算与珠心算,2005(2):13-17.

[89] 杨懿荔,龚凯敏.HPM视角下的"平面直角坐标系"教学[J].上海中学数学,2016(6):6-9.

[90] 王芳,汪晓勤.HPM视角下椭圆概念教学的意义[J].中学数学月刊,2012(4):57-59.

[91] 汪晓勤,王苗,邹佳晨.HPM视角下的数学教学设计:以椭圆为例[J].数学教育学报,2011(5):20-23.

[92] 汪晓勤.椭圆方程之旅[J].数学通报,2013(4):52-56.

[93] 汲会会.HPM视角下坐标系的教学研究[D].武汉:华中师范大学,2014.

[94] 汪晓勤.平面解析几何的产生(四)[J].中学数学教学参考,2008(11):56-59.

[95] 汪晓勤,柳笛.平面解析几何的产生(一)——古希腊的三线和四线轨迹问题[J].中学数学教学参考,2007(17):58-59.

[96] 赵发燕.笛卡儿《几何学》的若干问题研究[D].临汾:山西师范大学,2013.

[97] 董张维.笛卡尔《几何学》产生历史根源及其主要成就[J].自然辩证法研究,1990(1):36-42.

[98] 何百通,汪晓勤.高中生对切线的错误理解[J].数学教育学报,2013,22(6):45-48.

[99] 殷克明.高中生对切线的理解:历史相似性研究[D].上海:华东师范大学,2011.

[100] 汪晓勤.数学史与高等数学教学[J].高等理科教育,2009(2):20-31.

[101] 吴甬翔,汪晓勤.曲线的切线:从历史到课堂[J].高等理科教育,2009(3):38-43.

[102] 沈兴灿.关于圆锥曲线切线的等角性质[J].数学教学研究,2017,36(2):48-50.

[103] 杨建明.对现行教材中曲线切线的再认识[J].中学数学杂志,2007(9):22-24.

[104] 孙小礼,张祖贵.莱布尼兹与微积分[J].数学的实践与认识,1987(4):84-88.

[105] 张景中.把数学变得容易一些[J].教师博览,2001(3):6-7.

[106] 王尚志,胡凤娟,付丽,等.为什么要引入弧度制[J].中学数学教学参考,2008(12):5-16.

[107] 徐章韬.基于数学史的弧度制概念教学设计[J].湖南教育,2008(12):41-42.

[108] 曾容.弧度制的教学探讨[J].数学教学,1984(4):10-11.

[109] 陈克胜."余弦定理和正弦定理"的教学思想史略[J].数学通讯,2004(21):45-47.

[110] 汪晓勤.20世纪中叶以前的余弦定理历史[J].数学通报,2015(8):9-13.

[111] 刘亚平.引领学生在"玩"中学习数学——"余弦定理"教学述评[J].中学数学教学参考,2013(7):33-36.

[112] 郭宗雨.HPM教学模式案例——余弦定理第一课时[J].中学数学参考,2014(8):6-8.

[113] 朱占奎.余弦定理的推导[J].新高考,2007(6):40-41.

[114] 顾彦琼,汪晓勤."余弦定理"复习课:通过数学史体现综合性[J].教育研究与评论,2015(2):52-57.

[115] 崔洁.与高中数列相关的中国古算史料研究[D].西安:西北大学,2015.

[116] 汪晓勤.泥板上的数列问题[J].数学教学,2009(12):2-4,45.

[117] 汪晓勤.纸草书上的数列问题[J].数学教学,2010(1):29-31.

[118] 沈春辉,王冬岩,汪晓勤.印度古代数学中的数列问题[J].数学教学,2010(5):34-39.

[119] 汪晓勤,蒲淑萍.阿拉伯数学文献中的数列求和[J].数学教学,2010(3):30-34.

[120] 汪晓勤.斐波纳契《计算之书》中的数列问题[J].数学教学,2010(2):33-36.

[121] 王莹颖,唐文清,汪晓勤.文艺复兴以后西方数学文献中的数列知识[J].数学教学,2010(1):16-18,28.

[122] 汪晓勤.九章算术均输章等差数列问题研究[J].浙江师大学报(自然科学版),1995(1):19-24.

[123] 屠劼韵,汪晓勤.中国古代数学文献中的数列问题[J].数学教学,2011(3):23-25.

[124] 徐英,杨光伟.多元文化下的等差数列[J].中学数学杂志,2013(3):5-7.

[125] 肖维松.《九章算术》等比数列问题[J].高中数理化,2011(24):8-10.

[126] 于志洪.等比数列与诗词古算题[J].中学生数学,2006(1):32.

[127] 李玲,汪晓勤.数列概念:通过历史体现"奇、趣、本、用"[J].教育研究与评论,2016(4):61-65.

[128] 崔洁.与高中数列相关的中国古算史料研究[D].西安:西北大学,2015.

[129] 孙虹.在高中数列教学中渗透数学文化的探讨[J].福建教育,2014(47):43-44.

[130] 郭迷斋.中国古代的数列问题[J].中学生数学,2008(7):21-22.

[131] 汪晓勤,杨一丽.HPM视角下的等比数列教学[J].中学教研,2003(7):48-50.

[132] 张映姜.悠久的历史文化,精彩的数学归纳法[J].数学教学研究,2011,12:9-11.

[133] 杨文涛.集合论的创立与发展[J].株洲师范高等专科学校学报,2004(5):53-55.

[134] 沈如彪.集合论的孕育与诞生[J].数学通报,2000(5):38-40.

[135] 李玉梅.论集合论悖论的实质和意义[J].社会科学研究,2006(6):78-80.

[136] 丁蝶.集合论的创造者——康托[J].中学数学研究,2006(5):45-47.

[137] 郑学安.康托的集合定义与罗素悖论[J].数学通报,2006(3):1.

[138] 董可荣,包芳勋.矩阵思想的形成与发展[J].自然辩证法通讯,2009(1):56-61,111.

[139] 王克进,刘启年.中国古代的矩阵论[J].荆州师范学院学报,2000(2):110-112.

[140] 董可荣,林美玉.矩阵萌芽中的数学思想与文化[J].洛阳大学学报,2007(2):111-114.

[141] 钟选.有关整数四则运算史料简介[J].北京师范大学学报(自然科学版),1976(C1):152-163.

[142] 董可荣.矩阵理论的历史研究[D].济南:山东大学,2017.

[143] 董可荣.从矩阵的萌芽论中国传统数学的文化底蕴[J].淄博师专学报,2006(4):43-48.

[144] 张乃达.数学文化背景下的思维活动[J].中学数学月刊,2009(2):17-20.

[145] 杜志国.向量加法运算及其几何意义教学反思[J].科教纵横,2011(9):284-285.

[146] 孙庆华.向量理论历史研究[D].西安:西北大学,2006.

[147] 张文俊.数学欣赏[M].北京:科学技术出版社,2010.

[148] 史宁中.数学思想概论[M].长春:东北师范大学出版社,2008.

[149] 陈仁政.说不尽的 π[M].北京:科学出版社,2005.

[150] 王能超.刘徽数学割圆术[M].武汉:华中科技大学出版社,2016.

[151] 虞言林,虞琪.祖冲之算 π 之密[M].北京:科学出版社,2002.

[152] 布拉特纳.神奇的 π[M].潘恩典,译.汕头:汕头大学出版社,2003.

[153] 陈仁政.φ 的密码[M].北京:科学出版社,2011.

[154] 利维奥.φ 的故事[M].刘军,译.长春:长春出版社,2003.

[155] 钱志新.宇宙的钥匙[M].北京:科学出版社,2007.

[156] 陈仁政.不可思议的 e[M].北京:科学出版社,2005.

[157] 陈仁政.e 的密码[M].北京:科学出版社,2011.

[158] 吴振奎,吴旻.数学中的美[M].上海:上海教育出版社,2002.

[159] 张楚廷.数学文化[M].北京:高等教育出版社,2000.

[160] 蔡天新.数学与人类文明[M].杭州:浙江大学出版社,2008:16-18.

[161] 徐品方,张红.数学符号史[M].北京:科学出版社,2006:22,203,109-128.

[162] 沈康身.历史数学名题赏析[M].上海:上海教育出版社,1998.

[163] 克莱因.西方文化中的数学[M].张祖贵,译.上海:复旦大学出版社,2007.

[164] 欧几里得.几何原本[M].邹忌,译.重庆:重庆出版社,2014.

[165] 王擎天.越玩越聪明的孙子算经[M].北京:中国纺织出版社,2009.

[166] 闵嗣鹤,严士健.初等数论[M].北京:高等教育出版社,1956.

[167] 陈希孺.数理统计学简史[M].长沙:湖南教育出版社,2002.

[168] 张苍.九章算术[M].曾海龙,译.南京:江苏人民出版社,2011.

[169] 谢启南,韩兆洲.统计学原理[M].广州:暨南大学出版社,2002.

[170] 刘五然.算学宝鉴校注[M].北京:科学出版社,2008.

[171] 张苍.九章算术白话译解 插图全本[M].曾海龙,译.重庆:重庆大学出版社,2006.

[172] 郭书春.中国科学技术典籍通汇(数学卷)第 2 分册[M].开封:河南教育出版社,1993.

[173] 克莱因.古今数学思想(1)[M].张理京,张锦炎,译.上海:上海科学技术出版社,2002.

[174] 沈康身.数学的魅力(一)[M].上海:上海辞书出版社,2006:57-60.

[175] DERBYSHIRE J.代数的历史[M].北京:人民邮电出版社,2003.

[176] 丹奇克.数:科学的语言[M].上海:上海教育出版社,2000.

[177] 徐品方.数学趣史[M].北京:科学出版社,2013:86.

[178] 王林全.中学数学思想方法概论[M].广州:暨南大学出版社,2000:242-243.

[179] 程贞一,闻人军.《周髀算经》译注[M].上海:上海古籍出版社,2012.

[180] 郭书春.九章算术译注[M].上海:上海古籍出版社,2009.

[181] 张映姜,陈美英,李晓培.数学的历史文化赏析[M].长沙:湖南师范大学出版社,2013.

[182] 张维忠.数学教育中的数学文化[M].上海:上海教育出版社,2011.

[183] 武锡环,郭宗明.数学史与数学教育[M].成都:电子科技大学出版社,2003.

[184] 徐品方,张红,宁锐.中学数学简史[M].北京:科学出版社,2007.

[185] 邓寿才.趣味初等方程妙题集锦[M].哈尔滨:哈尔滨工业大学出版社,2014.

[186] 易南轩,王芝平.多元视角下的数学文化[M].北京:科学出版社,2007.

[187] 欧几里得.几何原本[M].魏平,译.西安:陕西人民出版社,2009.

[188] 齐民友.数学与文化[M].大连:大连理工大学出版社,2009.

[189] 张苍.九章算术[M].曾海龙,译.南京:江苏人民出版社,2011.

[190] 胡伟文,徐忠昌.数学文化欣赏[M].上海:科学出版社,2016.

[191] 张顺燕.数学科学与艺术[M].北京:北京大学出版社,2014.

[192] 李迪.中国数学史大系第一卷[M].北京:北京师范大学出版社,1998.

[194] 汪晓勤,韩详临.中学数学中的数学史[M].北京:科学出版社,2002.

[195] 欧几里得.几何原本[M].燕晓东,译.南京:江苏人民出版社,2011.

[196] 姜运仓.与数学零距离[M].北京:中央民族大学出版社,2006.

[197] 布拉德利.数学的诞生:古代——1300年[M].上海:上海科技文献出版社,2008.

[198] 曹纯.《九章算术》译注[M].上海:上海三联出版社,2015.

[199] 张苍.九章算术[M].邹涌,译.重庆:重庆出版社,2016.

[200] 阿波罗尼奥斯.圆锥曲线论[M].西安:陕西科学技术出版社,2014.

[201] 斯图尔特.数学的故事[M].熊斌,汪晓勤,译.上海:上海辞书出版社,2013.

[202] 克莱因.古今数学思想(2)[M].申又枨,冷生明,江泽涵,等译.上海:上海科学技术出版社,2014.

[203] 朱家生.数学史(第2版)[M].北京:高等教育出版社,2011.

[204] 伊夫斯.数学史上的里程碑[M].欧阳绛,戴中器,赵卫江,等译.北京:科学技术出版社,1990.

[205] KATZ V J.数学史通论[M].李文林,邹建成,胥鸣伟,等译.北京:高等教育出版社,2004.

[206] 林永伟,叶立军.数学史与数学教育[M].杭州:浙江大学出版社,2004.

[207] 朱学.数学史数学方法论选讲[M].哈尔滨:黑龙江省林业教育学院,2010.

[208] 张景中,任宏硕.走近科学皇后 数学趣谈[M].北京:中国少年儿童出版社,1997.

[209] 杜石然,孔国平.世界数学史[M].长春:吉林教育出版社,1996.

[210] 梁宗巨.世界数学史简编[M].沈阳:辽宁人民出版社,1980.

[211] 蒋声,陈瑞琛.趣味解析几何[M].上海:上海教育出版社,2007.

[212] 韩雪涛.从惊讶到思考:数学的印迹[M].长沙:湖南科学技术出版社,2007.

[213] 靳平.数学的100个基本问题[M].太原:山西科学技术出版社,2004.

[214] BOYER C B.微积分概念发展史[M].唐生,译.上海:复旦大学出版社,2007.

[215] EDWARD C H.微积分发展史[M].张鸿林,译.北京:北京出版社,1987.

[216] 欧几里得.几何原本[M].兰纪正,朱恩宽,译.西安:陕西科技技术出版社,1990.

[217] 李文林.数学史概论[M].北京:高等教育出版社,2011.

[218] 李继闵.九章算术校证[M].西安:陕西科学技术出版社,1993.

[219] 李约瑟.中国科学技术史(第3卷)[M].《中国科学技术史》翻译小组,译.北京:科学出版社,1978.

[220] 胡作玄.引起纷争的金苹果[M].福州:福建教育出版社,1993.

[221] 中国大百科全书总编辑委员会.中国大百科全书·数学[M].北京:中国大百科全书出版社,2004.

[222] 杜瑞芝. 数学史辞典[M]. 济南：山东教育出版社，2000.

[223] 王青建. 数学史简编[M]. 北京：科学出版社，2004.

[224] 钱宝琮. 中国数学史[M]. 北京：科学出版社，1964.

[225] DERBYSHIRE J. 代数的历史[M]. 冯速，译. 北京：人民邮电出版社，2003.

[226] 波沙曼提尔，莱曼. π：世界最神秘的数字[M]. 王瑜，译. 长春：吉林出版集团有限责任公司，2011.

[227] 张景中，彭翕成. 绕来绕去的向量法[M]. 北京：科学出版社，2018.

[228] 严士健. 向量及其应用[M]. 北京：高等教育出版社，2005.

[229] 诺顿. 向量基本概念[M]. 北京：科学出版社，1981.

[230] 沈康身. 数学的魅力(2)[M]. 上海：上海辞书出版社，2004.

[231] 张苍. 九章算术[M]. 邹涌，译. 重庆：重庆出版社，2015.

刘培杰数学工作室
已出版(即将出版)图书目录——初等数学

书　名	出版时间	定　价	编号
新编中学数学解题方法全书(高中版)上卷(第2版)	2018—08	58.00	951
新编中学数学解题方法全书(高中版)中卷(第2版)	2018—08	68.00	952
新编中学数学解题方法全书(高中版)下卷(一)(第2版)	2018—08	58.00	953
新编中学数学解题方法全书(高中版)下卷(二)(第2版)	2018—08	58.00	954
新编中学数学解题方法全书(高中版)下卷(三)(第2版)	2018—08	68.00	955
新编中学数学解题方法全书(初中版)上卷	2008—01	28.00	29
新编中学数学解题方法全书(初中版)中卷	2010—07	38.00	75
新编中学数学解题方法全书(高考复习卷)	2010—01	48.00	67
新编中学数学解题方法全书(高考真题卷)	2010—01	38.00	62
新编中学数学解题方法全书(高考精华卷)	2011—03	68.00	118
新编平面解析几何解题方法全书(专题讲座卷)	2010—01	18.00	61
新编中学数学解题方法全书(自主招生卷)	2013—08	88.00	261
数学奥林匹克与数学文化(第一辑)	2006—05	48.00	4
数学奥林匹克与数学文化(第二辑)(竞赛卷)	2008—01	48.00	19
数学奥林匹克与数学文化(第二辑)(文化卷)	2008—07	58.00	36'
数学奥林匹克与数学文化(第三辑)(竞赛卷)	2010—01	48.00	59
数学奥林匹克与数学文化(第四辑)(竞赛卷)	2011—08	58.00	87
数学奥林匹克与数学文化(第五辑)	2015—06	98.00	370
世界著名平面几何经典著作钩沉——几何作图专题卷(共3卷)	2022—01	198.00	1460
世界著名平面几何经典著作钩沉(民国平面几何老课本)	2011—03	38.00	113
世界著名平面几何经典著作钩沉(建国初期平面三角老课本)	2015—08	38.00	507
世界著名解析几何经典著作钩沉——平面解析几何卷	2014—01	38.00	264
世界著名数论经典著作钩沉(算术卷)	2012—01	28.00	125
世界著名数学经典著作钩沉——立体几何卷	2011—02	28.00	88
世界著名三角学经典著作钩沉(平面三角卷Ⅰ)	2010—06	28.00	69
世界著名三角学经典著作钩沉(平面三角卷Ⅱ)	2011—01	38.00	78
世界著名初等数论经典著作钩沉(理论和实用算术卷)	2011—07	38.00	126
世界著名几何经典著作钩沉(解析几何卷)	2022—10	68.00	1564
发展你的空间想象力(第3版)	2021—01	98.00	1464
空间想象力进阶	2019—05	68.00	1062
走向国际数学奥林匹克的平面几何试题诠释.第1卷	2019—07	88.00	1043
走向国际数学奥林匹克的平面几何试题诠释.第2卷	2019—09	78.00	1044
走向国际数学奥林匹克的平面几何试题诠释.第3卷	2019—03	78.00	1045
走向国际数学奥林匹克的平面几何试题诠释.第4卷	2019—09	98.00	1046
平面几何证明方法全书	2007—08	35.00	1
平面几何证明方法全书习题解答(第2版)	2006—12	18.00	10
平面几何天天练上卷·基础篇(直线型)	2013—01	58.00	208
平面几何天天练中卷·基础篇(涉及圆)	2013—01	28.00	234
平面几何天天练下卷·提高篇	2013—01	58.00	237
平面几何专题研究	2013—07	98.00	258
平面几何解题之道.第1卷	2022—05	38.00	1494
几何学习题集	2020—10	48.00	1217
通过解题学习代数几何	2021—04	88.00	1301
圆锥曲线的奥秘	2022—06	88.00	1541

刘培杰数学工作室
已出版(即将出版)图书目录——初等数学

书 名	出版时间	定价	编号
最新世界各国数学奥林匹克中的平面几何试题	2007—09	38.00	14
数学竞赛平面几何典型题及新颖解	2010—07	48.00	74
初等数学复习及研究(平面几何)	2008—09	68.00	38
初等数学复习及研究(立体几何)	2010—06	38.00	71
初等数学复习及研究(平面几何)习题解答	2009—01	58.00	42
几何学教程(平面几何卷)	2011—03	68.00	90
几何学教程(立体几何卷)	2011—07	68.00	130
几何变换与几何证题	2010—06	88.00	70
计算方法与几何证题	2011—06	28.00	129
立体几何技巧与方法(第2版)	2022—10	168.00	1572
几何瑰宝——平面几何500名题暨1500条定理(上、下)	2021—07	168.00	1358
三角形的解法与应用	2012—07	18.00	183
近代的三角形几何学	2012—07	48.00	184
一般折线几何学	2015—08	48.00	503
三角形的五心	2009—06	28.00	51
三角形的六心及其应用	2015—10	68.00	542
三角形趣谈	2012—08	28.00	212
解三角形	2014—01	28.00	265
探秘三角形:一次数学旅行	2021—10	68.00	1387
三角学专门教程	2014—09	28.00	387
图天下几何新题试卷.初中(第2版)	2017—11	58.00	855
圆锥曲线习题集(上册)	2013—06	68.00	255
圆锥曲线习题集(中册)	2015—01	78.00	434
圆锥曲线习题集(下册·第1卷)	2016—10	78.00	683
圆锥曲线习题集(下册·第2卷)	2018—01	98.00	853
圆锥曲线习题集(下册·第3卷)	2019—10	128.00	1113
圆锥曲线的思想方法	2021—08	48.00	1379
圆锥曲线的八个主要问题	2021—10	48.00	1415
论九点圆	2015—05	88.00	645
近代欧氏几何学	2012—03	48.00	162
罗巴切夫斯基几何学及几何基础概要	2012—07	28.00	188
罗巴切夫斯基几何学初步	2015—06	28.00	474
用三角、解析几何、复数、向量计算解数学竞赛几何题	2015—03	48.00	455
用解析法研究圆锥曲线的几何理论	2022—05	48.00	1495
美国中学几何教程	2015—04	88.00	458
三线坐标与三角形特征点	2015—04	98.00	460
坐标几何学基础.第1卷,笛卡儿坐标	2021—08	48.00	1398
坐标几何学基础.第2卷,三线坐标	2021—09	28.00	1399
平面解析几何方法与研究(第1卷)	2015—05	18.00	471
平面解析几何方法与研究(第2卷)	2015—06	18.00	472
平面解析几何方法与研究(第3卷)	2015—07	18.00	473
解析几何研究	2015—01	38.00	425
解析几何学教程.上	2016—01	38.00	574
解析几何学教程.下	2016—01	38.00	575
几何学基础	2016—01	58.00	581
初等几何研究	2015—02	58.00	444
十九和二十世纪欧氏几何学中的片段	2017—01	58.00	696
平面几何中考.高考.奥数一本通	2017—07	28.00	820
几何学简史	2017—08	28.00	833
四面体	2018—01	48.00	880
平面几何证明方法思路	2018—12	68.00	913
折纸中的几何练习	2022—09	48.00	1559
中学新几何学(英文)	2022—10	98.00	1562
线性代数与几何	2023—04	68.00	1633
四面体几何学引论	2023—06	68.00	1648

刘培杰数学工作室
已出版(即将出版)图书目录——初等数学

书　名	出版时间	定　价	编号
平面几何图形特性新析.上篇	2019—01	68.00	911
平面几何图形特性新析.下篇	2018—06	88.00	912
平面几何范例多解探究.上篇	2018—04	48.00	910
平面几何范例多解探究.下篇	2018—12	68.00	914
从分析解题过程学解题:竞赛中的几何问题研究	2018—07	68.00	946
从分析解题过程学解题:竞赛中的向量几何与不等式研究(全2册)	2019—06	138.00	1090
从分析解题过程学解题:竞赛中的不等式问题	2021—01	48.00	1249
二维、三维欧氏几何的对偶原理	2018—12	38.00	990
星形大观及闭折线论	2019—03	68.00	1020
立体几何的问题和方法	2019—11	58.00	1127
三角代换论	2021—05	58.00	1313
俄罗斯平面几何问题集	2009—08	88.00	55
俄罗斯立体几何问题集	2014—03	58.00	283
俄罗斯几何大师——沙雷金论数学及其他	2014—01	48.00	271
来自俄罗斯的5000道几何习题及解答	2011—03	58.00	89
俄罗斯初等数学问题集	2012—05	38.00	177
俄罗斯函数问题集	2011—03	38.00	103
俄罗斯组合分析问题集	2011—01	48.00	79
俄罗斯初等数学万题选——三角卷	2012—11	38.00	222
俄罗斯初等数学万题选——代数卷	2013—08	68.00	225
俄罗斯初等数学万题选——几何卷	2014—01	68.00	226
俄罗斯《量子》杂志数学征解问题100题选	2018—08	48.00	969
俄罗斯《量子》杂志数学征解问题又100题选	2018—08	48.00	970
俄罗斯《量子》杂志数学征解问题	2020—05	48.00	1138
463个俄罗斯几何老问题	2012—01	28.00	152
《量子》数学短文精粹	2018—09	38.00	972
用三角、解析几何等计算解来自俄罗斯的几何题	2019—11	88.00	1119
基谢廖夫平面几何	2022—01	48.00	1461
基谢廖夫立体几何	2023—04	48.00	1599
数学:代数、数学分析和几何(10—11年级)	2021—01	48.00	1250
直观几何学:5—6年级	2022—04	58.00	1508
几何学:第2版.7—9年级	2023—08	68.00	1684
平面几何:9—11年级	2022—10	48.00	1571
立体几何.10—11年级	2022—01	58.00	1472
谈谈素数	2011—03	18.00	91
平方和	2011—03	18.00	92
整数论	2011—05	38.00	120
从整数谈起	2015—10	28.00	538
数与多项式	2016—01	38.00	558
谈谈不定方程	2011—05	28.00	119
质数漫谈	2022—07	68.00	1529
解析不等式新论	2009—06	68.00	48
建立不等式的方法	2011—03	98.00	104
数学奥林匹克不等式研究(第2版)	2020—07	68.00	1181
不等式研究(第三辑)	2023—08	198.00	1673
不等式的秘密(第一卷)(第2版)	2014—02	38.00	286
不等式的秘密(第二卷)	2014—01	38.00	268
初等不等式的证明方法	2010—06	38.00	123
初等不等式的证明方法(第二版)	2014—11	38.00	407
不等式·理论·方法(基础卷)	2015—07	38.00	496
不等式·理论·方法(经典不等式卷)	2015—07	38.00	497
不等式·理论·方法(特殊类型不等式卷)	2015—07	48.00	498
不等式探究	2016—03	38.00	582
不等式探秘	2017—01	88.00	689
四面体不等式	2017—01	68.00	715
数学奥林匹克中常见重要不等式	2017—09	38.00	845

刘培杰数学工作室
已出版(即将出版)图书目录——初等数学

书　名	出版时间	定　价	编号
三正弦不等式	2018-09	98.00	974
函数方程与不等式:解法与稳定性结果	2019-04	68.00	1058
数学不等式.第1卷,对称多项式不等式	2022-05	78.00	1455
数学不等式.第2卷,对称有理不等式与对称无理不等式	2022-05	88.00	1456
数学不等式.第3卷,循环不等式与非循环不等式	2022-05	88.00	1457
数学不等式.第4卷,Jensen不等式的扩展与加细	2022-05	88.00	1458
数学不等式.第5卷,创建不等式与解不等式的其他方法	2022-05	88.00	1459
不定方程及其应用.上	2018-12	58.00	992
不定方程及其应用.中	2019-01	78.00	993
不定方程及其应用.下	2019-02	98.00	994
Nesbitt不等式加强式的研究	2022-06	128.00	1527
最值定理与分析不等式	2023-02	78.00	1567
一类积分不等式	2023-02	88.00	1579
邦费罗尼不等式及概率应用	2023-05	58.00	1637
同余理论	2012-05	38.00	163
[x]与{x}	2015-04	48.00	476
极值与最值.上卷	2015-06	28.00	486
极值与最值.中卷	2015-06	38.00	487
极值与最值.下卷	2015-06	28.00	488
整数的性质	2012-11	38.00	192
完全平方数及其应用	2015-08	78.00	506
多项式理论	2015-10	88.00	541
奇数、偶数、奇偶分析法	2018-01	98.00	876
历届美国中学生数学竞赛试题及解答(第一卷)1950—1954	2014-07	18.00	277
历届美国中学生数学竞赛试题及解答(第二卷)1955—1959	2014-04	18.00	278
历届美国中学生数学竞赛试题及解答(第三卷)1960—1964	2014-06	18.00	279
历届美国中学生数学竞赛试题及解答(第四卷)1965—1969	2014-04	28.00	280
历届美国中学生数学竞赛试题及解答(第五卷)1970—1972	2014-06	18.00	281
历届美国中学生数学竞赛试题及解答(第六卷)1973—1980	2017-07	18.00	768
历届美国中学生数学竞赛试题及解答(第七卷)1981—1986	2015-01	18.00	424
历届美国中学生数学竞赛试题及解答(第八卷)1987—1990	2017-05	18.00	769
历届中国数学奥林匹克试题集(第3版)	2021-10	58.00	1440
历届加拿大数学奥林匹克试题集	2012-08	38.00	215
历届美国数学奥林匹克试题集	2023-08	98.00	1681
历届波兰数学竞赛试题集.第1卷,1949~1963	2015-03	18.00	453
历届波兰数学竞赛试题集.第2卷,1964~1976	2015-03	18.00	454
历届巴尔干数学奥林匹克试题集	2015-05	38.00	466
保加利亚数学奥林匹克	2014-10	38.00	393
圣彼得堡数学奥林匹克试题集	2015-01	38.00	429
匈牙利奥林匹克数学竞赛题解.第1卷	2016-05	28.00	593
匈牙利奥林匹克数学竞赛题解.第2卷	2016-05	28.00	594
历届美国数学邀请赛试题集(第2版)	2017-10	78.00	851
普林斯顿大学数学竞赛	2016-06	38.00	669
亚太地区数学奥林匹克竞赛题	2015-07	18.00	492
日本历届(初级)广中杯数学竞赛试题及解答.第1卷(2000~2007)	2016-05	28.00	641
日本历届(初级)广中杯数学竞赛试题及解答.第2卷(2008~2015)	2016-05	38.00	642
越南数学奥林匹克题选:1962—2009	2021-07	48.00	1370
360个数学竞赛问题	2016-08	58.00	677
奥数最佳实战题.上卷	2017-06	38.00	760
奥数最佳实战题.下卷	2017-05	58.00	761
哈尔滨市早期中学数学竞赛试题汇编	2016-07	28.00	672
全国高中数学联赛试题及解答:1981—2019(第4版)	2020-07	138.00	1176
2022年全国高中数学联合竞赛模拟题集	2022-06	30.00	1521

刘培杰数学工作室
已出版(即将出版)图书目录——初等数学

书　名	出版时间	定　价	编号
20 世纪 50 年代全国部分城市数学竞赛试题汇编	2017—07	28.00	797
国内外数学竞赛题及精解:2018~2019	2020—08	45.00	1192
国内外数学竞赛题及精解:2019~2020	2021—11	58.00	1439
许康华竞优学精选集.第一辑	2018—08	68.00	949
天问叶班数学问题征解 100 题.Ⅰ,2016—2018	2019—05	88.00	1075
天问叶班数学问题征解 100 题.Ⅱ,2017—2019	2020—07	98.00	1177
美国初中数学竞赛:AMC8 准备(共 6 卷)	2019—07	138.00	1089
美国高中数学竞赛:AMC10 准备(共 6 卷)	2019—08	158.00	1105
王连笑教你怎样学数学:高考选择题解题策略与客观题实用训练	2014—01	48.00	262
王连笑教你怎样学数学:高考数学高层次讲座	2015—02	48.00	432
高考数学的理论与实践	2009—08	38.00	53
高考数学核心题型解题方法与技巧	2010—01	28.00	86
高考思维新平台	2014—03	38.00	259
高考数学压轴题解题诀窍(上)(第 2 版)	2018—01	58.00	874
高考数学压轴题解题诀窍(下)(第 2 版)	2018—01	48.00	875
北京市五区文科数学三年高考模拟题详解:2013~2015	2015—08	48.00	500
北京市五区理科数学三年高考模拟题详解:2013~2015	2015—09	68.00	505
向量法巧解数学高考题	2009—08	28.00	54
高中数学课堂教学的实践与反思	2021—11	48.00	791
数学高考参考	2016—01	78.00	589
新课程标准高考数学解答题各种题型解法指导	2020—08	78.00	1196
全国及各省市高考数学试题审题要津与解法研究	2015—02	48.00	450
高中数学章节起始课的教学研究与案例设计	2019—05	28.00	1064
新课标高考数学——五年试题分章详解(2007~2011)(上、下)	2011—10	78.00	140,141
全国中考数学压轴题审题要津与解法研究	2013—04	78.00	248
新编全国及各省市中考数学压轴题审题要津与解法研究	2014—05	58.00	342
全国及各省市 5 年中考数学压轴题审题要津与解法研究(2015 版)	2015—04	58.00	462
中考数学专题总复习	2007—04	28.00	6
中考数学较难题常考题型解题方法与技巧	2016—09	48.00	681
中考数学难题常考题型解题方法与技巧	2016—09	48.00	682
中考数学中档题常考题型解题方法与技巧	2017—08	68.00	835
中考数学选择填空压轴好题妙解 365	2017—05	38.00	759
中考数学:三类重点考题的解法例析与习题	2020—04	48.00	1140
中小学数学的历史文化	2019—11	48.00	1124
初中平面几何百题多思创新解	2020—01	58.00	1125
初中数学中考备考	2020—01	58.00	1126
高考数学之九章演义	2019—08	68.00	1044
高考数学之难题谈笑间	2022—06	68.00	1519
化学可以这样学:高中化学知识方法智慧感悟疑难辨析	2019—07	58.00	1103
如何成为学习高手	2019—09	58.00	1107
高考数学:经典真题分类解析	2020—04	78.00	1134
高考数学解答题破解策略	2020—11	58.00	1221
从分析解题过程学解题:高考压轴题与竞赛题之关系探究	2020—08	88.00	1179
教学新思考:单元整体视角下的初中数学教学设计	2021—03	58.00	1278
思维再拓展:2020 年经典几何题的多解探究与思考	即将出版		1279
中考数学小压轴汇编初讲	2017—07	48.00	788
中考数学大压轴专题微言	2017—09	48.00	846
怎么解中考平面几何探索题	2019—06	48.00	1093
北京中考数学压轴题解题方法突破(第 8 版)	2022—11	78.00	1577
助你高考成功的数学解题智慧:知识是智慧的基础	2016—01	58.00	596
助你高考成功的数学解题智慧:错误是智慧的试金石	2016—04	58.00	643
助你高考成功的数学解题智慧:方法是智慧的推手	2016—04	68.00	657
高考数学奇思妙解	2016—04	38.00	610
高考数学解题策略	2016—05	48.00	670
数学解题泄天机(第 2 版)	2017—10	48.00	850

书 名	出版时间	定 价	编号
高中物理教学讲义	2018—01	48.00	871
高中物理教学讲义:全模块	2022—03	98.00	1492
高中物理答疑解惑 65 篇	2021—11	48.00	1462
中学物理基础问题解析	2020—08	48.00	1183
初中数学、高中数学脱节知识补缺教材	2017—06	48.00	766
高考数学客观题解题方法和技巧	2017—10	38.00	847
十年高考数学精品试题审题要津与解法研究	2021—10	98.00	1427
中国历届高考数学试题及解答.1949—1979	2018—01	38.00	877
历届中国高考数学试题及解答.第二卷,1980—1989	2018—10	28.00	975
历届中国高考数学试题及解答.第三卷,1990—1999	2018—10	48.00	976
跟我学解高中数学题	2018—07	58.00	926
中学数学研究的方法及案例	2018—05	58.00	869
高考数学抢分技能	2018—07	68.00	934
高一新生常用数学方法和重要数学思想提升教材	2018—06	38.00	921
高考数学全国卷六道解答题常考题型解题诀窍:理科(全 2 册)	2019—07	78.00	1101
高考数学全国卷 16 道选择、填空题常考题型解题诀窍.理科	2018—09	88.00	971
高考数学全国卷 16 道选择、填空题常考题型解题诀窍.文科	2020—01	88.00	1123
高中数学一题多解	2019—06	58.00	1087
历届中国高考数学试题及解答:1917—1999	2021—08	98.00	1371
2000～2003 年全国及各省市高考数学试题及解答	2022—05	88.00	1499
2004 年全国及各省市高考数学试题及解答	2023—08	78.00	1500
2005 年全国及各省市高考数学试题及解答	2023—08	78.00	1501
2006 年全国及各省市高考数学试题及解答	2023—08	88.00	1502
2007 年全国及各省市高考数学试题及解答	2023—08	98.00	1503
2008 年全国及各省市高考数学试题及解答	2023—08	88.00	1504
2009 年全国及各省市高考数学试题及解答	2023—08	88.00	1505
2010 年全国及各省市高考数学试题及解答	2023—08	98.00	1506
突破高原:高中数学解题思维探究	2021—08	48.00	1375
高考数学中的"取值范围"	2021—10	48.00	1429
新课程标准高中数学各种题型解法大全.必修一分册	2021—06	58.00	1315
新课程标准高中数学各种题型解法大全.必修二分册	2022—01	68.00	1471
高中数学各种题型解法大全.选择性必修一分册	2022—06	68.00	1525
高中数学各种题型解法大全.选择性必修二分册	2023—01	58.00	1600
高中数学各种题型解法大全.选择性必修三分册	2023—04	48.00	1643
历届全国初中数学竞赛经典试题详解	2023—04	88.00	1624
孟祥礼高考数学精刷精解	2023—06	98.00	1663

书 名	出版时间	定 价	编号
新编 640 个世界著名数学智力趣题	2014—01	88.00	242
500 个最新世界著名数学智力趣题	2008—06	48.00	3
400 个最新世界著名数学最值问题	2008—09	48.00	36
500 个世界著名数学征解问题	2009—06	48.00	52
400 个中国最佳初等数学征解老问题	2010—01	48.00	60
500 个俄罗斯数学经典老题	2011—01	28.00	81
1000 个国外中学物理好题	2012—04	48.00	174
300 个日本高考数学题	2012—05	38.00	142
700 个早期日本高考数学试题	2017—02	88.00	752
500 个前苏联早期高考数学试题及解答	2012—05	28.00	185
546 个早期俄罗斯大学生数学竞赛题	2014—03	38.00	285
548 个来自美苏的数学好问题	2014—11	28.00	396
20 所苏联著名大学早期入学试题	2015—02	18.00	452
161 道德国工科大学生必做的微分方程习题	2015—05	28.00	469
500 个德国工科大学生必做的高数习题	2015—06	28.00	478
360 个数学竞赛问题	2016—08	58.00	677
200 个趣味数学故事	2018—02	48.00	857
470 个数学奥林匹克中的最值问题	2018—10	88.00	985
德国讲义日本考题.微积分卷	2015—04	48.00	456
德国讲义日本考题.微分方程卷	2015—04	38.00	457
二十世纪中叶中、英、美、日、法、俄高考数学试题精选	2017—06	38.00	783

刘培杰数学工作室
已出版(即将出版)图书目录——初等数学

书　名	出版时间	定　价	编号
中国初等数学研究　2009 卷(第 1 辑)	2009－05	20.00	45
中国初等数学研究　2010 卷(第 2 辑)	2010－05	30.00	68
中国初等数学研究　2011 卷(第 3 辑)	2011－07	60.00	127
中国初等数学研究　2012 卷(第 4 辑)	2012－07	48.00	190
中国初等数学研究　2014 卷(第 5 辑)	2014－02	48.00	288
中国初等数学研究　2015 卷(第 6 辑)	2015－06	68.00	493
中国初等数学研究　2016 卷(第 7 辑)	2016－04	68.00	609
中国初等数学研究　2017 卷(第 8 辑)	2017－01	98.00	712
初等数学研究在中国.第 1 辑	2019－03	158.00	1024
初等数学研究在中国.第 2 辑	2019－10	158.00	1116
初等数学研究在中国.第 3 辑	2021－05	158.00	1306
初等数学研究在中国.第 4 辑	2022－06	158.00	1520
初等数学研究在中国.第 5 辑	2023－07	158.00	1635
几何变换(Ⅰ)	2014－07	28.00	353
几何变换(Ⅱ)	2015－06	28.00	354
几何变换(Ⅲ)	2015－01	38.00	355
几何变换(Ⅳ)	2015－12	38.00	356
初等数论难题集(第一卷)	2009－05	68.00	44
初等数论难题集(第二卷)(上、下)	2011－02	128.00	82,83
数论概貌	2011－03	18.00	93
代数数论(第二版)	2013－08	58.00	94
代数多项式	2014－06	38.00	289
初等数论的知识与问题	2011－02	28.00	95
超越数论基础	2011－03	28.00	96
数论初等教程	2011－03	28.00	97
数论基础	2011－03	18.00	98
数论基础与维诺格拉多夫	2014－03	18.00	292
解析数论基础	2012－08	28.00	216
解析数论基础(第二版)	2014－01	48.00	287
解析数论问题集(第二版)(原版引进)	2014－05	88.00	343
解析数论问题集(第二版)(中译本)	2016－04	88.00	607
解析数论基础(潘承洞,潘承彪著)	2016－07	98.00	673
解析数论导引	2016－07	58.00	674
数论入门	2011－03	38.00	99
代数数论入门	2015－03	38.00	448
数论开篇	2012－07	28.00	194
解析数论引论	2011－03	48.00	100
Barban Davenport Halberstam 均值和	2009－01	40.00	33
基础数论	2011－03	28.00	101
初等数论 100 例	2011－05	18.00	122
初等数论经典例题	2012－07	18.00	204
最新世界各国数学奥林匹克中的初等数论试题(上、下)	2012－01	138.00	144,145
初等数论(Ⅰ)	2012－01	18.00	156
初等数论(Ⅱ)	2012－01	18.00	157
初等数论(Ⅲ)	2012－01	28.00	158

刘培杰数学工作室
已出版(即将出版)图书目录——初等数学

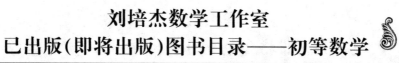

书　名	出版时间	定价	编号
平面几何与数论中未解决的新老问题	2013—01	68.00	229
代数数论简史	2014—11	28.00	408
代数数论	2015—09	88.00	532
代数、数论及分析习题集	2016—11	98.00	695
数论导引提要及习题解答	2016—01	48.00	559
素数定理的初等证明.第2版	2016—09	48.00	686
数论中的模函数与狄利克雷级数(第二版)	2017—11	78.00	837
数论:数学导引	2018—01	68.00	849
范氏大代数	2019—02	98.00	1016
解析数学讲义.第一卷,导来式及微分、积分、级数	2019—04	88.00	1021
解析数学讲义.第二卷,关于几何的应用	2019—04	68.00	1022
解析数学讲义.第三卷,解析函数论	2019—04	78.00	1023
分析·组合·数论纵横谈	2019—04	58.00	1039
Hall代数:民国时期的中学数学课本:英文	2019—08	88.00	1106
基谢廖夫初等代数	2022—07	38.00	1531
数学精神巡礼	2019—01	58.00	731
数学眼光透视(第2版)	2017—06	78.00	732
数学思想领悟(第2版)	2018—01	68.00	733
数学方法溯源(第2版)	2018—08	68.00	734
数学解题引论	2017—05	58.00	735
数学史话览胜(第2版)	2017—01	48.00	736
数学应用展观(第2版)	2017—08	68.00	737
数学建模尝试	2018—04	48.00	738
数学竞赛采风	2018—01	68.00	739
数学测评探营	2019—05	58.00	740
数学技能操握	2018—03	48.00	741
数学欣赏拾趣	2018—02	48.00	742
从毕达哥拉斯到怀尔斯	2007—10	48.00	9
从迪利克雷到维斯卡尔迪	2008—01	48.00	21
从哥德巴赫到陈景润	2008—05	98.00	35
从庞加莱到佩雷尔曼	2011—08	138.00	136
博弈论精粹	2008—03	58.00	30
博弈论精粹.第二版(精装)	2015—01	88.00	461
数学 我爱你	2008—01	28.00	20
精神的圣徒　别样的人生——60位中国数学家成长的历程	2008—09	48.00	39
数学史概论	2009—06	78.00	50
数学史概论(精装)	2013—03	158.00	272
数学史选讲	2016—01	48.00	544
斐波那契数列	2010—02	28.00	65
数学拼盘和斐波那契魔方	2010—07	38.00	72
斐波那契数列欣赏(第2版)	2018—08	58.00	948
Fibonacci数列中的明珠	2018—08	58.00	928
数学的创造	2011—02	48.00	85
数学美与创造力	2016—01	48.00	595
数海拾贝	2016—01	48.00	590
数学中的美(第2版)	2019—04	68.00	1057
数论中的美学	2014—12	38.00	351

刘培杰数学工作室

已出版(即将出版)图书目录——初等数学

书 名	出版时间	定 价	编号
数学王者 科学巨人——高斯	2015—01	28.00	428
振兴祖国数学的圆梦之旅:中国初等数学研究史话	2015—06	98.00	490
二十世纪中国数学史料研究	2015—10	48.00	536
数字谜、数阵图与棋盘覆盖	2016—01	58.00	298
数学概念的进化:一个初步的研究	2023—07	68.00	1683
数学发现的艺术:数学探索中的合情推理	2016—07	58.00	671
活跃在数学中的参数	2016—07	48.00	675
数海趣史	2021—05	98.00	1314
玩转幻中之幻	2023—08	88.00	1682
数学艺术品	2023—09	98.00	1685
数学博弈与游戏	2023—10	68.00	1692

书 名	出版时间	定 价	编号
数学解题——靠数学思想给力(上)	2011—07	38.00	131
数学解题——靠数学思想给力(中)	2011—07	48.00	132
数学解题——靠数学思想给力(下)	2011—07	38.00	133
我怎样解题	2013—01	48.00	227
数学解题中的物理方法	2011—06	28.00	114
数学解题的特殊方法	2011—06	48.00	115
中学数学计算技巧(第2版)	2020—10	48.00	1220
中学数学证明方法	2012—01	58.00	117
数学趣题巧解	2012—03	28.00	128
高中数学教学通鉴	2015—05	58.00	479
和高中生漫谈:数学与哲学的故事	2014—08	28.00	369
算术问题集	2017—03	38.00	789
张教授讲数学	2018—07	38.00	933
陈永明实话实说数学教学	2020—04	68.00	1132
中学数学学科知识与教学能力	2020—06	58.00	1155
怎样把课讲好:大罕数学教学随笔	2022—03	58.00	1484
中国高考评价体系下高考数学探秘	2022—03	48.00	1487

书 名	出版时间	定 价	编号
自主招生考试中的参数方程问题	2015—01	28.00	435
自主招生考试中的极坐标问题	2015—04	28.00	463
近年全国重点大学自主招生数学试题全解及研究.华约卷	2015—02	38.00	441
近年全国重点大学自主招生数学试题全解及研究.北约卷	2016—05	38.00	619
自主招生数学解证宝典	2015—09	48.00	535
中国科学技术大学创新班数学真题解析	2022—03	48.00	1488
中国科学技术大学创新班物理真题解析	2022—03	58.00	1489

书 名	出版时间	定 价	编号
格点和面积	2012—07	18.00	191
射影几何趣谈	2012—04	28.00	175
斯潘纳尔引理——从一道加拿大数学奥林匹克试题谈起	2014—01	28.00	228
李普希兹条件——从几道近年高考数学试题谈起	2012—10	18.00	221
拉格朗日中值定理——从一道北京高考试题的解法谈起	2015—10	18.00	197
闵科夫斯基定理——从一道清华大学自主招生试题谈起	2014—01	28.00	198
哈尔测度——从一道冬令营试题的背景谈起	2012—08	28.00	202
切比雪夫逼近问题——从一道中国台北数学奥林匹克试题谈起	2013—04	38.00	238
伯恩斯坦多项式与贝齐尔曲面——从一道全国高中数学联赛试题谈起	2013—03	38.00	236
卡塔兰猜想——从一道普特南竞赛试题谈起	2013—06	18.00	256
麦卡锡函数和阿克曼函数——从一道前南斯拉夫数学奥林匹克试题谈起	2012—08	18.00	201
贝蒂定理与拉海贝克莫斯尔定理——从一个拣石子游戏谈起	2012—08	18.00	217
皮亚诺曲线和豪斯道夫分球定理——从无限集谈起	2012—08	18.00	211
平面凸图形与凸多面体	2012—10	28.00	218
斯坦因豪斯问题——从一道二十五省市自治区中学数学竞赛试题谈起	2012—07	18.00	196

刘培杰数学工作室

已出版(即将出版)图书目录——初等数学

书 名	出版时间	定 价	编号
纽结理论中的亚历山大多项式与琼斯多项式——从一道北京市高一数学竞赛试题谈起	2012-07	28.00	195
原则与策略——从波利亚"解题表"谈起	2013-04	38.00	244
转化与化归——从三大尺规作图不能问题谈起	2012-08	28.00	214
代数几何中的贝祖定理(第一版)——从一道 IMO 试题的解法谈起	2013-08	18.00	193
成功连贯理论与约当块理论——从一道比利时数学竞赛试题谈起	2012-04	18.00	180
素数判定与大数分解	2014-08	18.00	199
置换多项式及其应用	2012-10	18.00	220
椭圆函数与模函数——从一道美国加州大学洛杉矶分校(UCLA)博士资格考题谈起	2012-10	28.00	219
差分方程的拉格朗日方法——从一道 2011 年全国高考理科试题的解法谈起	2012-08	28.00	200
力学在几何中的一些应用	2013-01	38.00	240
从根式解到伽罗华理论	2020-01	48.00	1121
康托洛维奇不等式——从一道全国高中联赛试题谈起	2013-03	28.00	337
西格尔引理——从一道第 18 届 IMO 试题的解法谈起	即将出版		
罗斯定理——从一道前苏联数学竞赛试题谈起	即将出版		
拉克斯定理和阿廷定理——从一道 IMO 试题的解法谈起	2014-01	58.00	246
毕卡大定理——从一道美国大学数学竞赛试题谈起	2014-07	18.00	350
贝齐尔曲线——从一道全国高中联赛试题谈起	即将出版		
拉格朗日乘子定理——从一道 2005 年全国高中联赛试题的高等数学解法谈起	2015-05	28.00	480
雅可比定理——从一道日本数学奥林匹克试题谈起	2013-04	48.00	249
李天岩-约克定理——从一道波兰数学竞赛试题谈起	2014-06	28.00	349
受控理论与初等不等式:从一道 IMO 试题的解法谈起	2023-03	48.00	1601
布劳维不动点定理——从一道前苏联数学奥林匹克试题谈起	2014-01	38.00	273
伯恩赛德定理——从一道英国数学奥林匹克试题谈起	即将出版		
布查特-莫斯特定理——从一道上海市初中竞赛试题谈起	即将出版		
数论中的同余数问题——从一道普特南竞赛试题谈起	即将出版		
范·德蒙行列式——从一道美国数学奥林匹克试题谈起	即将出版		
中国剩余定理:总数法构建中国历史年表	2015-01	28.00	430
牛顿程序与方程求根——从一道全国高考试题解法谈起	即将出版		
库默尔定理——从一道 IMO 预选试题谈起	即将出版		
卢丁定理——从一道冬令营试题的解法谈起	即将出版		
沃斯滕霍姆定理——从一道 IMO 预选试题谈起	即将出版		
卡尔松不等式——从一道莫斯科数学奥林匹克试题谈起	即将出版		
信息论中的香农熵——从一道近年高考压轴题谈起	即将出版		
约当不等式——从一道希望杯竞赛试题谈起	即将出版		
拉比诺维奇定理	即将出版		
刘维尔定理——从一道《美国数学月刊》征解问题的解法谈起	即将出版		
卡塔兰恒等式与级数求和——从一道 IMO 试题的解法谈起	即将出版		
勒让德猜想与素数分布——从一道爱尔兰竞赛试题谈起	即将出版		
天平称重与信息论——从一道基辅市数学奥林匹克试题谈起	即将出版		
哈密尔顿-凯莱定理:从一道高中数学联赛试题的解法谈起	2014-09	18.00	376
艾思特曼定理——从一道 CMO 试题的解法谈起	即将出版		

刘培杰数学工作室
已出版(即将出版)图书目录——初等数学

书　名	出 版 时 间	定　价	编号
阿贝尔恒等式与经典不等式及应用	2018—06	98.00	923
迪利克雷除数问题	2018—07	48.00	930
幻方、幻立方与拉丁方	2019—08	48.00	1092
帕斯卡三角形	2014—03	18.00	294
蒲丰投针问题——从2009年清华大学的一道自主招生试题谈起	2014—01	38.00	295
斯图姆定理——从一道"华约"自主招生试题的解法谈起	2014—01	18.00	296
许瓦兹引理——从一道加利福尼亚大学伯克利分校数学系博士生试题谈起	2014—08	18.00	297
拉姆塞定理——从王诗宬院士的一个问题谈起	2016—04	48.00	299
坐标法	2013—12	28.00	332
数论三角形	2014—04	38.00	341
毕克定理	2014—07	18.00	352
数林掠影	2014—09	48.00	389
我们周围的概率	2014—10	38.00	390
凸函数最值定理:从一道华约自主招生题的解法谈起	2014—10	28.00	391
易学与数学奥林匹克	2014—10	38.00	392
生物数学趣谈	2015—01	18.00	409
反演	2015—01	28.00	420
因式分解与圆锥曲线	2015—01	18.00	426
轨迹	2015—01	28.00	427
面积原理:从常庚哲命的一道CMO试题的积分解法谈起	2015—01	48.00	431
形形色色的不动点定理:从一道28届IMO试题谈起	2015—01	38.00	439
柯西函数方程:从一道上海交大自主招生的试题谈起	2015—02	28.00	440
三角恒等式	2015—02	28.00	442
无理性判定:从一道2014年"北约"自主招生试题谈起	2015—01	38.00	443
数学归纳法	2015—03	18.00	451
极端原理与解题	2015—04	28.00	464
法雷级数	2014—08	18.00	367
摆线族	2015—01	38.00	438
函数方程及其解法	2015—05	38.00	470
含参数的方程和不等式	2012—09	28.00	213
希尔伯特第十问题	2016—01	38.00	543
无穷小量的求和	2016—01	28.00	545
切比雪夫多项式:从一道清华大学金秋营试题谈起	2016—01	38.00	583
泽肯多夫定理	2016—03	38.00	599
代数等式证题法	2016—01	28.00	600
三角等式证题法	2016—01	28.00	601
吴大任教授藏书中的一个因式分解公式:从一道美国数学邀请赛试题的解法谈起	2016—06	28.00	656
易卦——类万物的数学模型	2017—08	68.00	838
"不可思议"的数与数系可持续发展	2018—01	38.00	878
最短线	2018—01	38.00	879
数学在天文、地理、光学、机械力学中的一些应用	2023—03	88.00	1576
从阿基米德三角形谈起	2023—01	28.00	1578
幻方和魔方(第一卷)	2012—05	68.00	173
尘封的经典——初等数学经典文献选读(第一卷)	2012—07	48.00	205
尘封的经典——初等数学经典文献选读(第二卷)	2012—07	38.00	206
初级方程式论	2011—03	28.00	106
初等数学研究(Ⅰ)	2008—09	68.00	37
初等数学研究(Ⅱ)(上、下)	2009—05	118.00	46,47
初等数学专题研究	2022—10	68.00	1568

刘培杰数学工作室
已出版(即将出版)图书目录——初等数学

书　名	出版时间	定　价	编号
趣味初等方程妙题集锦	2014—09	48.00	388
趣味初等数论选美与欣赏	2015—02	48.00	445
耕读笔记(上卷):一位农民数学爱好者的初数探索	2015—04	28.00	459
耕读笔记(中卷):一位农民数学爱好者的初数探索	2015—05	28.00	483
耕读笔记(下卷):一位农民数学爱好者的初数探索	2015—05	28.00	484
几何不等式研究与欣赏.上卷	2016—01	88.00	547
几何不等式研究与欣赏.下卷	2016—01	48.00	552
初等数列研究与欣赏·上	2016—01	48.00	570
初等数列研究与欣赏·下	2016—01	48.00	571
趣味初等函数研究与欣赏.上	2016—09	48.00	684
趣味初等函数研究与欣赏.下	2018—09	48.00	685
三角不等式研究与欣赏	2020—10	68.00	1197
新编平面解析几何解题方法研究与欣赏	2021—10	78.00	1426
火柴游戏(第2版)	2022—05	38.00	1493
智力解谜.第1卷	2017—07	38.00	613
智力解谜.第2卷	2017—07	38.00	614
故事智力	2016—07	48.00	615
名人们喜欢的智力问题	2020—01	48.00	616
数学大师的发现、创造与失误	2018—01	48.00	617
异曲同工	2018—09	48.00	618
数学的味道(第2版)	2023—10	68.00	1686
数学千字文	2018—10	68.00	977
数贝偶拾——高考数学题研究	2014—04	28.00	274
数贝偶拾——初等数学研究	2014—04	38.00	275
数贝偶拾——奥数题研究	2014—04	48.00	276
钱昌本教你快乐学数学(上)	2011—12	48.00	155
钱昌本教你快乐学数学(下)	2012—03	58.00	171
集合、函数与方程	2014—01	28.00	300
数列与不等式	2014—01	38.00	301
三角与平面向量	2014—01	28.00	302
平面解析几何	2014—01	38.00	303
立体几何与组合	2014—01	28.00	304
极限与导数、数学归纳法	2014—01	38.00	305
趣味数学	2014—03	28.00	306
教材教法	2014—04	68.00	307
自主招生	2014—05	58.00	308
高考压轴题(上)	2015—01	48.00	309
高考压轴题(下)	2014—10	68.00	310
从费马到怀尔斯——费马大定理的历史	2013—10	198.00	I
从庞加莱到佩雷尔曼——庞加莱猜想的历史	2013—10	298.00	II
从切比雪夫到爱尔特希(上)——素数定理的初等证明	2013—07	48.00	III
从切比雪夫到爱尔特希(下)——素数定理100年	2012—12	98.00	III
从高斯到盖尔方特——二次域的高斯猜想	2013—10	198.00	IV
从库默尔到朗兰兹——朗兰兹猜想的历史	2014—01	98.00	V
从比勃巴赫到德布朗斯——比勃巴赫猜想的历史	2014—02	298.00	VI
从麦比乌斯到陈省身——麦比乌斯变换与麦比乌斯带	2014—02	298.00	VII
从布尔到豪斯道夫——布尔方程与格论漫谈	2013—10	198.00	VIII
从开普勒到阿诺德——三体问题的历史	2014—05	298.00	IX
从华林到华罗庚——华林问题的历史	2013—10	298.00	X

刘培杰数学工作室
已出版（即将出版）图书目录——初等数学

书　　名	出版时间	定　价	编号
美国高中数学竞赛五十讲.第1卷(英文)	2014—08	28.00	357
美国高中数学竞赛五十讲.第2卷(英文)	2014—08	28.00	358
美国高中数学竞赛五十讲.第3卷(英文)	2014—09	28.00	359
美国高中数学竞赛五十讲.第4卷(英文)	2014—09	28.00	360
美国高中数学竞赛五十讲.第5卷(英文)	2014—10	28.00	361
美国高中数学竞赛五十讲.第6卷(英文)	2014—11	28.00	362
美国高中数学竞赛五十讲.第7卷(英文)	2014—12	28.00	363
美国高中数学竞赛五十讲.第8卷(英文)	2015—01	28.00	364
美国高中数学竞赛五十讲.第9卷(英文)	2015—01	28.00	365
美国高中数学竞赛五十讲.第10卷(英文)	2015—02	38.00	366
三角函数(第2版)	2017—04	38.00	626
不等式	2014—01	38.00	312
数列	2014—01	38.00	313
方程(第2版)	2017—04	38.00	624
排列和组合	2014—01	28.00	315
极限与导数(第2版)	2016—04	38.00	635
向量(第2版)	2018—08	58.00	627
复数及其应用	2014—08	28.00	318
函数	2014—01	38.00	319
集合	2020—01	48.00	320
直线与平面	2014—01	28.00	321
立体几何(第2版)	2016—04	38.00	629
解三角形	即将出版		323
直线与圆(第2版)	2016—11	38.00	631
圆锥曲线(第2版)	2016—09	48.00	632
解题通法(一)	2014—07	38.00	326
解题通法(二)	2014—07	38.00	327
解题通法(三)	2014—05	38.00	328
概率与统计	2014—01	28.00	329
信息迁移与算法	即将出版		330
IMO 50 年.第1卷(1959—1963)	2014—11	28.00	377
IMO 50 年.第2卷(1964—1968)	2014—11	28.00	378
IMO 50 年.第3卷(1969—1973)	2014—09	28.00	379
IMO 50 年.第4卷(1974—1978)	2016—04	38.00	380
IMO 50 年.第5卷(1979—1984)	2015—04	38.00	381
IMO 50 年.第6卷(1985—1989)	2015—04	58.00	382
IMO 50 年.第7卷(1990—1994)	2016—01	48.00	383
IMO 50 年.第8卷(1995—1999)	2016—06	38.00	384
IMO 50 年.第9卷(2000—2004)	2015—04	58.00	385
IMO 50 年.第10卷(2005—2009)	2016—01	48.00	386
IMO 50 年.第11卷(2010—2015)	2017—03	48.00	646

刘培杰数学工作室
已出版(即将出版)图书目录——初等数学

书 名	出版时间	定 价	编号
数学反思(2006—2007)	2020—09	88.00	915
数学反思(2008—2009)	2019—01	68.00	917
数学反思(2010—2011)	2018—05	58.00	916
数学反思(2012—2013)	2019—01	58.00	918
数学反思(2014—2015)	2019—03	78.00	919
数学反思(2016—2017)	2021—03	58.00	1286
数学反思(2018—2019)	2023—01	88.00	1593
历届美国大学生数学竞赛试题集.第一卷(1938—1949)	2015—01	28.00	397
历届美国大学生数学竞赛试题集.第二卷(1950—1959)	2015—01	28.00	398
历届美国大学生数学竞赛试题集.第三卷(1960—1969)	2015—01	28.00	399
历届美国大学生数学竞赛试题集.第四卷(1970—1979)	2015—01	18.00	400
历届美国大学生数学竞赛试题集.第五卷(1980—1989)	2015—01	28.00	401
历届美国大学生数学竞赛试题集.第六卷(1990—1999)	2015—01	28.00	402
历届美国大学生数学竞赛试题集.第七卷(2000—2009)	2015—08	18.00	403
历届美国大学生数学竞赛试题集.第八卷(2010—2012)	2015—01	18.00	404
新课标高考数学创新题解题诀窍:总论	2014—09	28.00	372
新课标高考数学创新题解题诀窍:必修1~5分册	2014—08	38.00	373
新课标高考数学创新题解题诀窍:选修2—1,2—2,1—1,1—2分册	2014—09	38.00	374
新课标高考数学创新题解题诀窍:选修2—3,4—4,4—5分册	2014—09	18.00	375
全国重点大学自主招生英文数学试题全攻略:词汇卷	2015—07	48.00	410
全国重点大学自主招生英文数学试题全攻略:概念卷	2015—01	28.00	411
全国重点大学自主招生英文数学试题全攻略:文章选读卷(上)	2016—09	38.00	412
全国重点大学自主招生英文数学试题全攻略:文章选读卷(下)	2017—01	58.00	413
全国重点大学自主招生英文数学试题全攻略:试题卷	2015—07	38.00	414
全国重点大学自主招生英文数学试题全攻略:名著欣赏卷	2017—03	48.00	415
劳埃德数学趣题大全.题目卷.1:英文	2016—01	18.00	516
劳埃德数学趣题大全.题目卷.2:英文	2016—01	18.00	517
劳埃德数学趣题大全.题目卷.3:英文	2016—01	18.00	518
劳埃德数学趣题大全.题目卷.4:英文	2016—01	18.00	519
劳埃德数学趣题大全.题目卷.5:英文	2016—01	18.00	520
劳埃德数学趣题大全.答案卷:英文	2016—01	18.00	521
李成章教练奥数笔记.第1卷	2016—01	48.00	522
李成章教练奥数笔记.第2卷	2016—01	48.00	523
李成章教练奥数笔记.第3卷	2016—01	38.00	524
李成章教练奥数笔记.第4卷	2016—01	38.00	525
李成章教练奥数笔记.第5卷	2016—01	38.00	526
李成章教练奥数笔记.第6卷	2016—01	38.00	527
李成章教练奥数笔记.第7卷	2016—01	38.00	528
李成章教练奥数笔记.第8卷	2016—01	48.00	529
李成章教练奥数笔记.第9卷	2016—01	28.00	530

刘培杰数学工作室
已出版(即将出版)图书目录——初等数学

书　名	出版时间	定　价	编号
第19~23届"希望杯"全国数学邀请赛试题审题要津详细评注(初一版)	2014—03	28.00	333
第19~23届"希望杯"全国数学邀请赛试题审题要津详细评注(初二、初三版)	2014—03	38.00	334
第19~23届"希望杯"全国数学邀请赛试题审题要津详细评注(高一版)	2014—03	28.00	335
第19~23届"希望杯"全国数学邀请赛试题审题要津详细评注(高二版)	2014—03	38.00	336
第19~25届"希望杯"全国数学邀请赛试题审题要津详细评注(初一版)	2015—01	38.00	416
第19~25届"希望杯"全国数学邀请赛试题审题要津详细评注(初二、初三版)	2015—01	58.00	417
第19~25届"希望杯"全国数学邀请赛试题审题要津详细评注(高一版)	2015—01	48.00	418
第19~25届"希望杯"全国数学邀请赛试题审题要津详细评注(高二版)	2015—01	48.00	419
物理奥林匹克竞赛大题典——力学卷	2014—11	48.00	405
物理奥林匹克竞赛大题典——热学卷	2014—04	28.00	339
物理奥林匹克竞赛大题典——电磁学卷	2015—07	48.00	406
物理奥林匹克竞赛大题典——光学与近代物理卷	2014—06	28.00	345
历届中国东南地区数学奥林匹克试题集(2004~2012)	2014—06	18.00	346
历届中国西部地区数学奥林匹克试题集(2001~2012)	2014—07	18.00	347
历届中国女子数学奥林匹克试题集(2002~2012)	2014—08	18.00	348
数学奥林匹克在中国	2014—06	98.00	344
数学奥林匹克问题集	2014—01	38.00	267
数学奥林匹克不等式散论	2010—06	38.00	124
数学奥林匹克不等式欣赏	2011—09	38.00	138
数学奥林匹克超级题库(初中卷上)	2010—01	58.00	66
数学奥林匹克不等式证明方法和技巧(上、下)	2011—08	158.00	134,135
他们学什么:原民主德国中学数学课本	2016—09	38.00	658
他们学什么:英国中学数学课本	2016—09	38.00	659
他们学什么:法国中学数学课本.1	2016—09	38.00	660
他们学什么:法国中学数学课本.2	2016—09	28.00	661
他们学什么:法国中学数学课本.3	2016—09	38.00	662
他们学什么:苏联中学数学课本	2016—09	28.00	679
高中数学题典——集合与简易逻辑·函数	2016—07	48.00	647
高中数学题典——导数	2016—07	48.00	648
高中数学题典——三角函数·平面向量	2016—07	48.00	649
高中数学题典——数列	2016—07	58.00	650
高中数学题典——不等式·推理与证明	2016—07	38.00	651
高中数学题典——立体几何	2016—07	48.00	652
高中数学题典——平面解析几何	2016—07	78.00	653
高中数学题典——计数原理·统计·概率·复数	2016—07	48.00	654
高中数学题典——算法·平面几何·初等数论·组合数学·其他	2016—07	68.00	655

刘培杰数学工作室
已出版(即将出版)图书目录——初等数学

书　名	出版时间	定　价	编号
台湾地区奥林匹克数学竞赛试题.小学一年级	2017—03	38.00	722
台湾地区奥林匹克数学竞赛试题.小学二年级	2017—03	38.00	723
台湾地区奥林匹克数学竞赛试题.小学三年级	2017—03	38.00	724
台湾地区奥林匹克数学竞赛试题.小学四年级	2017—03	38.00	725
台湾地区奥林匹克数学竞赛试题.小学五年级	2017—03	38.00	726
台湾地区奥林匹克数学竞赛试题.小学六年级	2017—03	38.00	727
台湾地区奥林匹克数学竞赛试题.初中一年级	2017—03	38.00	728
台湾地区奥林匹克数学竞赛试题.初中二年级	2017—03	38.00	729
台湾地区奥林匹克数学竞赛试题.初中三年级	2017—03	28.00	730
不等式证题法	2017—04	28.00	747
平面几何培优教程	2019—08	88.00	748
奥数鼎级培优教程.高一分册	2018—09	88.00	749
奥数鼎级培优教程.高二分册.上	2018—04	68.00	750
奥数鼎级培优教程.高二分册.下	2018—04	68.00	751
高中数学竞赛冲刺宝典	2019—04	68.00	883
初中尖子生数学超级题典.实数	2017—07	58.00	792
初中尖子生数学超级题典.式、方程与不等式	2017—08	58.00	793
初中尖子生数学超级题典.圆、面积	2017—08	38.00	794
初中尖子生数学超级题典.函数、逻辑推理	2017—08	48.00	795
初中尖子生数学超级题典.角、线段、三角形与多边形	2017—07	58.00	796
数学王子——高斯	2018—01	48.00	858
坎坷奇星——阿贝尔	2018—01	48.00	859
闪烁奇星——伽罗瓦	2018—01	58.00	860
无穷统帅——康托尔	2018—01	48.00	861
科学公主——柯瓦列夫斯卡娅	2018—01	48.00	862
抽象代数之母——埃米·诺特	2018—01	48.00	863
电脑先驱——图灵	2018—01	58.00	864
昔日神童——维纳	2018—01	48.00	865
数坛怪侠——爱尔特希	2018—01	68.00	866
传奇数学家徐利治	2019—09	88.00	1110
当代世界中的数学.数学思想与数学基础	2019—01	38.00	892
当代世界中的数学.数学问题	2019—01	38.00	893
当代世界中的数学.应用数学与数学应用	2019—01	38.00	894
当代世界中的数学.数学王国的新疆域(一)	2019—01	38.00	895
当代世界中的数学.数学王国的新疆域(二)	2019—01	38.00	896
当代世界中的数学.数林撷英(一)	2019—01	38.00	897
当代世界中的数学.数林撷英(二)	2019—01	48.00	898
当代世界中的数学.数学之路	2019—01	38.00	899

刘培杰数学工作室
已出版(即将出版)图书目录——初等数学

书　名	出版时间	定价	编号
105 个代数问题:来自 AwesomeMath 夏季课程	2019—02	58.00	956
106 个几何问题:来自 AwesomeMath 夏季课程	2020—07	58.00	957
107 个几何问题:来自 AwesomeMath 全年课程	2020—07	58.00	958
108 个代数问题:来自 AwesomeMath 全年课程	2019—01	68.00	959
109 个不等式:来自 AwesomeMath 夏季课程	2019—04	58.00	960
国际数学奥林匹克中的 110 个几何问题	即将出版		961
111 个代数和数论问题	2019—05	58.00	962
112 个组合问题:来自 AwesomeMath 夏季课程	2019—05	58.00	963
113 个几何不等式:来自 AwesomeMath 夏季课程	2020—08	58.00	964
114 个指数和对数问题:来自 AwesomeMath 夏季课程	2019—09	48.00	965
115 个三角问题:来自 AwesomeMath 夏季课程	2019—09	58.00	966
116 个代数不等式:来自 AwesomeMath 全年课程	2019—04	58.00	967
117 个多项式问题:来自 AwesomeMath 夏季课程	2021—09	58.00	1409
118 个数学竞赛不等式	2022—08	78.00	1526
紫色彗星国际数学竞赛试题	2019—02	58.00	999
数学竞赛中的数学:为数学爱好者、父母、教师和教练准备的丰富资源.第一部	2020—04	58.00	1141
数学竞赛中的数学:为数学爱好者、父母、教师和教练准备的丰富资源.第二部	2020—07	48.00	1142
和与积	2020—10	38.00	1219
数论:概念和问题	2020—12	68.00	1257
初等数学问题研究	2021—03	48.00	1270
数学奥林匹克中的欧几里得几何	2021—10	68.00	1413
数学奥林匹克题解新编	2022—01	58.00	1430
图论入门	2022—09	58.00	1554
新的、更新的、最新的不等式	2023—07	58.00	1650
澳大利亚中学数学竞赛试题及解答(初级卷)1978~1984	2019—02	28.00	1002
澳大利亚中学数学竞赛试题及解答(初级卷)1985~1991	2019—02	28.00	1003
澳大利亚中学数学竞赛试题及解答(初级卷)1992~1998	2019—02	28.00	1004
澳大利亚中学数学竞赛试题及解答(初级卷)1999~2005	2019—02	28.00	1005
澳大利亚中学数学竞赛试题及解答(中级卷)1978~1984	2019—03	28.00	1006
澳大利亚中学数学竞赛试题及解答(中级卷)1985~1991	2019—03	28.00	1007
澳大利亚中学数学竞赛试题及解答(中级卷)1992~1998	2019—03	28.00	1008
澳大利亚中学数学竞赛试题及解答(中级卷)1999~2005	2019—03	28.00	1009
澳大利亚中学数学竞赛试题及解答(高级卷)1978~1984	2019—05	28.00	1010
澳大利亚中学数学竞赛试题及解答(高级卷)1985~1991	2019—05	28.00	1011
澳大利亚中学数学竞赛试题及解答(高级卷)1992~1998	2019—05	28.00	1012
澳大利亚中学数学竞赛试题及解答(高级卷)1999~2005	2019—05	28.00	1013
天才中小学生智力测验题.第一卷	2019—03	38.00	1026
天才中小学生智力测验题.第二卷	2019—03	38.00	1027
天才中小学生智力测验题.第三卷	2019—03	38.00	1028
天才中小学生智力测验题.第四卷	2019—03	38.00	1029
天才中小学生智力测验题.第五卷	2019—03	38.00	1030
天才中小学生智力测验题.第六卷	2019—03	38.00	1031
天才中小学生智力测验题.第七卷	2019—03	38.00	1032
天才中小学生智力测验题.第八卷	2019—03	38.00	1033
天才中小学生智力测验题.第九卷	2019—03	38.00	1034
天才中小学生智力测验题.第十卷	2019—03	38.00	1035
天才中小学生智力测验题.第十一卷	2019—03	38.00	1036
天才中小学生智力测验题.第十二卷	2019—03	38.00	1037
天才中小学生智力测验题.第十三卷	2019—03	38.00	1038

书 名	出版时间	定价	编号
重点大学自主招生数学备考全书:函数	2020—05	48.00	1047
重点大学自主招生数学备考全书:导数	2020—08	48.00	1048
重点大学自主招生数学备考全书:数列与不等式	2019—10	78.00	1049
重点大学自主招生数学备考全书:三角函数与平面向量	2020—08	68.00	1050
重点大学自主招生数学备考全书:平面解析几何	2020—07	58.00	1051
重点大学自主招生数学备考全书:立体几何与平面几何	2019—08	48.00	1052
重点大学自主招生数学备考全书:排列组合·概率统计·复数	2019—09	48.00	1053
重点大学自主招生数学备考全书:初等数论与组合数学	2019—08	48.00	1054
重点大学自主招生数学备考全书:重点大学自主招生真题.上	2019—04	68.00	1055
重点大学自主招生数学备考全书:重点大学自主招生真题.下	2019—04	58.00	1056
高中数学竞赛培训教程:平面几何问题的求解方法与策略.上	2018—05	68.00	906
高中数学竞赛培训教程:平面几何问题的求解方法与策略.下	2018—06	78.00	907
高中数学竞赛培训教程:整除与同余以及不定方程	2018—01	88.00	908
高中数学竞赛培训教程:组合计数与组合极值	2018—04	48.00	909
高中数学竞赛培训教程:初等代数	2019—04	78.00	1042
高中数学讲座:数学竞赛基础教程(第一册)	2019—06	48.00	1094
高中数学讲座:数学竞赛基础教程(第二册)	即将出版		1095
高中数学讲座:数学竞赛基础教程(第三册)	即将出版		1096
高中数学讲座:数学竞赛基础教程(第四册)	即将出版		1097
新编中学数学解题方法1000招丛书.实数(初中版)	2022—05	58.00	1291
新编中学数学解题方法1000招丛书.式(初中版)	2022—05	48.00	1292
新编中学数学解题方法1000招丛书.方程与不等式(初中版)	2021—04	58.00	1293
新编中学数学解题方法1000招丛书.函数(初中版)	2022—05	38.00	1294
新编中学数学解题方法1000招丛书.角(初中版)	2022—05	48.00	1295
新编中学数学解题方法1000招丛书.线段(初中版)	2022—05	48.00	1296
新编中学数学解题方法1000招丛书.三角形与多边形(初中版)	2021—04	48.00	1297
新编中学数学解题方法1000招丛书.圆(初中版)	2022—05	48.00	1298
新编中学数学解题方法1000招丛书.面积(初中版)	2021—07	28.00	1299
新编中学数学解题方法1000招丛书.逻辑推理(初中版)	2022—06	48.00	1300
高中数学题典精编.第一辑.函数	2022—01	58.00	1444
高中数学题典精编.第一辑.导数	2022—01	68.00	1445
高中数学题典精编.第一辑.三角函数·平面向量	2022—01	68.00	1446
高中数学题典精编.第一辑.数列	2022—01	58.00	1447
高中数学题典精编.第一辑.不等式·推理与证明	2022—01	58.00	1448
高中数学题典精编.第一辑.立体几何	2022—01	58.00	1449
高中数学题典精编.第一辑.平面解析几何	2022—01	68.00	1450
高中数学题典精编.第一辑.统计·概率·平面几何	2022—01	58.00	1451
高中数学题典精编.第一辑.初等数论·组合数学·数学文化·解题方法	2022—01	58.00	1452
历届全国初中数学竞赛试题分类解析.初等代数	2022—09	98.00	1555
历届全国初中数学竞赛试题分类解析.初等数论	2022—09	48.00	1556
历届全国初中数学竞赛试题分类解析.平面几何	2022—09	38.00	1557
历届全国初中数学竞赛试题分类解析.组合	2022—09	38.00	1558

刘培杰数学工作室
已出版(即将出版)图书目录——初等数学

书　名	出版时间	定　价	编号
从三道高三数学模拟题的背景谈起:兼谈傅里叶三角级数	2023—03	48.00	1651
从一道日本东京大学的入学试题谈起:兼谈 π 的方方面面	即将出版		1652
从两道 2021 年福建高三数学测试题谈起:兼谈球面几何学与球面三角学	即将出版		1653
从一道湖南高考数学试题谈起:兼谈有界变差数列	即将出版		1654
从一道高校自主招生试题谈起:兼谈詹森函数方程	即将出版		1655
从一道上海高考数学试题谈起:兼谈有界变差函数	即将出版		1656
从一道北京大学金秋营数学试题的解法谈起:兼谈伽罗瓦理论	即将出版		1657
从一道北京高考数学试题的解法谈起:兼谈毕克定理	即将出版		1658
从一道北京大学金秋营数学试题的解法谈起:兼谈帕塞瓦尔恒等式	即将出版		1659
从一道高三数学模拟测试题的背景谈起:兼谈等周问题与等周不等式	即将出版		1660
从一道 2020 年全国高考数学试题的解法谈起:兼谈斐波那契数列和纳卡穆拉定理及奥斯图达定理	即将出版		1661
从一道高考数学附加题谈起:兼谈广义斐波那契数列	即将出版		1662
代数学教程.第一卷,集合论	2023—08	58.00	1664
代数学教程.第二卷,抽象代数基础	2023—08	68.00	1665
代数学教程.第三卷,数论原理	2023—08	58.00	1666
代数学教程.第四卷,代数方程式论	2023—08	48.00	1667
代数学教程.第五卷,多项式理论	2023—08	58.00	1668

联系地址:哈尔滨市南岗区复华四道街 10 号　哈尔滨工业大学出版社刘培杰数学工作室
网　　　址:http://lpj.hit.edu.cn/
邮　　　编:150006
联系电话:0451—86281378　　13904613167
E-mail:lpj1378@163.com